A. M. BALDIN, W. I. GOLDANSKIJ, I. L. ROSENTAL

Kinematik der Kernreaktionen

A. M. BALDIN, W. I. GOLDANSKIJ, I. L. ROSENTAL

KINEMATIK DER KERNREAKTIONEN

Übersetzt und in deutscher Sprache herausgegeben

von

Prof. Dr. phil. habil. JOSEPH SCHINTLMEISTER

unter Mitwirkung von

Dr.-Ing. KARLHEINZ MÜLLER

Autorisierte Ausgabe

Mit 69 Abbildungen und 57 Tabellen

AKADEMIE-VERLAG · BERLIN

1963

Балдин, Александр Михайлович · Гольданский, Виталий Иосифович · Розенталь, Иосиф Леонидович

Кинематика ядерных реакций

Erschienen im Staatsverlag für physikalisch-mathematische Literatur
Moskau 1959

Erschienen im Akademie-Verlag GmbH, Berlin W 8, Leipziger Straße 3—4

Lizenznummer: 102 · 100/820/63
Gesamtherstellung: Druckhaus „Maxim Gorki", Altenburg
Bestellnummer: 5480 · ES 18 B 7

VORWORT ZUR DEUTSCHEN AUSGABE

Wird ein Buch in eine andere Sprache übersetzt, so bereitet dies den Autoren immer eine große Freude, denn einerseits wird dadurch die Notwendigkeit ihres Werkes für andere Länder bewiesen, und andererseits einmal mehr der internationale Charakter der Wissenschaft, welche die Menschen der verschiedensten Nationen einander nahebringt.

Zu unserer Freude gesellt sich jedoch ein gewisses Gefühl der Unzulänglichkeit. Seit Abschluß der Arbeiten am Manuskript sind ungefähr sechs Jahre vergangen, ein sehr großer Zeitraum sowohl für ein Werk über Kernphysik als auch für seine Autoren.

In diesen Jahren erschien eine große Zahl theoretischer und experimenteller Arbeiten, in denen die Technik der kinematischen Berechnungen immer mehr vervollkommnet wurde und immer breitere Anwendung fand.

Unsere Ansichten über den Charakter und die Vollständigkeit der Behandlung des Stoffes mußten sich ebenfalls verändern. Uns scheint es z. B. zweckmäßig, im ersten Teil die relativistischen Invarianten und im zweiten Teil die verschiedenen Darstellungen der Streumatrix umfassender anzuwenden.

Unsere wichtigsten Anmerkungen beziehen sich jedoch auf wesentliche Ergänzungen, die unseres Erachtens das Werk noch viel unentbehrlicher machen würden.

Von den sich nach dem neuesten Stand der Forschung ergebenden Problemen, die wir in unserem Werk noch nicht berücksichtigen konnten, seien die folgenden genannt:

1. Kinematische Bestimmung der effektiven Masse des Targets bei Stoßprozessen;
2. Kinematische Charakteristika von Prozessen, bei denen im Endzustand drei Teilchen auftreten;
3. Kinematische Analyse der Wechselwirkung der Teilchen im Endzustand. Dieses Kapitel hat seit der Entdeckung der Resonanz-Wechselwirkung von Elementarteilchen große Bedeutung gewonnen;
4. Tabellen der Reaktionsschwellen;
5. Theorie der Reaktionen mit polarisierten Teilchen nach der YACOB-WICK-Methode;
6. Kinematik der Prozesse unter Berücksichtigung nichtkontinuierlicher Transformationen (CPT), insbesondere von Prozessen, bei denen die Parität nicht erhalten bleibt.

Um diesen Mängeln einigermaßen abzuhelfen, entschlossen wir uns, die deutsche Ausgabe unseres Werkes mit einem kleinen Verzeichnis der Literatur zu versehen, in welcher die genannten Fragen berührt werden.

Wir können jedoch andererseits hervorheben, daß der Versuch, diejenigen Informationen aus den Stoßprozessen, die sich notwendig aus den allgemeinen Eigenschaften von Zeit und Raum ergeben, zu eliminieren und zu systematisieren, zur rechten Zeit erfolgte.

Diese Grundidee unseres Werkes erwies sich als sehr aktuell. Davon überzeugten uns die Einschätzungen durch unsere Kollegen, Rezensionen, eine japanische, eine polnische und zwei englische Ausgaben.

Die erste Verwirklichung einer jeglichen Idee bringt meist Mängel mit sich; deshalb wenden wir uns an die Leser der deutschen Ausgabe mit der Bitte, uns kritische Hinweise und Vorschläge zu übermitteln. Wir werden diese bei der weiteren Arbeit an unserem Buch mit verwerten.

Moskau, September 1962

A. M. Baldin, W. I. Goldanskij, I. L. Rosental

VORWORT ZUR RUSSISCHEN AUFLAGE

Das vorliegende Buch, das wir der Beachtung des Lesers empfehlen, trägt die Benennung „Kinematik der Kernreaktionen". Wir verstehen unter Kinematik die Gesamtheit der Beziehungen, die auf den Erhaltungssätzen beruhen, die ihrerseits aus den Symmetrieeigenschaften von Raum und Zeit in der klassischen und in der Quantenform folgen.

Das Buch besteht aus zwei Teilen. In den beiden Einführungskapiteln, die den ersten Teil eröffnen, wird der Leser kurz an einige Grundcharakteristika der Bewegungen mit relativistischen Geschwindigkeiten erinnert. Außerdem werden dort die für die weitere Darlegung wichtigen relativistischen Transformationen entwickelt. Auch werden zwei Koordinatensysteme definiert, die im weiteren breite Anwendung finden: das Laborsystem und das Schwerpunktsystem. Es werden Formeln für den Übergang aus einem System in das andere angegeben.

Die folgenden Kapitel des ersten Teils sind der klassischen Kinematik der Wechselwirkungen (Stöße und Zerfälle) mit der Bildung von zwei, drei und mehr Teilchen gewidmet. Wenn im Endzustand nur zwei Teilchen vorhanden sind, so existiert entweder ein vollständig bestimmter Zusammenhang zwischen den Winkeln, unter denen sie emittiert werden, oder zwischen dem Emissionswinkel eines Teilchens und seiner Energie. Die Beziehungen, welche diesen Zusammenhang charakterisieren, werden sowohl in analytischer wie auch in graphischer Form gegeben. Gesondert besprochen werden spezielle Fälle von nichtrelativistischen Wechselwirkungen und von Umwandlungen, an denen Photonen teilnehmen. Werden im Endzustand drei oder mehr Teilchen gebildet, so ist der Zusammenhang zwischen deren Emissionsrichtungen und der Energie nicht eindeutig. Man muß sich in diesen Fällen auf verschiedene Extremalbeziehungen beschränken. Die Betrachtung der Winkel- und Energieverteilungen bei Vielfachprozessen wird auf der Grundlage der FERMIschen statistischen Theorie geführt. Die Aufnahme dieses Abschnittes in ein Buch über Kinematik kann dadurch gerechtfertigt werden, daß in Übereinstimmung mit der ursprünglichen FERMIschen Konzeption die Winkel-Energieverteilung von Vielfachprozessen auf die Erhaltungssätze für Energie und Impuls zurückgeführt werden können.

Der zweite Teil des Buches ist der quantenmechanischen Betrachtung der Kinematik von Kernreaktionen gewidmet.

In diesem Teil wird einer der fundamentalen Begriffe analysiert, dessen Bedeutung bei der Interpretation von Kernwechselwirkungen ständig wächst. Es ist dies der Begriff der Streumatrix oder S-Matrix, der von W. HEISENBERG eingeführt wurde. Es werden die Haupteigenschaften dieser Matrix untersucht. Auf der Grundlage der S-Matrix-Theorie und der DIRACschen Transformationstheorie werden die mit den Erhaltungssätzen zusammenhängenden Eigenschaften der Wirkungsquerschnitte von Kernreaktionen untersucht. Die im Buch benutzte DIRACsche Transformationstheorie ermöglicht eine leichtverständliche Einführung — ohne Benutzung der Gruppentheorie — der verschiedenen Vektor-Additions-Koeffizienten, die in der Theorie der Kernreaktionen Anwendung finden (Clebsch-Gordan-Koeffizienten, Racah-Koeffizienten, Z-Koeffizienten, X-Koeffizienten).

Verhältnismäßig viel Raum haben wir dem Problem der Zeitinversion in der Quantenmechanik (§ 21) gewidmet. In der Mehrzahl der Arbeiten zur allgemeinen S-Matrix-Theorie, einschließlich der klassischen Arbeiten, sind nämlich eine Reihe von Fehlern enthalten, die damit zusammenhängen, daß diese Frage der Zeitinversion nicht akkurat betrachtet wurde. Diese Fehler sind schon so fest in die Theorie eingegangen, daß man gegenwärtig diesen Problemkreis genau kennen muß, um bei der Anwendung von Formeln aus der Literatur Mißverständnisse zu vermeiden. Der wichtige Spezialfall von Kernreaktionen, an denen Photonen teilnehmen, wird gesondert betrachtet.

Der zweite Teil des Buches beschränkt sich auf die Behandlung der eigentlichen Kernreaktionen. Es wurden keine Probleme aufgenommen, die mit dem Zerfall von Teilchen zusammenhängen (z. B. Fragen der Korrelationen beim Zerfall). Ebensowenig werden Reaktionen mit polarisierten Teilchen untersucht. Es wurden lediglich die Fragen der Entstehung polarisierter Teilchen bei Kernreaktionen und die damit verbundenen Hauptgesetzmäßigkeiten behandelt. Um diese fortgelassenen Fragen behandeln zu können, wäre es notwendig gewesen, den Aufwand an mathematischen Hilfsmitteln zu vergrößern. Das Verständnis des behandelten Stoffes wäre damit erschwert worden. Auch hätte dies zu einer beträchtlichen Erweiterung des Buches geführt. Schließlich ist das Buch hauptsächlich für Experimentatoren bestimmt.

Obwohl wir es durchaus als unser Ziel betrachteten, ein Nachschlagewerk über die Kinematik der Kernreaktionen zu schaffen, so haben wir es doch als zweckmäßig empfunden, in das Buch eine Reihe von Tabellen, Diagrammen, Zahlenangaben und Beispielen aufzunehmen. So sind im Anhang I Diagramme gegeben, die den Zusammenhang zwischen den Winkeln und den Energien für einige genauer untersuchte Wechselwirkungen darstellen, an denen leichte Kerne oder Elementarteilchen beteiligt sind. Im Anhang II sind Tabellen der Clebsch-Gordan- und Racah-Koeffizienten enthalten, daneben auch Zahlentabellen der Z-, Z_γ- und X-Koeffizienten.

Der erste Teil des Buches wurde von W. I. Goldanskij und I. L. Rosental geschrieben, der zweite Teil von A. M. Baldin.

Es ist uns eine selbstverständliche Pflicht, die umfangreiche Arbeit von W. A. Petrunkin und A. I. Lebedev hervorzuheben, von denen der Anhang II zusammengestellt wurde. Sie haben die Tabellen für die W-, Z-, Z_γ- und X-Koeffizienten überprüft und überarbeitet.

Dieses Buch stellt einen ersten Versuch dar, die Kenntnisse von der Kinematik der Kernreaktionen zu verallgemeinern und zu systematisieren. Wir wissen selbst sehr gut, daß es noch viele Mängel und Unzulänglichkeiten enthält. Wir möchten schon jetzt allen Lesern danken, welche die Arbeit auf sich nehmen, sich genauer mit dem Buch zu beschäftigen und uns ihre Hinweise mitteilen.

Zum Abschluß möchten wir W. B. Berestezkij und G. I. Kopylow unsere Dankbarkeit für ihre wertvollen Ratschläge ausdrücken.

Aleksandr Michajlovič Baldin, Witalij Iosifovič Goldanskij,
Iosif Leonidovič Rosental.

INHALTSVERZEICHNIS

ZWEITER TEIL

Quantentheorie

BERICHTIGUNGSZETTEL

Seite 12 Zeile 2, v. u.

lies: $d \cos\vartheta_2 d\varphi_2$ statt: $d \cos\vartheta_2 d\varphi^2$

Seite 20, Formel (8.5)

lies: $A_1 = E_G^2 - p_I^2 + \ldots$ statt: $A_1 = E_G^2 - p_1^2 + \ldots$

Seite 20, Formel (8.5′)

lies: $A_2 = E_G^2 - p_I^2 + \ldots$ statt: $A_2 = E_G^2 - p_1^2 + \ldots$

Seite 82, Formel (17.12)

lies: $\ln \operatorname{tg} \frac{\tilde{\vartheta}_i}{2}$ statt: $\ln \operatorname{tg} \frac{\tilde{\vartheta}}{2}$

Seite 255, zusätzliche Literaturangabe:

[8] ROTENBERG, M., BIVINS, R., METROPOLIS, N., WOOTEN jr., J. K., The $3-j$ and $6-j$ symbol. London 1959.

ERSTER TEIL

Klassische Theorie

KAPITEL I

Allgemeine Prinzipien der relativistischen Kinematik

§ 1. Die Bewegungsintegrale, die Erhaltungssätze

Wie aus der klassischen Mechanik bekannt ist, kann man ein System aus N-Teilchen durch $3N$-Differentialgleichungen beschreiben, denen $6N$-Bewegungsintegrale entsprechen, d. h. Größen, die bei Veränderungen im System erhalten bleiben. Vorausgesetzt ist dabei, daß man die räumliche Struktur der Teilchen vernachlässigt, d. h. daß man sie als Massenpunkt betrachtet. Die Gesamtzahl der Bewegungsintegrale wird dadurch vorgegeben, daß das System zu jedem Zeitpunkt durch die $3N$-Koordinaten und die $3N$-Impulse der Teilchen bestimmt wird (s. z. B. [1]). Die $6N$-Bewegungsintegrale[1]) spielen nicht alle die gleiche Rolle. Um das zu erläutern, betrachten wir ein abgeschlossenes System, d. h. ein System, das nicht der Einwirkung äußerer Kräfte unterworfen ist.[2]) Für ein solches System gibt es zehn Bewegungsintegrale. Diese entsprechen zehn physikalischen Größen, die bei beliebiger Wechselwirkung zwischen den Teilchen des Systems immer erhalten bleiben. Diese Größen lassen sich, zumindest im Prinzip, im Rahmen der klassischen Mechanik durch das Experiment bestimmen. Die zehn Bewegungsintegrale kann man in Übereinstimmung mit ihrem physikalischen Sinn folgendermaßen darstellen: $10 = 4 + 3 \cdot 2$. Die Ziffer 4 ist der Erhaltung der Energie und des Impulses zugeordnet. Energie und Impuls bilden in der relativistischen Mechanik einen einheitlichen Vierervektor. Diese vier Größen (die Energie und die drei Komponenten des Impulses) stellen im gegebenen Fall Bewegungsintegrale dar. Die sechs übrigen Bewegungsintegrale entsprechen den „Momenten", die man bei paarweiser Kombination der vier Achsen erhält (drei räumliche und die Zeitachse). Die drei Größen, die man durch Kombination allein der räumlichen Achsen erhält, stellen die üblichen Drehimpulse dar, die ebenfalls Bewegungsintegrale sind. Die drei anderen Größen, die man durch Kombination der Zeitachse mit jeder der räumlichen Achsen erhält, drücken die Geradlinigkeit und Gleichförmigkeit der Schwerpunktbewegung des Systems aus. In der NEWTONschen Mechanik ist diese Behauptung eine Folge der Impulserhaltung.

Verbleiben wir nun bei dem für uns wichtigen Fall des Stoßes zweier Teilchen. Die eine Koordinatenebene legen wir so, daß die Bahnen der beiden Teilchen vor dem Stoß in dieser Ebene liegen. In diesem Fall sind vier Bewegungsintegrale identisch gleich Null (zwei Komponenten des Drehimpulses und je eine Komponente des Impulses und der Geschwindigkeit des Schwerpunktes). Es bleiben somit

[1]) Genauer gesagt, beträgt die Zahl der voneinander unabhängigen Bewegungsintegrale $6N-1$.

[2]) Obwohl diese Betrachtungsweise etwas abstrakt ist, gibt sie doch eine ausgezeichnete Annäherung in all den Fällen, die für uns interessant sind.

1*

sechs Integrale übrig, die jedoch in gewisser Beziehung durchaus nicht gleichberechtigt sind. Tatsächlich, wie wir im weiteren sehen werden, wird die Geschwindigkeit des mit dem Schwerezentrum verbundenen Koordinatensystems vollständig durch die Energie und die Impulse der stoßenden Teilchen bestimmt. Die verbleibenden sechs Bewegungsintegrale sind deshalb voneinander abhängig.

Wir führten unsere Betrachtung im Rahmen der klassischen Mechanik durch. Diese Einschränkung ist durchaus sinnvoll, wenn man nur die Energie oder den Impuls betrachtet. Analysiert man jedoch Größen, die mit den Drehimpulsen zusammenhängen, so werden die Quantenvorstellungen wesentlich. Während man nämlich die Energien und die Impulse von Elementarteilchen klassisch addieren kann, muß man die Drehimpulse nach den Regeln der Quantenmechanik zusammensetzen. Da wir in den ersten fünf Kapiteln die klassischen Vorstellungen verwenden, begrenzen wir uns in diesen Kapiteln auf die drei verbleibenden Integrale der Energie und des Impulses. Einige Schlußfolgerungen, die sich aus der Drehimpulserhaltung ergeben, werden im zweiten Teil des Buches behandelt.

§ 2. Die beiden wichtigsten Koordinatensysteme

Obwohl vom Gesichtspunkt der relativistischen Mechanik aus alle Koordinatensysteme gleichberechtigt sind, spielen doch für die praktischen Ziele zwei Systeme eine besondere Rolle: das Laborsystem und das Schwerpunktsystem. Das Laborsystem (L-System) hängt mit der Erde zusammen, d. h. mit dem Beobachter. Deshalb werden alle Beobachtungsbedingungen unmittelbar im Laborsystem erhalten, und es ist deshalb günstig, das L-System zur Beschreibung der experimentellen Ergebnisse zu benutzen. Wenn wir uns für den Stoß zweier Teilchen interessieren, so nehmen wir im Laborsystem an, daß eines der Teilchen ruht. Wir wollen es mit dem Index II bezeichnen. Dieses Teilchen besitzt den Impuls $p_{\text{II}} = 0$. In dem speziellen Fall, daß ein bewegtes Teilchen I zerfällt, gilt auch $m_{\text{II}} = 0$. Nebenbei sei bemerkt, daß diese Bedingung für Prozesse charakteristisch ist, bei denen im Anfangszustand ein oder zwei Teilchen vorhanden sind.

Das andere wichtige Koordinatensystem ist mit dem Schwerpunkt des Teilchensystems verknüpft, d. h. der Schwerpunkt ruht in diesem System (S-System). Dieses System ist dadurch ausgezeichnet, daß die Zerfallsprozesse und die Stöße zweier Teilchen in diesem System maximale Symmetrie besitzen. So wird z. B. der Zerfall eines Teilchens in zwei andere dadurch charakterisiert, daß die Verteilung der entstehenden Teilchen Kugelsymmetrie besitzt, wenn die Polarisationseffekte nicht berücksichtigt werden. Durch Polarisationseffekte reduziert sich die Kugelsymmetrie auf axiale Symmetrie. Beim Stoß zweier gleicher Teilchen gibt es im S-System neben der trivialen Symmetrieachse, die mit der Richtung der Relativbewegung der beiden Teilchen zusammenfällt, auch noch eine Symmetrieebene, die senkrecht zu dieser Richtung steht und durch den Punkt verläuft, in dem der Stoß vor sich ging.

Beim Stoß zweier verschiedener Teilchen gibt es nur axiale Symmetrie. Aber auch in diesem Fall kann man meist einige Vorhersagen über die Verteilung der Teilchen bezüglich der erwähnten Ebene machen. Es ist bemerkenswert, daß die relativistische Transformation von Größen aus dem S-System in das L-System und umgekehrt eine besonders einfache Form besitzt, verglichen mit Transformationen in andere Systeme (s. § 5). Wir wollen noch auf einige Besonderheiten des S-Systems hinweisen. Seine Haupteigenschaft besteht darin, daß der Gesamtimpuls aller in Wechselwirkung stehenden Teilchen des Systems gleich Null ist:

$$\sum_{i=1}^{N} \tilde{\boldsymbol{p}}_i = 0. \tag{2.1}$$

Dem Inhalt nach ist das ja die Definition des S-Systems. Die Bewegungsrichtungen zweier in Wechselwirkung stehender Teilchen bilden folglich immer den Winkel 180°, also $\tilde{\vartheta}_1 + \tilde{\vartheta}_2 = \pi$, d. h. die Teilchen fliegen vor dem Stoß aufeinander zu und nach dem Stoß in entgegengesetzten Richtungen auseinander. Die Elemente der Raumwinkel sind deshalb für die beiden wechselwirkenden Teilchen immer gleich, d. h. $|d \cos \tilde{\vartheta}_1| = |d \cos \tilde{\vartheta}_2|$, und ihre Winkelverteilungen ändern sich nicht, wenn man die Emissionswinkel eines Teilchens durch die Ergänzungswinkel zu den Emissionswinkeln des anderen Teilchens ersetzt, was die Interpretation der Ergebnisse teilweise stark vereinfacht. Wir wollen weiterhin noch bemerken, daß die Wechselwirkung der Teilchen von der Größe der Energie ihrer Relativbewegung abhängt, ganz gleich, wie groß die Energie jedes der Teilchen in bezug auf den Beobachter ist. Deshalb wird die Energie, die in dieser oder jener Kernumwandlung frei wird, vor allem durch die Gesamtenergie oder die kinetische Energie der Teilchen im S-System und nicht in einem anderen System ausgedrückt. Benutzt man beispielsweise bei endothermen Kernumwandlungen, bei denen die Gesamtmasse der Reaktionsprodukte größer ist als die Gesamtmasse der Ausgangskerne, zur Berechnung der Energieschwellen die Energien der Teilchen im S-System, so wird die ganze Betrachtung sehr erleichtert.

§ 3. Einige Formeln der relativistischen Mechanik

Verweilen wir nun kurz bei einigen Folgerungen der Relativitätstheorie (s. z. B. [2]). In der nichtrelativistischen Mechanik spielen dreidimensionale Vektoren im gewöhnlichen Raum (z. B. Impulse, Kräfte usw.) die Hauptrolle. Die Relativitätstheorie brachte eine fundamentale Veränderung dieser Vorstellung. Sie verknüpfte Raum und Zeit zu einem einheitlichen vierdimensionalen Kontinuum, in dem die grundlegenden mechanischen Größen nunmehr keine Dreiervektoren, sondern Vierervektoren sind. Die Länge dieser Vektoren ist nun nicht nur invariant gegen Drehungen des vierdimensionalen Koordinatensystems, sondern auch bezüglich des Übergangs von einem Inertialsystem zu einem anderen. Wir betrachten in diesem Buch nur die letztgenannte Transformation.

Wir bezeichnen die konstante Geschwindigkeit, mit der sich ein Koordinatensystem gegen das andere bewegt, mit $\boldsymbol{V}$ und nehmen der Einfachheit halber an, daß die Richtung der Geschwindigkeit mit den Achsen x_1 und x_2 der beiden Systeme zusammenfällt. In beiden Systemen möge ein Vierervektor ϱ mit den Komponenten $\varrho_{x1}, \varrho_{y1}, \varrho_{z1}, \varrho_{t1}$ (System 1) und $\varrho_{x2}, \varrho_{y2}, \varrho_{z2}, \varrho_{t2}$ (System 2) vorgegeben sein. In dem von uns betrachteten speziellen Fall verändern sich die Komponenten des Vektors ϱ in Richtung der Achsen y und z beim Übergang zum anderen System nicht, d. h. es gilt

$$\varrho_{y1} = \varrho_{y2}; \qquad \varrho_{z1} = \varrho_{z2}. \tag{3.1}$$

Dann folgt aus der Invarianzforderung für die Länge des Vierervektors

$$\varrho_{x1}^2 + \varrho_{t1}^2 = \varrho_{x2}^2 + \varrho_{t2}^2. \tag{3.2}$$

Die allgemeinste lineare Transformation, welche die Koordinaten ϱ_{x2}, ϱ_{t2}, ϱ_{x1} und ϱ_{t1} verknüpft, kann man in der Form

$$\varrho_{x2} = a\varrho_{x1} + b\varrho_{t1}, \qquad \varrho_{t2} = c\varrho_{x1} + d\varrho_{t1} \tag{3.3}$$

schreiben, wobei a, b, c, d Konstanten sind.

Wird (3.3) in (3.2) eingesetzt und werden die Koeffizienten bei gleichen Potenzen von ϱ_{x1} und ϱ_{t1} gleichgesetzt, so erhalten wir

$$a = d, \tag{3.4}$$

$$b = -c, \tag{3.5}$$

$$b = \frac{A}{\sqrt{1 + A^2}}, \tag{3.6}$$

$$d = \frac{1}{\sqrt{1 + A^2}}, \tag{3.7}$$

wobei

$$A = \frac{\varrho_{x2}}{\varrho_{t2}} \tag{3.8}$$

gesetzt ist. Bei der Ableitung von (3.4) bis (3.8) benutzten wir die Gleichungen (3.3) bei $\varrho_{x1} = 0$. Die Größe A besitzt einen einfachen physikalischen Sinn, den wir sogleich erläutern werden.

Wir betrachten zwei Vierervektoren, die im weiteren oft angewendet werden: den räumlich-zeitlichen Vektor (x, y, z, it) und den Energie-Impuls-Vektor (p_x, p_y, p_z, iE).[1]) Setzt man die Werte der Komponenten der Vektoren in (3.8) ein, so erhält man

$$A = \frac{x}{it} = -iV, \tag{3.9}$$

wobei V die Geschwindigkeit des ersten Systems bezüglich des zweiten ist. Daraus folgt

$$\left.\begin{aligned} \varrho_{x2} &= \gamma(\varrho_{x1} - iV\varrho_{t1}), \\ \varrho_{t2} &= \gamma(\varrho_{t1} - iV\varrho_{x1}) \end{aligned}\right\} \tag{3.10}$$

oder

$$\left.\begin{aligned} p_{x2} &= \gamma(p_{x1} + E_1 V), \\ E_2 &= \gamma(E_1 + p_{x1} V), \end{aligned}\right\} \tag{3.11}$$

wobei γ der sogenannte Koeffizient der relativistischen Transformation ist:

$$\gamma = \frac{1}{\sqrt{1 - V^2}}. \tag{3.12}$$

---

[1]) Hier und im weiteren setzen wir die Lichtgeschwindigkeit $c = 1$.

Das eine Koordinatensystem möge mit einem freien Teilchen verknüpft sein. Dann kann man für dieses System (3.8) in folgender Form schreiben:

$$A = -i\beta = -i\,\frac{p}{E}, \tag{3.13}$$

wobei β die Geschwindigkeit des Teilchens im betrachteten Koordinatensystem, p und E hier und im weiteren Impuls und Gesamtenergie des Teilchens bedeuten. Es ist folglich

$$\beta = \frac{p}{E}. \tag{3.14}$$

Aus der Invarianzbedingung für das Modulquadrat des Vierervektors von Energie und Impuls erhalten wir

$$E^2 - p^2 = \text{Inv}.^{1)} \tag{3.15}$$

Wird dies mit (3.14) kombiniert, so ergibt sich

$$E = \frac{\text{Inv}}{\sqrt{1-\beta^2}}. \tag{3.16}$$

Betrachten wir den Fall $\beta \ll 1$. Dann gilt

$$E = \text{Inv}\cdot\left(1 + \frac{\beta^2}{2}\right). \tag{3.17}$$

Zur Bestimmung der Konstanten in (3.17) fordern wir, daß diese Gleichung in den richtigen Ausdruck für die kinetische Energie in der NEWTONschen Mechanik übergeht:

$$E = m\frac{\beta^2}{2}.$$

Da in diesem Fall die Energie bis auf eine unwesentliche Konstante bestimmt wird, so ist

$$\text{Inv} = m, \tag{3.18}$$

$$E = \frac{m}{\sqrt{1-\beta^2}}. \tag{3.19}$$

Wenn das Teilchen ruht, so folgt daraus

$$E = m. \tag{3.20}$$

Wenn man die Energie und den Impuls als Komponenten eines einheitlichen Vierervektors auffaßt, so wird die Formulierung der Erhaltungssätze im Vergleich zur nichtrelativistischen klassischen Form[2]) etwas verändert. Während in der

[1]) Inv = Invariante.

[2]) Streng genommen gilt der Vektorcharakter von Energie und Impuls für Systeme, deren Teilchen nicht in Wechselwirkung stehen, beispielsweise in den Fällen, wo die Teilchen sich in sehr großer Entfernung voneinander befinden (s. z. B. [3]).

klassischen Mechanik die Erhaltungssätze für Energie und Impuls als zwei voneinander unabhängige Gesetze auftreten, verknüpft sie die Relativitätstheorie zu einem einheitlichen Erhaltungssatz für den vierdimensionalen Energie-Impuls-Vektor. Das führt seinerseits zu der äußerst wichtigen Schlußfolgerung, daß dessen Absolutwert invariant ist [Gl. (3.15)].

§ 4. Die relativistischen Transformationen der Winkel und der Impulse

In diesem Paragraphen betrachten wir zwei Aufgaben, deren Lösungen uns im weiteren vielfach nützlich sein werden.

1. Das System 1 möge sich in Richtung der Achse x mit der Geschwindigkeit V gegen das System 2 bewegen. Ein Teilchen bewege sich im System 1 mit der Geschwindigkeit β_1 im Winkel ϑ_1 zur x-Achse. Gefragt wird nach dem Winkel ϑ_2, den diese Bewegung zur x-Achse im System 2 besitzt.

Die Geschwindigkeit β_1 möge in der xy-Ebene liegen. Wird angenommen, daß dx, dy, dz, idt einen Vektor bilden, so erhält man unter Berücksichtigung von (3.10):

$$\beta_{x2} = \frac{\beta_{x1} + V}{1 + \beta_{x1} V}, \qquad \beta_{y2} = \frac{1}{\gamma} \frac{\beta_{y1}}{1 + \beta_{x1} V}, \qquad \beta_{z2} = \beta_{z1} = 0. \quad (15.1)$$

Da $\operatorname{tg} \vartheta_1 = \frac{\beta_{y1}}{\beta_{x1}}$ und $\operatorname{tg} \vartheta_2 = \frac{\beta_{y2}}{\beta_{x2}}$ ist, so gilt

$$\operatorname{tg} \vartheta_2 = \frac{1}{\gamma} \frac{\sin \vartheta_1}{\cos \vartheta_1 + \frac{V}{\beta_1}}. \tag{4.1}$$

Wir betrachten den wichtigen Spezialfall

$$\frac{V}{\beta_1} \sim 1, \qquad 1 + \cos \vartheta_1 \gg 1 - \frac{V}{\beta_1}. \tag{4.2}$$

Aus (4.1) erhalten wir dann

$$\operatorname{tg} \vartheta_2 \approx \frac{1}{\gamma} \operatorname{tg} \frac{\vartheta_1}{2}. \tag{4.3}$$

Bei $\gamma \gg 1$ gilt

$$\vartheta_2 \approx \frac{1}{\gamma} \operatorname{tg} \frac{\vartheta_1}{2}. \tag{4.4}$$

Unter Benutzung von (3.14) kann man die Gleichung (4.1) in folgender Form schreiben:

$$\operatorname{tg} \vartheta_2 = \frac{1}{\gamma} \frac{p_1 \sin \vartheta_1}{p_1 \cos \vartheta_1 + V E_1}. \tag{4.5}$$

2. Anstelle der Geschwindigkeit des Teilchens möge jetzt seine Energie E im System 1 vorgegeben sein. Wir wollen bestimmen, wie sich der Betrag der Energie

E beim Übergang vom System 1 zum System 2 verändert. Die anderen Bedingungen behalten wir bei.

Wir nehmen zunächst an, daß sich das Teilchen senkrecht zur Richtung von $\boldsymbol{V}$ bewegt; dann gilt wegen der Invarianz der transversalen Impulskomponenten

$$p_1 \sin \vartheta_1 = p_2 \sin \vartheta_2,$$

und die Energie verändert sich beim Übergang von einem System zum anderen nicht. Wenn sich das Teilchen unter einem Winkel zur Richtung von $\boldsymbol{V}$ bewegt, so zerlegen wir seinen Impuls in zwei Komponenten: eine Komponente senkrecht zu $\boldsymbol{V}$ und eine parallel zu $\boldsymbol{V}$. Die erste Komponente verändert sich beim Übergang nicht. Die zweite transformiert sich gemäß (3.11), da ihre Richtung mit der Richtung von $\boldsymbol{V}$ zusammenfällt. Es gilt deshalb

$$E_2 = \gamma(E_1 + p_1 V \cos \vartheta_1). \tag{4.6}$$

Unter Benutzung von (3.15) und (3.18) erhält man daraus

$$p_2 = \gamma \sqrt{(E_1 + p_1 V \cos \vartheta_1)^2 - \frac{m^2}{\gamma^2}}. \tag{4.7}$$

§ 5. Die Berechnung des Koeffizienten γ für relativistische Übergänge vom S-System zum L-System

Für L- und S-Systeme kann der Koeffizient γ der relativistischen Transformationen in den uns interessierenden Fällen besonders einfach durch eine wichtige Charakteristik der Prozesse, nämlich durch die Gesamtenergie des Systems, ausgedrückt werden.

Wenn das Teilchen I zerfällt, so ist

$$\gamma = \frac{E_{\mathrm{I}}}{m_{\mathrm{I}}}. \tag{5.1}$$

Betrachten wir weiterhin den Stoß zweier Teilchen. Wie schon gesagt wurde, nimmt man in diesem Fall gewöhnlich an, daß eines der Teilchen (mit der Masse m_{II}) im L-System ruht. Dann fällt die Geschwindigkeit dieses Teilchens im S-System mit der Geschwindigkeit $\boldsymbol{V}$ des S-Systems bezüglich des L-Systems zusammen. Man kann deshalb schreiben

$$\gamma = \frac{\tilde{E}_{\mathrm{II}}}{m_{\mathrm{II}}}. \tag{5.2}$$

Es ist manchmal zweckmäßig, den Koeffizienten γ durch die Energie des Teilchens auszudrücken, mit der es sich im L-System bewegt. Wir benutzen dazu, daß die Impulse der beiden wechselwirkenden Teilchen im S-System gleich sind:

$$\tilde{p}_{\mathrm{I}} = \tilde{p}_{\mathrm{II}}.$$

Daraus ergibt sich

$$\tilde{E}_{\mathrm{II}}^2 = \tilde{E}_{\mathrm{I}}^2 - m_{\mathrm{I}}^2 + m_{\mathrm{II}}^2 \tag{5.3}$$

oder

$$\left(\frac{E_{\mathrm{I}} + m_{\mathrm{II}}}{\gamma} - m_{\mathrm{II}}\gamma\right)^2 = m_{\mathrm{II}}^2(\gamma^2 - 1) + m_{\mathrm{I}}^2. \tag{5.4}$$

Wird diese Gleichung nach γ aufgelöst, so erhält man

$$\gamma = \frac{E_{\mathrm{I}} + m_{\mathrm{II}}}{\sqrt{2(E_{\mathrm{I}} + m_{\mathrm{II}})\, m_{\mathrm{II}} + m_{\mathrm{I}}^2 - m_{\mathrm{II}}^2}}. \tag{5.5}$$

Wir wollen nun einen Zusammenhang zwischen den Energien der stoßenden Teilchen in den beiden Systemen aufstellen. Werden (3.11), (5.2) und (5.3) kombiniert, so erhalten wir

$$\tilde{E}_{\mathrm{II}} = \frac{(E_{\mathrm{I}} + m_{\mathrm{II}})\, m_{\mathrm{II}}}{\sqrt{2(E_{\mathrm{I}} + m_{\mathrm{II}})\, m_{\mathrm{II}} + m_{\mathrm{I}}^2 - m_{\mathrm{II}}^2}}. \tag{5.6}$$

Eine besonders einfache Form nehmen die Ausdrücke (5.5) und (5.6) in einigen speziellen Fällen an. So gilt bei $m_{\mathrm{I}} = m_{\mathrm{II}}$

$$\gamma = \sqrt{\frac{E_{\mathrm{I}} + m_{\mathrm{I}}}{2m_{\mathrm{I}}}}, \tag{5.7}$$

$$\tilde{E}_{\mathrm{I}} = \sqrt{\frac{(E_{\mathrm{I}} + m_{\mathrm{I}})\, m_{\mathrm{I}}}{2}}. \tag{5.8}$$

Ist zusätzlich $\gamma \gg 1$ (was der Bedingung $E_{\mathrm{I}} \gg m_{\mathrm{I}}$ äquivalent ist), so gilt

$$\gamma \approx \sqrt{\frac{E_{\mathrm{I}}}{2m_{\mathrm{I}}}}, \tag{5.9}$$

$$\tilde{E}_{\mathrm{I}} \approx \sqrt{\frac{E_{\mathrm{I}} m_{\mathrm{I}}}{2}}. \tag{5.10}$$

KAPITEL II

Wirkungsquerschnitte und deren Transformation bei Veränderung des Koordinatensystems

§ 6. Integrale und differentielle Wirkungsquerschnitte

Bei der Untersuchung von Kernwechselwirkungen kommt sehr oft eine Aufgabe vor, die folgendermaßen formuliert werden kann: Ein gegebener Strom j von Teilchen der Sorte I fällt auf eine bestimmte Fläche, auf der ein Kern (Teilchen) des Targets II liegt. Wie groß ist die Wahrscheinlichkeit $\frac{d\omega}{dt}$, daß in der Zeiteinheit eine Umwandlung der Art $\mathrm{I} + \mathrm{II} \to 1 + 2$ vor sich geht? Wie groß ist die Wahrscheinlichkeit, daß die Umwandlung so vor sich geht, daß das Teilchen 1 (oder 2) einen Impuls erhält, der im Intervall p, $p + dp$ liegt, d. h. daß es in das Winkelintervall ϑ, $\vartheta + d\vartheta$ emittiert wird? Die Winkel ϑ werden in bezug auf die Einfallsrichtung der Teilchen I gemessen. Es ist klar, daß die Umwandlungswahrscheinlichkeit pro Zeiteinheit proportional zum Strom j der einfallenden Teilchen ist: $\frac{d\omega}{dt} = \sigma j$. Der Proportionalitätskoeffizient σ, der die Dimension cm^2 besitzt, heißt Wirkungsquerschnitt der betrachteten Wechselwirkung. Es ist üblich, integrale und differentielle Wirkungsquerschnitte zu unterscheiden. Der integrale Wirkungsquerschnitt kennzeichnet die gesamte Wahrscheinlichkeit irgendeiner Umwandlung, ohne daß etwas über die Emissionsrichtung der Sekundärteilchen ausgesagt wird. Wir bezeichnen ihn mit dem Buchstaben σ.[1]) Die differentiellen Wirkungsquerschnitte charakterisieren die Wahrscheinlichkeit der gleichen Umwandlung, allerdings jetzt unter der Bedingung, daß die Sekundärteilchen in bestimmte Winkel emittiert werden. Für die differentiellen Wirkungsquerschnitte ist die Bezeichnung $d\sigma(\vartheta)$ üblich. Offensichtlich gilt die Beziehung

$$\int_0^\pi d\sigma(\vartheta) = \int_0^\pi \sigma(\vartheta)\, d\cos\vartheta = \sigma. \tag{6.1}$$

Es sei darauf hingewiesen, daß die so definierten Wirkungsquerschnitte relativistisch nicht invariant sind, da sie durch einen dreidimensionalen Strom und eine Fläche ausgedrückt werden. Wir betrachten in diesem Buch jedoch nur solche Wechselwirkungen, bei denen im Anfangszustand zwei Teilchen vorhanden sind, wobei wir Transformationen nur zwischen dem L-System, in dem das Anfangsteilchen ruht, und dem S-System vornehmen. In diesem Fall ist der im vorstehenden definierte Wirkungsquerschnitt invariant. Sind im Anfangszustand mehr als zwei Teilchen vorhanden oder wird ein Übergang zu einem

[1]) In der Kernphysik wird als Einheit des Wirkungsquerschnittes das *Barn* benützt: $1\,\mathrm{b} = 10^{-24}\,\mathrm{cm}^2$.

Koordinatensystem vorgenommen, das sich unter einem bestimmten Winkel zur Richtung der Relativbewegung der Anfangsteilchen bewegt, muß der Wirkungsquerschnitt, soll er invariant sein, durch eine vierdimensionale Größe ausgedrückt werden (z. B. durch den Viererstrom).

§ 7. Die relativistische Transformation der Winkel- und Impulsverteilung (der Elemente des Phasenraums)

In der Theorie der Elementarteilchen und ihrer Wechselwirkungen kommt folgende Aufgabenstellung vor: Es möge in einem der Koordinatensysteme die Winkelverteilung und die Impulsverteilung (oder die Energieverteilung) durch eine Funktion

$$n_1(p_1, \cos\vartheta_1)\, dp_1\, d\cos\vartheta_1 d\varphi_1$$ [1])

vorgegeben sein, wobei gilt

$$\iint n_1\, dp_1 d\cos\vartheta_1 d\varphi_1 = N.$$

Hierbei bedeutet N die Gesamtzahl der Teilchen einer bestimmten Sorte, die im Endzustand des Systems vorhanden sind.

Wir müssen die entsprechende Funktion

$$n_2(p_2, \cos\vartheta_2)\, dp_2\, d\cos\vartheta_2 d\varphi_2$$

in einem anderen Koordinatensystem bestimmen. Es ist offensichtlich, daß diese Aufgabenstellung völlig äquivalent der Lösung folgender Aufgabe ist: Der differentielle Wirkungsquerschnitt möge in der Form

$$d\sigma = \frac{\sigma}{N}\, n_1(p_1, \cos\vartheta_1)\, dp_1\, d\cos\vartheta_1\, d\varphi_1 \tag{7.1}$$

gegeben sein. Man soll einen Ausdruck für den transformierten differentiellen Wirkungsquerschnitt finden, der in diesem Falle (bis auf einen konstanten Faktor) durch den Charakter der Transformation der Funktion n_1 bestimmt wird. Der Übergang von n_1 zu n_2 ist gleichbedeutend einem Übergang von den Variablen p_1, ϑ_1 zu p_2, ϑ_2, der bekanntlich mit Hilfe der Jacobi-Determinante durchgeführt wird:

$$J = \frac{\partial p_1}{\partial p_2}\frac{\partial \cos\vartheta_1}{\partial \cos\vartheta_2} - \frac{\partial p_1}{\partial \cos\vartheta_2}\,\frac{\partial \cos\vartheta_1}{\partial p_2}. \tag{7.2}$$

Beim Übergang von einem Koordinatensystem zu einem anderen transformieren sich also die Impulsverteilungen und Winkelverteilungen folgendermaßen:

$$\begin{aligned} n_1(p_1, \cos\vartheta_1)\, dp_1 d\cos\vartheta_1 d\varphi_1 &= n_1[p_1(p_2, \cos\vartheta_2); \cos\vartheta_1(p_2, \cos\vartheta_2)]\, J\, dp_2 d\cos\vartheta_2 d\varphi^2 \\ &= n_2(p_2, \cos\vartheta_2)\, dp_2 d\cos\vartheta_2\, d\varphi_2. \end{aligned} \tag{7.3}$$

[1]) Es ist zweckmäßig, n in dieser Form darzustellen, da sie gleich die Abhängigkeit vom Raumwinkel angibt. Dessen Element hat die Größe $\sin\vartheta\, d\vartheta$.

Wird (4.5), (4.7) und die Beziehung $d\varphi_1 = d\varphi_2$ benutzt, so kann man

$$J = \gamma \frac{p_2^2}{p_1^2 E_2} (E_2 - p_2 V \cos \vartheta_2) = \frac{p_2^2 (E_2 - p_2 V \cos \vartheta_2)}{\gamma E_2 \left[(E_2 - p_2 V \cos \vartheta_2)^2 - \frac{m^2}{\gamma^2} \right]} \tag{7.4}$$

erhalten. Die JACOBI-Determinante läßt sich besonders einfach in der Energiedarstellung ausdrücken, wenn als Variable die Größen E und $\cos \vartheta$ gewählt werden. Zur Berechnung der JACOBI-Determinante J benutzen wir in diesem Falle, daß die Größe $\frac{d p_x \, d p_y \, d p_z}{E}$ invariant ist[1]) und schreiben das Element des Phasenraumes in der Form

$$d p_x d p_y d p_z = p^2 \ dp \ d \cos \vartheta \, d\varphi . \tag{7.5}$$

Da die Zahl der Teilchen im gegebenen Element des Phasenraumes invariant ist, so gilt

$$\frac{n_1 (E_1, \cos \vartheta_1) \, p_1^2 d p_1 d \cos \vartheta_1}{E_1}$$

$$= \frac{n_1 [E_1 (E_2, \cos \vartheta_2); \cos \vartheta_1 (E_2, \cos \vartheta_2)] \, p_2^2 d p_2 d \cos \vartheta_2}{E_2}, \tag{7.6}$$

woraus sich ergibt

$$J = \frac{p_2^2 E_1}{p_1^2 E_2}. \tag{7.7}$$

Im Koordinatensystem (p_1, ϑ_1) wird das Gebiet, in dem die Größen p_1 und ϑ_1 für einen gegebenen Prozeß liegen, durch die Kurven

$$p_{1\,\max} = \Phi_1 (\vartheta_1) \tag{7.8}$$

und

$$p_{1\,\min} = \Phi_2 (\vartheta_1) \tag{7.9}$$

begrenzt. Die Funktionen Φ_1, Φ_2 werden durch die konkreten physikalischen Prozesse und die Erhaltungssätze bestimmt.

So können z. B. bei Reaktionen, in deren Ergebnis drei oder mehr Teilchen entstehen, die Teilchenimpulse beliebige Werte zwischen 0 und $p_{\max}$ annehmen, wobei $p_{\max}$ durch die Massen dieser Teilchen bestimmt wird. Bei Reaktionen, die als Endzustand zwei Teilchen ergeben, sind deren Impulse im S-System streng bestimmt und hängen nur von den Werten $\tilde{E}$, m_1, m_2 ab. Eingehender ist dies in den folgenden Abschnitten dargelegt.

Werden in (7.8) und (7.9) die Werte von ϑ_1, p_1 eingesetzt, die in Übereinstimmung mit (4.1) und (4.7) bestimmt wurden, so ergeben sich für die Kurven, welche die

---

[1]) Die Invarianz läßt sich durch unmittelbare einfache Ausrechnung beweisen (s. z. B. [1], [2]).

möglichen Wertebereiche der Koordinaten p_2 und ϑ_2 begrenzen, folgende Gleichungen:

$$\gamma \sqrt{(E_2 - p_2 V \cos\vartheta_2)^2 - \frac{m^2}{\gamma^2}} = \Phi_1 \left[\operatorname{arctg} \frac{1}{\gamma} \left(\frac{p_2 \sin\vartheta_2}{p_2 \cos\vartheta_2 - V E_2}\right)\right], \tag{7.10}$$

$$\gamma \sqrt{(E_2 - p_2 V \cos\vartheta_2)^2 - \frac{m^2}{\gamma^2}} = \Phi_2 \left[\operatorname{arctg} \frac{1}{\gamma} \left(\frac{p_2 \sin\vartheta_2}{p_2 \cos\vartheta_2 - V E_2}\right)\right]. \tag{7.11}$$

In der Praxis vereinfachen sich die Gleichungen (7.10) und (7.11) stark. So ist z. B. beim Zerfall $\Phi_1 = p_{1\,\max} = \text{const}$; beim Zerfall in zwei Teilchen ist $\Phi_1 = \Phi_2$; beim Zerfall in drei Teilchen wird $\Phi_2 = 0$. In diesen Fällen werden die Kurven nach (7.10) durch eine Gleichung zweiten Grades beschrieben. Die Untersuchung zeigt, daß es sich immer um eine Ellipse handelt. Ist also in dem einen Koordinatensystem (p_1, ϑ_1) die begrenzende Kurve ein Kreis, so wird sie beim Übergang zum Koordinatensystem (p_2, ϑ_2) in eine Ellipse transformiert.[1])

Wird (7.10) bei der Bedingung $\Phi_1 = p_{1\,\max} = \text{const}$ nach p_2 aufgelöst, so erhält man

$$p_2 = \frac{E_1 V \cos\vartheta_2 \pm \sqrt{m^2\gamma^2 V^2 \cos^2\vartheta_2 - m^2\gamma^2 + E_1^2}}{\gamma(1 - V^2 \cos^2\vartheta_2)}. \tag{7.12}$$

Das Zeichen vor der Wurzel in Formel (7.12) wird folgendermaßen ausgewählt:

1. Ist der Ausdruck unter der Wurzel immer positiv, so hat man das Zeichen + zu nehmen. In diesem Falle kann sich nämlich das Zeichen vor der Wurzel bei einer Veränderung des Impulses von 0 bis $p_{1\,\max}$ nicht verändern, da die Funktion stetig sein muß. Deshalb muß im gesamten Intervall entweder das Zeichen + oder das Zeichen — stehen. Da jedoch immer positive Werte von p_2 existieren (z. B. bei $\vartheta_2 = 0$), so muß im gegebenen Fall das Zeichen + für das gesamte Intervall von 0 bis $p_{1\,\max}$ gewählt werden. Das erste Kriterium zur Auswahl des Vorzeichens ist also, daß der Ausdruck

$$D(\vartheta_2) = m^2\gamma^2 V^2 \cos^2\vartheta_2 - m^2\gamma^2 + E_1^2 \tag{7.13}$$

positiv ist. Es läßt sich leicht zeigen, daß $D(\vartheta_2) > 0$ ist, wenn $\beta_1 > V$ gilt, d. h., wenn die Geschwindigkeit des Teilchens im System 1 größer ist als die Geschwindigkeit V des Systems 1 bezüglich des Systems 2. Ist die Geschwindigkeit des Teilchens $\beta_1 > V$, so wird folglich immer das Zeichen + gewählt.

2. Ist $\beta_1 < V$, so wird bei einem bestimmten Wert $\vartheta_2 = \vartheta_{2\,\max}$ der Ausdruck $D(\vartheta_2) = 0$ und man hat beide Zeichen zu berücksichtigen. Bei $\vartheta > \vartheta_{2\,\max}$[2]) gilt

[1]) Die Untersuchung der Ellipse für den Fall elastischer Stöße ist in [2] durchgeführt. Der allgemeine Fall wurde von J. Blaton [4] analysiert. Die Regeln für die Konstruktion solcher Ellipsen werden neben einer Reihe konkreter Beispiele im § 10 behandelt.

[2]) Der maximale Winkel tritt bei der Bedingung $\beta_1 < V$ deshalb auf, weil sich in diesem Fall beide Teilchen im L-System nur in Vorwärtsrichtung bewegen.

$D(\vartheta_2) < 0$. Es sei übrigens bemerkt, daß $2\vartheta_{2\max}$ der Winkel ist, unter dem die Ellipse nach Gleichung (7.10) vom Koordinatenursprung aus zu sehen ist.

Aus der Bedingung $D(\vartheta_{2\max}) = 0$ erhält man

$$\sin\vartheta_{2\max} = \sqrt{\frac{1 - V^2}{\frac{V^2}{\beta_1^2} - V^2}}. \tag{7.14}$$

Auf Abbildung 1 ist das Schema für die Transformation der Kreise $p_1 = \text{const}$ bei der Lorentz-Transformation für den Fall $\beta_1 > V$ dargestellt. Zwischen den Radiusvektoren des Kreises und der Ellipse gibt es einen eindeutigen Zusammenhang. Die Ellipse wurde nach Gleichung (7.12) mit folgenden Parameterwerten berechnet: $m = 1$; $E_1 = 3$; $V = 0{,}9$.

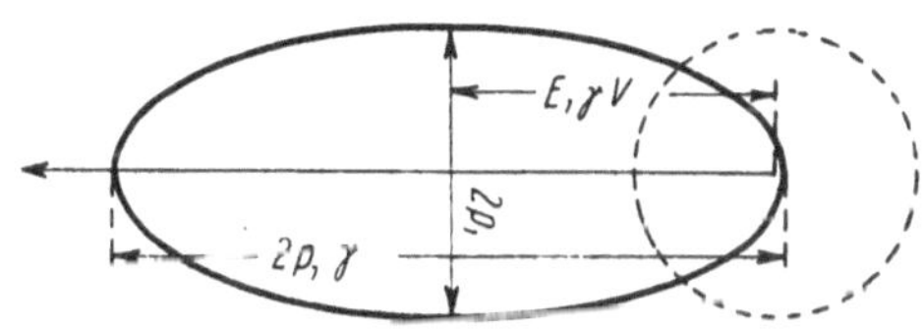

Abb. 1. Die Transformation $p_1\vartheta_1 \to p_2\vartheta_2$ bei $\beta_1 > V$; $E_1 = 3$, $V = 0{,}9$.

Die hier beschriebene Methode benutzt man vorteilhaft, wenn die Winkelabhängigkeit und die Energieabhängigkeit im L-System zu bestimmen ist (s. § 13).

Von H. Bradt, M. Kaplon und B. Peters [5] wurde eine andere Form der Analyse benutzt. Sie verwendeten das gemischte Koordinatensystem (p_1, ϑ_2).

Zur Berechnung der Jacobi-Determinante benutzen wir in diesem Fall die Gleichung (4.5), aus der folgt

$$\cos\vartheta_1 = \frac{-E_1 V\gamma^2 \operatorname{tg}^2\vartheta_2 \pm \sqrt{p_1^2 + [p_1^2 - V^2E_1^2]\,\gamma^2 \operatorname{tg}^2\vartheta_2}}{p_1\,[\gamma^2 \operatorname{tg}^2\vartheta_2 + 1]}. \tag{7.15}$$

Das Vorzeichen in der Formel (7.15) erhält man aus ähnlichen Überlegungen wie vorhin:

1. Ist der Ausdruck unter dem Wurzelzeichen immer positiv, so hat man das Zeichen $+$ im gesamten Intervall des Winkels ϑ_2 (von 0 bis π) zu wählen.

Wir haben also als Kriterium für die Wahl des positiven Vorzeichens, daß der Ausdruck

$$f(\vartheta_2) = p_1^2 + \gamma^2 \operatorname{tg}^2\vartheta_2\,[p_1^2 - V^2E_1^2] \tag{7.16}$$

positiv definit ist. Das bedeutet $\beta_1 > V$.

2. Bei $\beta_1 < V$ existiert immer ein maximal zulässiger Winkel $\vartheta_{2\max} < \pi$. Aus Stetigkeitsüberlegungen folgt, daß in den Intervallen $0 < \vartheta_1 < \vartheta_{1\max}$ und $\vartheta_{1\max} < \vartheta_1 < \pi$ vor dem Wurzelzeichen ein Minus stehen muß. $\vartheta_{1\max}$ ist dabei der Winkel, der $\vartheta_{2\max}$ entspricht. Da bei $\vartheta = 0$ die Relation $\cos\vartheta > 0$ gilt, so muß im gesamten Intervall $0 < \vartheta_1 < \vartheta_{1\max}$ das Zeichen $+$ benutzt werden. Analog hat man im Intervall $\vartheta_{1\max} < \vartheta_1 < \pi$ das Zeichen $-$ zu nehmen.

Auf Grund der Bedingung $f[\vartheta_2(\vartheta_1)] = 0$ kann man schreiben

$$\cos\vartheta_{1\max} = -\frac{\beta_1}{V}. \tag{7.17}$$

Im System 2 wird der Winkel $\vartheta_{2\max}$ durch Gleichung (7.14) bestimmt. Bei $\beta_1 < V$ und $\vartheta_1 < \vartheta_{1\max}$ hat man also das Zeichen $+$, bei $\vartheta_1 > \vartheta_{1\max}$ das Zeichen $-$ zu benutzen.

Aus (7.15) läßt sich $J_1 = \left.\frac{\partial \cos \vartheta_1}{\partial \cos \vartheta_2}\right|_{p_1 = \text{const}}$ berechnen:

$$J_1 = \frac{\gamma^2 \left[V E_1 \pm \sqrt{p_1^2 + \gamma^2 \operatorname{tg}^2 \vartheta_2 \, (p_1^2 - V^2 E_1^2)} \right]^2}{p_1 \cos^3 \vartheta_2 (\gamma^2 \operatorname{tg}^2 \vartheta_2 + 1)^2 \sqrt{p_1^2 + \gamma^2 \operatorname{tg}^2 \vartheta_2 (p_1^2 - V^2 E_1^2)}}. \tag{7.18}$$

Das Zeichen $+$ wird dabei gewählt, wenn $\beta_1 > V$ ist oder wenn $\beta_1 < V$ und $0 < \vartheta_1 < \vartheta_{1\max}$ gilt. Das Zeichen $-$ nimmt man bei $\beta_1 < V$ und $\vartheta_{1\max} < \vartheta_1 < \pi$.

Auf Abbildung 2a ist die Transformation des Gebietes dargestellt, das im System 1 für den Fall $\beta_1 > V$ durch die Gleichungen $p_{1\max} = \text{const}$ und $p_{1\min} = 0$ begrenzt wird. Da der Impuls nicht transformiert wird, so ist klar, daß sich der Kreis $p_{1\max} = \text{const}$ nicht verändert. Für kleine Impulse treten jedoch gemäß Gleichung (7.14) verbotene Gebiete auf. Das gestrichelte Gebiet gehört zu erlaubten Winkel- und Impulswerten im System 2. Auf Abbildung 2b ist die Transformation eines analogen Gebietes für den Fall $\beta_1 < V$ dargestellt. Der Maßstab und die Parameterwerte sind für beide Abbildungen gleich.

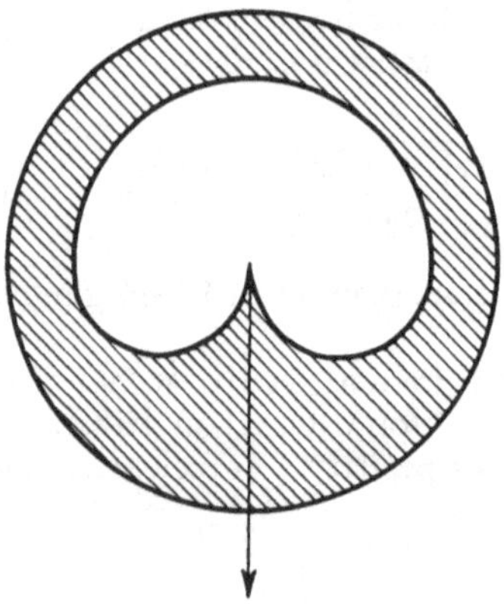

Abb. 2a. Die Transformation $p_1, \vartheta_1 \to p_1, \vartheta_2$ für $\beta_1 > V$; $E_1 = 3$, $V = 0{,}9$.

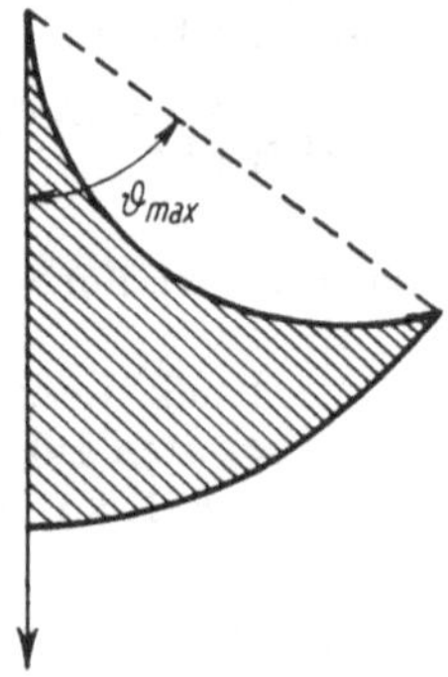

Abb. 2b. Die Transformation $p_1, \vartheta_1 \to p_1, \vartheta_2$ für $\beta_1 < V$; $E_1 = 3$, $V = 0{,}9$.

Wenn der Impuls im System 1 einen streng bestimmten Wert besitzt (z. B. beim Zerfall in zwei Teilchen), so geht bei $\beta_1 < V$ der Kreis $p_{1\max} = \text{const}$ in einen Bogen über.

In einzelnen Fällen ist es vorteilhaft, zur Bestimmung der Impulsverteilung das System (p_2, ϑ_1) zu benutzen. Um die Jacobi-Determinante J_2 zu erhalten, die einer Transformation aus dem System (p_1, ϑ_1) in das System (p_2, ϑ_1) entspricht, muß der Ausdruck $p_1(p_2, \vartheta_1)$ explizit berechnet werden.

Unter Benutzung der Gleichung (7.12) erhalten wir

$$J_2 = \left.\frac{\partial p_1}{\partial p_2}\right|_{\vartheta_1 = \mathrm{const}}$$

$$= \frac{p_2}{\gamma(1 - V^2\cos^2\vartheta_1)}\left[\frac{1}{\sqrt{p_2^2 - \gamma^2 V^2 m^2 \sin^2\vartheta_1}} - \frac{V\cos\vartheta_1}{\sqrt{p_2^2 + m^2}}\right]. \tag{7.19}$$

Das Intervall, das die Größe $p_2(\vartheta_1)$ überstreicht, läßt sich leicht aus den Gleichungen

$$p_{2\,\min} = \gamma\sqrt{(E_{1\,\min} + p_{1\,\min} V\cos\vartheta_1)^2 - \frac{m^2}{\gamma^2}}, \tag{7.20}$$

$$p_{2\,\min} = \gamma\sqrt{(E_{1\,\max} + p_{1\,\max} V\cos\vartheta_1)^2 - \frac{m^2}{\gamma^2}} \tag{7.21}$$

berechnen. Eine besonders einfache Form erhalten die Größen $p_{2\,\min}$ und $p_{2\,\max}$, wenn $p_{1\,\min} = 0$ und $p_{1\,\max} = \mathrm{const}$ wird.

Die Transformation eines kreisförmigen Gebietes, bei der Überführung $(p_1, \vartheta_1) \to (p_2, \vartheta_1)$ ist auf Abbildung 3 schematisch dargestellt.

Es muß unterstrichen werden, daß sich die vorstehend angeführten Formeln zur Berechnung der JACOBI-Determinante im relativistischen Grenzfall erheblich vereinfachen. Ist $p_2 \gg m$ und $\gamma \gg 1$, so gilt

$$J \approx \frac{p_2}{\gamma(E_2 - p_2 V\cos\vartheta_2)}. \tag{7.22}$$

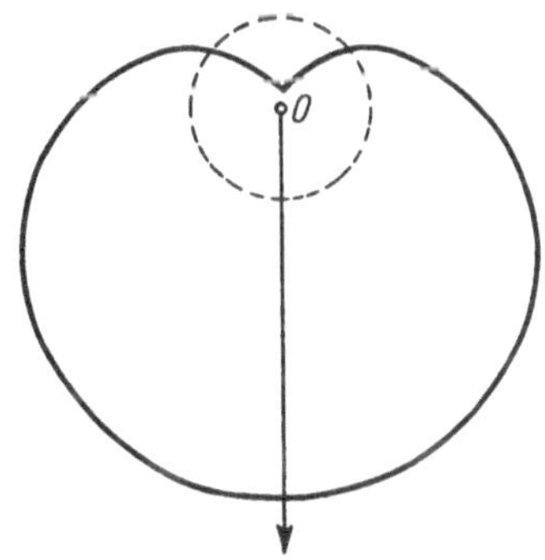

Abb. 3. Die Transformation $p_1, \vartheta_1 \to p_2, \vartheta_1$ für $E_1 = 3$, $V = 0{,}9$.

Bei der zusätzlichen Bedingung

$$1 - \cos\vartheta_2 \gg \frac{m^2}{p_2^2}$$

haben wir

$$J \approx \frac{1}{\gamma(1 - V\cos\vartheta_2)}. \tag{7.23}$$

Bei $\gamma \gg 1$ und $\vartheta_2 \ll 1$ gilt

$$\cos\vartheta_1 \approx \frac{-V\gamma^2\,\mathrm{tg}^2\,\vartheta_2 \pm 1}{\gamma^2\,\mathrm{tg}^2\,\vartheta_2 + 1} \tag{7.24}$$

und

$$J_1 \approx \frac{\pm\gamma^2(V \pm 1)^2}{\cos^3\vartheta_2\,(\gamma^2\,\mathrm{tg}^2\,\vartheta_2 + 1)^2}. \tag{7.25}$$

Ist zusätzlich $\vartheta_2 \ll \frac{1}{\gamma}$ erfüllt, so wird

$$\cos\vartheta_1 \approx 1 - 2\gamma^2\vartheta_2^2 \tag{7.26}$$

und

$$J_1 \approx 4\gamma^2(1 - \gamma^2\vartheta_2^2). \tag{7.27}$$

Bei $p_2 \gg \gamma m$ gilt

$$J_2 \approx \frac{1}{\gamma(1 + V\cos\vartheta_1)}. \tag{7.28}$$

Zum Abschluß dieses Kapitels wollen wir noch darauf hinweisen, daß alle abgeleiteten Beziehungen Impuls- und Winkeltransformationen für zwei beliebige Koordinatensysteme beschreiben. Betrachtet man aber nur Übergänge vom S-System zum L-System, so werden die Formeln beträchtlich einfacher. In diesem Fall wird nämlich der Transformationskoeffizient γ unmittelbar durch die wichtigste Charakteristik der uns interessierenden Prozesse, nämlich durch die Energie des Anfangsteilchens, ausgedrückt (s. § 5).

KAPITEL III

Die Kinematik von Wechselwirkungen bei Bildung von zwei Teilchen

§ 8. Die Wechselwirkung im allgemeinen relativistischen Fall

In der experimentellen Praxis treten am häufigsten Reaktionen auf, deren Ergebnis die Bildung von zwei Teilchen ist. Zu diesen Wechselwirkungen gehören die elastische und die unelastische Streuung sowie sehr viele Kernreaktionen im Energiegebiet bis zu einigen Hundert MeV. Auch bei einer Anzahl von Umwandlungen von Elementarteilchen wie Mesonen, Hyperonen, Nukleonen und Antinukleonen (z. B. $K^- + p \to \Sigma^+ + \pi^-$, $p + \tilde{p} \to n + \tilde{n}$ usw.) bilden sich zwei Teilchen. Diese Umwandlungen gehen in der kosmischen Strahlung vor sich oder werden mit Beschleunigern für sehr hohe Energien durchgeführt.

Zu den Kernwechselwirkungen, bei denen im Gebiet kleiner Energien drei Teilchen entstehen, gehören nur die Paarbildung und der β-Zerfall. Als drittes Teilchen, das im Prozeß eine Rolle spielt, ist in beiden Fällen der Rückstoßkern anzusehen. Bei hohen Energien werden Wechselwirkungen mit Bildung einer größeren Zahl von Teilchen immer wahrscheinlicher. Bekanntlich kommen bei überhohen Energien auch Kernprozesse vor, als deren Ergebnis gleichzeitig Dutzende von Elementarteilchen entstehen.

Bei der kinematischen Analyse der Kernwechselwirkungen auf der Grundlage der Erhaltungssätze für Energie und Impuls gilt es, zunächst den Zusammenhang zwischen den Emissionsrichtungen der verschiedenen Reaktionsprodukte und der Emissionsrichtung sowie der Energie jedes der Produkte festzustellen. Die Massen und die Energien der in Wechselwirkung stehenden Teilchen sind dabei vorgegeben. Der Vergleich zwischen den berechneten und den aus dem Experiment bestimmten Zusammenhängen zwischen den Emissionsrichtungen und der Energie der Reaktionsprodukte ermöglicht die Identifizierung der Reaktionsprodukte. Das hilft die richtige Auswahl zwischen den verschiedenen angenommenen Wechselwirkungsmechanismen zu treffen.

Es kommt auch eine andere Aufgabe vor, die mit der Kinematik der Kernwechselwirkungen zusammenhängt. Das ist die Überführung der Werte für Emissionswinkel, Teilchenenergie und Wirkungsquerschnitte der Prozesse aus dem L-System in das S-System. In der Regel werden die theoretischen Formeln für das S-System berechnet. Auch der Übergang vom S-System zum L-System ist jedoch manchmal durchzuführen. Beide Aufgaben können nur dann vollständig gelöst werden, wenn im betrachteten Prozeß nur zwei Teilchen entstehen. Bei drei oder mehr Teilchen im Endzustand kann man nur einige Extremalbedingungen für Grenzfälle aufstellen, wie noch gezeigt wird, die mit verschiedenen zusätzlichen Annahmen zusammenhängen. Diese Grenzfälle führen letzten Endes zu den verschiedenen Wegen, auf denen man den Akt der Bildung vieler Teilchen durch mehrere Akte ersetzen kann, bei denen jeweils nur noch zwei Teilchen entstehen.

Die Wechselwirkungsprozesse, bei denen zwei Teilchen gebildet werden und deren Behandlung das vorliegende Kapitel gewidmet ist, sind somit nicht nur am häufigsten, sondern sie stellen auch den allgemeinsten Fall dar. Die Rechnungen können auf Prozesse anderer Art angewendet werden.

Gehen wir nun zur konkreten Betrachtung der Wechselwirkung $\mathrm{I} + \mathrm{II} \rightarrow 1 + 2$ über (s. Abb. 4).[1])

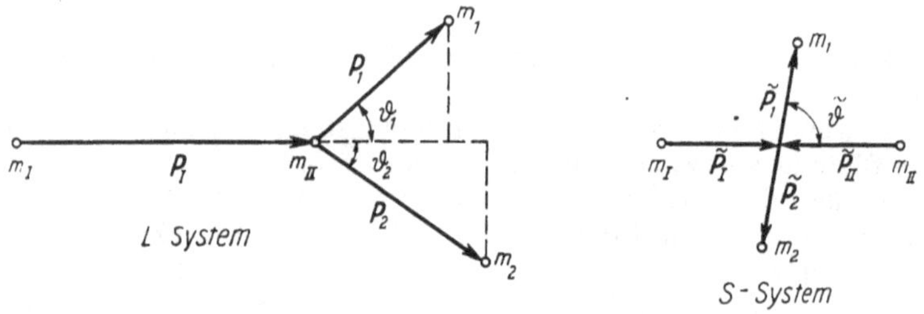

Abb. 4. Die Reaktion $\mathrm{I} + \mathrm{II} \rightarrow 1 + 2$ im L-System und im S-System.

Wie gewöhnlich werden wir annehmen, daß sich im L-System nur eines der wechselwirkenden Teilchen (I) bewegt und daß das Targetteilchen (II) ruht. Dann besitzen die relativistischen Erhaltungssätze für Energie und Impuls die Form

$$E_{\mathrm{I}} + m_{\mathrm{II}} = E_1 + E_2 = E_G\,, \tag{8.1}$$

$$p_{\mathrm{I}} = p_1 \cos\vartheta_1 + p_2 \cos\vartheta_2\,, \tag{8.2}$$

$$0 = p_1 \sin\vartheta_1 - p_2 \sin\vartheta_2\,, \tag{8.3}$$

wobei E_G die Gesamtenergie der Teilchen bedeutet. Daraus ergibt sich folgender Zusammenhang zwischen den Emissionswinkeln und den Energien der Teilchen 1 und 2:

$$E_1 = \frac{A_1 E_G \pm p_{\mathrm{I}} \cos\vartheta_1 \sqrt{A_1^2 - 4 m_1^2 (E_G^2 - p_{\mathrm{I}}^2 \cos^2\vartheta_1)}}{2(E_G^2 - p_{\mathrm{I}}^2 \cos^2\vartheta_1)}\,, \tag{8.4}$$

$$E_2 = \frac{A_2 E_G \pm p_{\mathrm{I}} \cos\vartheta_2 \sqrt{A_2^2 - 4 m_2^2 (E_G^2 - p_{\mathrm{I}}^2 \cos^2\vartheta_2)}}{2(E_G^2 - p_{\mathrm{I}}^2 \cos^2\vartheta_2)}\,. \tag{8.4'}$$

Hierbei ist

$$A_1 = E_G^2 - p_{\mathrm{I}}^2 + m_1^2 - m_2^2 = M_A^2 + 2 m_{\mathrm{II}} W_{\mathrm{I}} + m_1^2 - m_2^2\,, \tag{8.5}$$

$$A_2 = E_G^2 - p_{\mathrm{I}}^2 + m_2^2 - m_1^2 = M_A^2 + 2 m_{\mathrm{II}} W_{\mathrm{I}} + m_2^2 - m_1^2\,, \tag{8.5'}$$

und W_{I} die kinetische Energie des Teilchens I.

Die gesamte Ruhmasse des Systems beträgt im Anfangszustand

$$M_A = m_{\mathrm{I}} + m_{\mathrm{II}}\,. \tag{8.6}$$

[1]) Hier und im weiteren beziehen sich die Indizes 1 und 2 auf die Reaktionsprodukte und nicht auf die Koordinatensysteme, wie das vorher der Fall war.

Die Forderung, daß die Radikanden in (8.4) und (8.4') positiv sein sollen, führt zu Extremalbedingungen für die Emissionswinkel der Teilchen 1 und 2, was schon in § 7 bemerkt wurde:

$$\sin^2 \vartheta_1 \leqq \frac{A_1^2 - 4 m_1^2 (M_A^2 + 2 m_{II} W_I)}{4 m_1^2 \, p_I^2}, \tag{8.7}$$

$$\sin^2 \vartheta_2 \leqq \frac{A_2^2 - 4 m_2^2 (M_A^2 + 2 m_{II} W_I)}{4 m_2^2 \, p_I^2}. \tag{8.8}$$

Wird in (8.7) und (8.8) ϑ_1 und ϑ_2 gleich 0 gesetzt, so erhalten wir eine Größe $W_{I\,\text{Schwelle}}$, die bei endothermen Reaktionen die Schwelle der untersuchten Reaktion darstellt. Bei endothermen Reaktionen ist

$$Q = M_A - (m_1 + m_2) = M_A - M_E \tag{8.9}$$

negativ. M_E bezeichnet dabei die Ruhmasse des Systems im Endzustand. Gehen wir von der Beziehung

$$A_1^2 = 4 m_1^2 (M_A^2 + 2 m_{II} W_{I\,\text{Schwelle}}) \tag{8.10}$$

oder

$$A_2^2 = 4 m_2^2 (M_A^2 + 2 m_{II} W_{I\,\text{Schwelle}}) \tag{8.10'}$$

aus, so erhalten wir

$$M_A^2 + 2 m_{II} W_{I\,\text{Schwelle}} = M_E^2, \tag{8.11}$$

woraus folgt

$$2 m_{II} W_{I\,\text{Schwelle}} = M_E^2 - M_A^2 = |Q| (|Q| + 2 M_A) \tag{8.12}$$

oder

$$W_{I\,\text{Schwelle}} = |Q| \left\{ \frac{M_A + \frac{1}{2} |Q|}{m_{II}} \right\}. \tag{8.13}$$

Wir haben damit die beiden grundlegenden kinematischen Abhängigkeiten $E_1 = f(\vartheta_1)$ und $E_2 = f(\vartheta_2)$ abgeleitet. Es ist klar, daß man die dritte Grundabhängigkeit $\vartheta_2 = f(\vartheta_1)$ aus den ersten beiden unter Berücksichtigung der Energieerhaltung gewinnen kann. Um diese Abhängigkeit in analytischer Form zu erhalten, ist es am einfachsten, von den Formeln der Übergänge zwischen dem L- und dem S-System auszugehen. Nach der Definition des S-Systems beträgt seine Geschwindigkeit im L-System

$$\boldsymbol{V} = \frac{\boldsymbol{p}_I + \boldsymbol{p}_{II}}{E_I + E_{II}}, \tag{8.14}$$

und wenn das Teilchen II ruht,

$$V = \frac{p_I}{E_I + m_{II}} = \frac{p_I}{E_G}. \tag{8.14'}$$

Daraus erhält man für die Geschwindigkeiten der Teilchen I und II im S-System

$$\tilde{\beta}_{II} = V = \frac{\sqrt{E_I^2 - m_I^2}}{E_I + m_{II}} = \frac{\sqrt{W_I(W_I + 2m_I)}}{W_I + M_A}, \tag{8.15}$$

$$\tilde{\beta}_I = \frac{\beta_I - V}{1 - \beta_I V} = \frac{m_{II}\sqrt{E_I^2 - m_I^2}}{m_I^2 + m_{II} E_I}. \tag{8.15'}$$

Die Impulse der sich einander nähernden Teilchen I und II betragen im S-System

$$\tilde{p}_I = \tilde{p}_{II} = \tilde{p}_A = m_{II}\sqrt{\frac{E_I^2 - m_I^2}{m_I^2 + m_{II}(2E_I + m_{II})}}, \tag{8.16}$$

und ihre Energien

$$\tilde{E}_I = \frac{m_I^2 + m_{II}E_I}{\sqrt{m_I^2 + m_{II}(2E_I + m_{II})}}, \qquad \tilde{E}_{II} = \frac{m_{II}(E_I + m_{II})}{\sqrt{m_I^2 + m_{II}(2E_I + m_{II})}}. \tag{8.17}$$

Daraus erhält man einen Ausdruck für die Gesamtenergie der Teilchen I und II im S-System

$$\tilde{E}_G = \tilde{E}_I + \tilde{E}_{II} = \sqrt{m_I^2 + m_{II}(2E_I + m_{II})} = \sqrt{M_A^2 + 2m_{II}W_I}, \tag{8.18}$$

d. h.

$$\tilde{E}_G^2 = E_G^2 - p_I^2 = p_I^2\frac{1 - V^2}{V^2} = E_G^2(1 - V^2). \tag{8.19}$$

Die Gleichung (8.19) ist ein spezieller Fall von (3.15). Tatsächlich, da nach Definition im S-System der Gesamtimpuls $\tilde{\boldsymbol{p}}_G = 0$ ist, folgt aus (3.15)

$$E_G^2 - p_G^2 = \mathrm{Inv} = \tilde{E}_G^2. \tag{8.20}$$

Aus der Gleichung (8.18), welche die Gesamtenergie im S-System charakterisiert, können wir einen Ausdruck für die Reaktionsschwelle erhalten:

$$\tilde{E}_{G\,\mathrm{Schwelle}} = \sqrt{M_A^2 + 2m_{II}\mathrm{W}_{I\,\mathrm{Schwelle}}} = M_E. \tag{8.21}$$

Daraus folgt die schon vorhin abgeleitete Beziehung (8.13).

Aus den Beziehungen

$$\tilde{E}_1 + \tilde{E}_2 = \tilde{E}_G \tag{8.22}$$

und

$$\tilde{p}_1 = \sqrt{\tilde{E}_1^2 - m_1^2} = \tilde{p}_2 = \sqrt{\tilde{E}_2^2 - m_2^2} \tag{8.23}$$

erhält man leicht einen Ausdruck für die Impulse und die Energien der beiden auseinanderfliegenden Reaktionsprodukte im S-System:

$$\tilde{p}_1 = \tilde{p}_2 = \tilde{p}_E = \frac{\sqrt{A_{1(2)}^2 - 4\tilde{E}_G^2 m_{1(2)}^2}}{2\tilde{E}_G}$$

$$= \frac{\sqrt{[\tilde{E}_G^2 - (m_1 + m_2)^2][\tilde{E}_G^2 - (m_1 - m_2)^2]}}{2\tilde{E}_G}, \tag{8.24}$$

$$\tilde{E}_{1(2)} = \frac{A_{1(2)}}{2\tilde{E}_G} = \frac{\tilde{E}_G^2 + m_{1(2)}^2 - m_{2(1)}^2}{2\tilde{E}_G}. \tag{8.25}$$

Stellen wir nun den Zusammenhang zwischen den Winkeln im L-System und im S-System auf. Wir wählen als Winkel $\tilde{\vartheta}$ im S-System den Winkel $\tilde{\vartheta}_1$ zwischen den Vektoren $\tilde{\boldsymbol{p}}_{\mathrm{I}}$ und $\tilde{\boldsymbol{p}}_1$. Dann ist offensichtlich der Winkel zwischen den Vektoren $\tilde{\boldsymbol{p}}_{\mathrm{I}}$ und $\tilde{\boldsymbol{p}}_2$ gleich $\tilde{\vartheta}_2 = \pi - \tilde{\vartheta}_1$. Wegen dieses einfachen Zusammenhanges zwischen den Winkeln $\tilde{\vartheta}_1$ und $\tilde{\vartheta}_2$ werden wir im weiteren die Hauptformeln nur für den einen Winkel $\tilde{\vartheta}_1 = \tilde{\vartheta}$ ableiten, d. h. nur für eines der Reaktionsprodukte, und zwar für das Teilchen 1. Benötigt man die entsprechenden Formeln für das Teilchen 2, so hat man nur den Index 1 überall durch den Index 2 und $\cos\tilde{\vartheta}$ durch $-\cos\tilde{\vartheta}$ zu ersetzen. Wenn die Formeln für das Teilchen 1 und das Teilchen 2 identisch sind, schreiben wir den verallgemeinerten Index n.

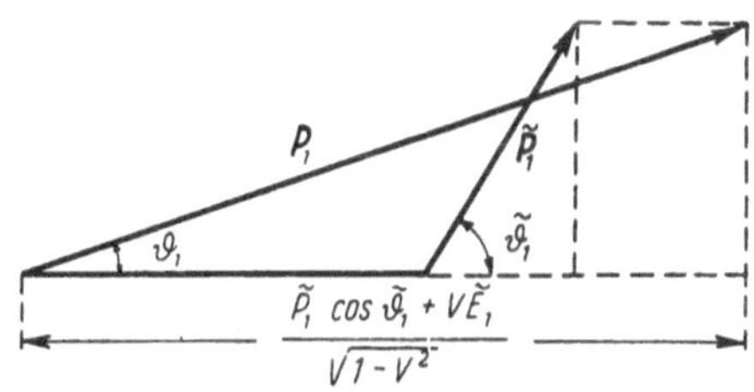

Abb. 5. Zusammenhang zwischen L- und S-System im relativistischen Fall. Vektoraddition der Geschwindigkeiten.

Aus den Beziehungen

$$\left.\begin{aligned} p_1 \cos\vartheta_1 &= \frac{\tilde{p}_E \cos\tilde{\vartheta} + V\tilde{E}_1}{\sqrt{1 - V^2}}, \\ p_1 \sin\vartheta_1 &= \tilde{p}_E \sin\tilde{\vartheta}, \end{aligned}\right\} \tag{8.26}$$

die am Beispiel der Abbildung 5 veranschaulicht sind, folgt

$$\operatorname{ctg}\vartheta_1 = \frac{\cos\tilde{\vartheta} + \varrho_1}{\sqrt{1 - V^2}\sin\tilde{\vartheta}} \tag{8.27}$$

mit

$$\varrho_n = \frac{V}{\tilde{\beta}_n} = \frac{p_{\mathrm{I}}\tilde{E}_n}{\tilde{p}_n E_G} = \frac{\sqrt{E_{\mathrm{I}}^2 - m_{\mathrm{I}}^2}}{E_{\mathrm{I}} + m_{\mathrm{II}}} \frac{A_n}{\sqrt{A_n^2 - 4\tilde{E}_G^2 m_n^2}}. \tag{8.28}$$

Wird noch die Gleichung

$$\frac{1}{\sqrt{1-V^2}} = \gamma = \frac{E_G}{\tilde{E}_G} = \frac{E_{\rm I} + m_{\rm II}}{\sqrt{m_{\rm I}^2 + m_{\rm II}(2E_{\rm I} + m_{\rm II})}} \tag{8.29}$$

benutzt, so erhalten wir aus (8.27) umgekehrt die Abhängigkeit der Größe $\tilde{\vartheta}$ von ϑ_1,

$$\cos\tilde{\vartheta} = \frac{-\gamma^2\varrho_1 \pm \operatorname{ctg}\vartheta_1\sqrt{\gamma^2(1-\varrho_1^2) + \operatorname{ctg}^2\vartheta_1}}{\gamma^2 + \operatorname{ctg}^2\vartheta_1} \tag{8.30}$$

oder

$$\cos\tilde{\vartheta} = \frac{-\varrho_1\sin^2\vartheta_1 \pm (1-V^2)\cos\vartheta_1\sqrt{1 - \dfrac{\varrho_1^2 - V^2}{1-V^2}\sin^2\vartheta_1}}{1 - V^2\cos^2\vartheta_1}, \tag{8.30'}$$

und ebenso

$$\sin\tilde{\vartheta} = \frac{\gamma\left[\varrho_1\operatorname{ctg}\vartheta_1 \pm \sqrt{\gamma^2(1-\varrho_1^2) + \operatorname{ctg}^2\vartheta_1}\right]}{\gamma^2 + \operatorname{ctg}^2\vartheta_1} \tag{8.31}$$

oder

$$\sin\tilde{\vartheta} = \frac{\sqrt{1-V^2}\sin\varrho_1\left[\varrho_1\cos\vartheta_1 \pm \sqrt{1 - \dfrac{\varrho_1^2 - V^2}{1-V^2}\sin^2\vartheta_1}\right]}{1 - V^2\cos^2\vartheta_1}. \tag{8.31'}$$

Die Formeln, die den Winkel $\tilde{\vartheta}$ mit dem Winkel $\tilde{\vartheta}_2$ verknüpfen, gewinnt man auf die gleiche Weise. Die Bedingung für die Grenzwerte der Winkel $\tilde{\vartheta}_1$ und $\tilde{\vartheta}_2$ ist durch Gleichung (7.14) gegeben. Bei $\varrho_n \geq 1$ entsprechen einem gegebenen Winkel ϑ_n im L-System zwei Werte des Winkels $\tilde{\vartheta}$ im S-System. Nur bei $\vartheta_n = \vartheta_{n\,\max}$ ist die Lösung für $\tilde{\vartheta}$ eindeutig, und zwar erhält man

$$\cos\tilde{\vartheta}_0 = -\frac{1}{\varrho_n}. \tag{8.32}$$

Bei $\varrho_n \leq 1$ ist der Radikand in den Gleichungen (8.4), (8.30) und (8.31) für beliebige ϑ_n positiv und man hat deshalb vor dem Wurzelzeichen das Zeichen + zu verwenden. Deshalb entspricht jedem Wert ϑ_n nur ein Wert von $\tilde{\vartheta}$.

Wird (8.26) und (8.30′) benutzt, so erhalten wir die Impulse der Sekundärteilchen in Abhängigkeit von ihrer Emissionsrichtung,

$$p_n(\vartheta_n) = \frac{\tilde{p}_E\sqrt{1-V^2}}{1 - V^2\cos^2\vartheta_n}\left\{\varrho_n\cos\vartheta_n \pm \sqrt{1 - \frac{\varrho_n^2 - V^2}{1-V^2}\sin^2\vartheta_n}\right\}. \tag{8.33}$$

Wird aus (8.27) der Ablenkwinkel $\tilde{\vartheta}$ des Teilchens 1 im S-System eliminiert, so finden wir folgenden Zusammenhang zwischen den Winkeln ϑ_1 und ϑ_2 im L-System:

$$\operatorname{ctg}\vartheta_2 = \frac{-(1+\varrho_1\varrho_2)\operatorname{ctg}\vartheta_1 \pm (\varrho_1+\varrho_2)\sqrt{\gamma^2(1-\varrho_1^2) + \operatorname{ctg}^2\vartheta_1}}{1-\varrho_1^2}. \tag{8.34}$$

Auch in diesem Falle hängt $\vartheta_{1(2)}$ bei $\varrho_{1(2)} > 1$ zweiwertig vom Emissionswinkel $\vartheta_{2(1)}$ des anderen Teilchens ab. Bei $\vartheta_1 = \vartheta_2 = \vartheta$ geht (8.34) in

$$\operatorname{ctg} \vartheta = \frac{\gamma(\varrho_1 + \varrho_2)}{\sqrt{4 - (\varrho_2 - \varrho_1)^2}} \tag{8.34'}$$

über. Aus (8.27) kann man auch eine Beziehung zwischen den differentiellen Querschnitten für die Emission der Teilchen 1 und 2 im S-System $[\sigma(\tilde{\vartheta})]$ und im L-System $[\sigma(\vartheta_1)$ und $\sigma(\vartheta_2)]$ erhalten. Geht man von der Bedingung

$$\sigma(\tilde{\vartheta})d\cos\tilde{\vartheta} = \sigma(\vartheta_n)d\cos\vartheta_n$$

aus[1]), so erhält man

$$\sigma(\tilde{\vartheta}) = \sigma(\vartheta_1)\,\gamma(1 + \varrho_1\cos\tilde{\vartheta})\,\frac{\sin^3\vartheta_1}{\sin^3\tilde{\vartheta}}, \tag{8.35}$$

wobei wir im rechten Teil von (8.35) den Winkel $\tilde{\vartheta}$ entweder durch ϑ_1 oder umgekehrt ϑ_1 durch $\tilde{\vartheta}$ ausdrücken können. Im ersten Fall begegnen uns wieder Ausdrücke, die bei $\varrho_n > 1$ zwei Vorzeichen vor der Wurzel stehen haben. Bei $\varrho_n < 1$ braucht man nur das Zeichen + zu nehmen, da $\cos\tilde{\vartheta}$ ebenso wie $\dfrac{d\cos\tilde{\vartheta}}{d\cos\vartheta}$ zweiwertige Funktionen der Winkel ϑ_n sind (siehe (7.18)).

Bei $\vartheta_n = \vartheta_{n\max}$ (d. h. $\cos\vartheta_n = \min$) ist $\dfrac{d\cos\tilde{\vartheta}}{d\cos\vartheta} = \infty$; für die beiden Varianten der Abhängigkeit der Größe $\tilde{\vartheta}$ von ϑ_n besitzt die Ableitung $\dfrac{d\cos\tilde{\vartheta}}{d\cos\vartheta_n}$ verschiedene Vorzeichen, und zwar das Zeichen +, wenn das Teilchen, das sich unter dem Winkel ϑ_n bewegt, den größeren, und das Zeichen −, wenn es den kleineren der möglichen Impulswerte besitzt. Werden für den Ausdruck $\tilde{\vartheta}(\vartheta_n)$ die Formeln (8.26), (8.30) und (8.33) angewendet, so erhalten wir für $\sigma(\vartheta_n)$ die Beziehung

$$\sigma(\vartheta_n) = \sigma(\tilde{\vartheta})\left(\frac{p_n}{\tilde{p}_E}\right)^2 \frac{1}{\sqrt{1 - \dfrac{\varrho_n^2 - V^2}{1 - V^2}\sin^2\vartheta_n}}. \tag{8.36}$$

Sie geht in dem speziellen Fall der elastischen Streuung für das anfänglich ruhende Teilchen 2 ($\varrho_2 = 1$) in folgenden Ausdruck über:

$$\sigma(\vartheta_2) = \sigma(\tilde{\vartheta})\,\frac{4(1 - V^2)\cos\vartheta_2}{(1 - V^2\cos^2\vartheta_2)^2}. \tag{8.36'}$$

Wird die Substitution $\tilde{\vartheta}(\vartheta_1)$ benutzt, so erhalten wir aus (8.35)

$$\sigma(\vartheta_1) = \sigma(\tilde{\vartheta})\,\frac{[\sin^2\tilde{\vartheta} + \gamma^2(\varrho_1 + \cos\tilde{\vartheta})^2]^{\frac{3}{2}}}{\gamma(1 - \varrho_1\cos\tilde{\vartheta})}, \tag{8.37}$$

[1]) Hier und im weiteren nehmen wir an, daß die Streuung azimutale Isotropie besitzt, d. h. wir vernachlässigen Effekte, die mit der Polarisation der Teilchen zusammenhängen.

wobei ϑ_n immer eine eindeutige Funktion von $\tilde{\vartheta}$ darstellt. Der unmittelbare Zusammenhang zwischen den differentiellen Querschnitten der Teilchen 1 und 2 besitzt die Form

$$\begin{aligned}\sigma(\vartheta_1) &= \sigma(\vartheta_2)\frac{d\cos\vartheta_2}{d\cos\vartheta_1}\\ &= \left[-(1+\varrho_1\varrho_2) \pm \frac{(\varrho_1+\varrho_2)\operatorname{ctg}\vartheta_1}{\sqrt{\gamma^2(1-\varrho_1^2)+\operatorname{ctg}^2\vartheta_1}}\right]\frac{\sin^3\vartheta_1}{\sin^3\vartheta_2}\frac{\sigma(\vartheta_2)}{1-\varrho_1^2}\\ &= \frac{\sigma(\vartheta_2)\cdot\frac{\sin^3\vartheta_1}{\sin^3\vartheta_2}(1-\varrho_2^2)}{\left[-(1+\varrho_1\varrho_2)\pm\frac{(\varrho_1+\varrho_2)\operatorname{ctg}\vartheta_2}{\sqrt{\gamma^2(1-\varrho_2^2)+\operatorname{ctg}^2\vartheta_2}}\right]}. \end{aligned} \tag{8.38}$$

Es ist oft notwendig, das Energiespektrum der Reaktionsprodukte mit ihrer Winkelverteilung im S- und L-System zu verknüpfen. Wir machen hier nur einige Vorbemerkungen und stellen die eingehendere Betrachtung bis zu § 12 zurück.

Besonders einfach ist der Zusammenhang zwischen dem Energiespektrum und der Winkelverteilung im S-System. Aus der Beziehung (8.26) erhält man nämlich sehr leicht

$$E_1 = \frac{\tilde{E}_1 + V\tilde{p}_E\cos\tilde{\vartheta}}{\sqrt{1-V_2}}, \tag{8.26'}$$

und daraus die Funktionaldeterminante

$$\frac{dE_1}{d\cos\tilde{\vartheta}} = \left|\frac{dE_2}{d\cos\tilde{\vartheta}}\right| = \frac{V\tilde{p}_E}{\sqrt{1-V^2}}, \tag{8.39}$$

die also bei vorgegebener Energie der Primärteilchen eine konstante Größe darstellt und nicht von E_1 oder E_2 abhängt. Deshalb besitzen die differentiellen Querschnitte für die Emission der Teilchen 1 und 2 für eine bestimmte Energie die Form

$$\sigma(E_1) = \sigma(E_2 = E_G - E_1) = 2\pi\sigma(\tilde{\vartheta})\left|\frac{d\cos\tilde{\vartheta}}{dE_n}\right| = 2\pi\sigma(\tilde{\vartheta})\frac{\sqrt{1-V^2}}{V\tilde{p}_E}. \tag{8.40}$$

Der Isotropie der Winkelverteilung im S-System entspricht offensichtlich immer eine rechteckige Energieverteilung der Teilchen 1 und 2 von der minimalen Energie

$$(E_n)_{\min} = \gamma(\tilde{E}_n - V\tilde{p}_E) \tag{8.41}$$

bis zur maximalen Energie

$$(E_n)_{\max} = \gamma(\tilde{E}_n + V\tilde{p}_E). \tag{8.41'}$$

Es muß nochmals betont werden, daß alle Formeln für die Winkelverteilung und die Energieverteilung der Sekundärteilchen 1 und 2 nur für eine bestimmte Energie der einfallenden Teilchen I Geltung haben. Wenn die einfallenden Teilchen keine scharfe Energie, sondern irgendein Energiespektrum besitzen, so wird die allgemeine Form der Winkelverteilung und der Energieverteilung der Reaktionsprodukte sowohl durch die Form des ganzen Spektrums, wie auch durch die Abhängigkeit der Gesamtquerschnitte und der differentiellen Querschnitte von der Energie der Primärteilchen bestimmt. In diesen Fällen wird die Interpretation der im Experiment beobachteten Spektren und Winkelverteilungen sehr kompliziert und ist nicht immer eindeutig.

Im weiteren werden wir spezielle Fälle betrachten. Zunächst verweilen wir jedoch noch bei einer Frage, die bei Rechnungen nach der Methode des detaillierten Gleichgewichts eine Rolle spielt.

Wir werden uns hier nicht mit der Begründung dieser Methode aufhalten — sie wird im Kapitel VII beschrieben — und auch nicht bei der Ableitung der nachstehend angeführten Formel. Wir wollen nur angeben, daß zwischen dem differentiellen und dem Gesamtquerschnitt der Kernreaktion $\mathrm{I} + \mathrm{II} \to 1 + 2$ und dem dazu umgekehrten Prozeß $1 + 2 \to \mathrm{I} + \mathrm{II}$ folgende Relation existiert:

$$\frac{\sigma_{\mathrm{I,\,II}}}{\sigma_{12}} = \frac{(2J_1 + 1)(2J_2 + 1)}{(2J_{\mathrm{I}} + 1)(2J_{\mathrm{II}} + 1)} \frac{\tilde{p}_1^2}{\tilde{p}_{\mathrm{I}}^2}. \tag{8.42}$$

Mit J werden die Spins der Teilchen bezeichnet. Im S-System müssen die Impulse der Teilchen I und II aus der direkten und die Impulse der Teilchen 1 und 2 aus der umgekehrten Reaktion ein und derselben Gesamtenergie entsprechen. Aus dieser Bedingung, daß sich die Gesamtenergien im S-System gleichen sollen, folgt für das L-System unmittelbar eine Beziehung zwischen der kinetischen Energie der Geschoßteilchen von direkter und umgekehrter Reaktion. Wenn sich also bei der direkten Reaktion die Teilchen I im L-System bewegen und die Teilchen II ruhen, und wenn sich bei der umgekehrten Reaktion im L-System die Teilchen 1 bewegen und die Teilchen 2 ruhen, so ergibt sich aus (8.18) und (8.9) eine Korrespondenzbedingung für die kinetischen Energien:

$$W_1 = \frac{m_{\mathrm{II}}}{m_2} W_{\mathrm{I}} + \frac{M_A + M_E}{2m_2} Q = \frac{m_{\mathrm{II}} W_{\mathrm{I}} + MQ}{m_2} \tag{8.43}$$

mit

$$M = \frac{1}{2}(M_A + M_E) = M_A - \frac{Q}{2}. \tag{8.44}$$

Es ist klar, daß in allen Fällen, außer der elastischen Streuung, entweder die direkte Reaktion oder die umgekehrte Reaktion endotherm ist, d. h. daß sie die Wärmetönung $-Q$ besitzt. Die Beziehung (8.43) läßt sich deshalb, wenn die direkte Reaktion endotherm verläuft, immer in der Form

$$W_1 = \frac{m_{\mathrm{II}}}{m_2}(W_{\mathrm{I}} - W_{\mathrm{I\,Schwelle}}) \tag{8.45}$$

oder, wenn die umgekehrte Reaktion endotherm verläuft, in der Form

$$W_{\mathrm{I}} = \frac{m_2}{m_{\mathrm{II}}}(W_1 - W_{1\,\mathrm{Schwelle}}) \tag{8.45'}$$

schreiben. Unter Berücksichtigung von (8.5), (8.16) und (8.24) erhalten wir weiterhin

$$\frac{\sigma_{\mathrm{I,II}}(W_{\mathrm{I}})}{\sigma_{1,2}(W_1)} = \frac{(2J_1+1)\,(2J_2+1)}{(2J_{\mathrm{I}}+1)\,(2J_{\mathrm{II}}+1)}\,\frac{A_1^2 - 4m_1^2(M_A^2 + 2m_{\mathrm{II}}W_{\mathrm{I}})}{4m_{\mathrm{II}}^2 W_{\mathrm{I}}(2m_{\mathrm{I}} + W_{\mathrm{I}})}. \tag{8.46}$$

Betrachten wir nun einige konkrete Beispiele der Anwendung dieser Formeln:

1. Die Photoerzeugung von π-Mesonen an Nukleonen, z. B. die Reaktion $\gamma + p \to \pi^+ + n$. Die Energie der Gammaquanten ε_γ, die Masse der π-Mesonen π, ihre kinetische Energie ω_π und die Gesamtenergie des Systems $\bar{\varepsilon}_G$ werden in Einheiten der Nukleonenmasse ausgedrückt.

$$V = \frac{\varepsilon_\gamma}{1+\varepsilon_\gamma}, \qquad \gamma = \frac{1+\varepsilon_\gamma}{\sqrt{1+2\varepsilon_\gamma}}, \qquad \bar{\varepsilon}_G = \sqrt{1+2\varepsilon_\gamma},$$

$$\varrho_{1(\pi)} = \frac{\pi^2 + 2\varepsilon_\gamma}{\sqrt{(\pi^2 - 2\varepsilon_\gamma)^2 - 4\pi^2}}\,\frac{\varepsilon_\gamma}{1+\varepsilon_\gamma},$$

$$\varrho_{2(\mathrm{n})} = \frac{2 + 2\varepsilon_\gamma + \pi^2}{\sqrt{(2 + 2\varepsilon_\gamma + \pi^2)^2 - 4\pi^2(1 + 2\varepsilon_\gamma)}}\,\frac{\varepsilon_\gamma}{1+\varepsilon_\gamma}.$$

Die Korrespondenzbedingung für die kinetischen Energien lautet für den Strahlungseinfang der π-Mesonen durch Nukleonen

$$\omega_\pi = \varepsilon_\gamma - \pi\left(1 + \frac{\pi}{2}\right).$$

2. Die Photospaltung des Deuterons: $\gamma + d \to p + n$. Wir vernachlässigen hier den Unterschied der Massen zwischen zwei Protonen einerseits, zwei Neutronen oder einem Deuteron andererseits, da im relativistischen Fall Energien auftreten, die diese Unterschiede bei weitem überwiegen.

$$V = \frac{\varepsilon_\gamma}{2+\varepsilon_\gamma}, \qquad \gamma = \frac{2+\varepsilon_\gamma}{2\sqrt{1+\varepsilon_\gamma}}, \qquad \varepsilon_G = 2\sqrt{1+\varepsilon_\gamma},$$

$$\varrho_1 = \varrho_2 = \frac{\sqrt{\varepsilon_\gamma(1+\varepsilon_\gamma)}}{2+\varepsilon_\gamma}.$$

Die Korrespondenzbedingung für die direkte und die umgekehrte Reaktion lautet

$$\omega_{p(\mathrm{n})} = 2\varepsilon_\gamma - \left(2 + \frac{q}{2}\right)|q| \qquad \text{mit} \qquad q = \frac{Q}{m_{p(\mathrm{n})}}.$$

3. Die Erzeugung von π-Mesonen beim Stoß von Protonen:

$$p + p \to \pi^+ + d.$$

Hier ist $m_{\mathrm{I}} = m_{\mathrm{II}} = m$, $m_1 = \pi m$, $m_2 = 2m$, $\omega_i = \frac{W_i}{m}$.

$$V = \sqrt{\frac{\omega_p}{2 + \omega_p}}, \qquad \gamma = \sqrt{1 + \frac{\omega_p}{2}},$$

$$\varrho_1 = \sqrt{\frac{\omega_p}{2 + \omega_p}} \frac{2\omega_p + \pi^2}{\sqrt{(2\omega_p - \pi^2)^2 - 16\pi^2}},$$

$$\varrho_2 = \sqrt{\frac{\omega_p}{2 + \omega_p}} \frac{8 + 2\omega_p - \pi^2}{\sqrt{(8 + 2\omega_p - \pi^2)^2 - 32\,(2 + \omega_p)}} \approx \frac{4 + \omega_p}{\sqrt{\omega_p(2 + \omega_p)}}$$

$$\text{weil} \quad \pi^2 \ll \omega_p .$$

Die Korrespondenzbeziehung für die direkte und die umgekehrte Reaktion lautet

$$2\omega_\pi = \omega_p - \pi\left(2 + \frac{\pi}{2}\right).$$

Aus dem Vergleich der Querschnitte der direkten und umgekehrten Reaktion $p + p \leftrightarrows \pi^+ + d$ konnte bekanntlich seinerzeit festgestellt werden, daß der Spin des π-Mesons gleich Null ist. In diesem Fall gilt die Beziehung

$$\frac{\sigma_{pp}(\omega_p)}{\sigma_{\pi+d}(\omega_\pi)} = \frac{3}{2} \frac{(2\omega_p - \pi^2)^2 - 16\pi^2}{4\omega_p(2 + \omega_p)},$$

in welcher der Faktor $\frac{3}{2}$ durch $\frac{9}{2}$ zu ersetzen wäre, wenn das π-Meson den Spin 1 besäße und durch $\frac{15}{2}$ beim Spin 2.

4. Die elastische Streuung von Protonen: $m_{\mathrm{I}} = m_{\mathrm{II}} = m_1 = m_2 = m$.

$$\varrho_1 = \varrho_2 = 1, \qquad V = \sqrt{\frac{\omega_p}{2 + \omega_p}}, \qquad \gamma = \sqrt{1 + \frac{\omega_p}{2}}.$$

In diesem Fall erhalten wir anstelle von (8.34) die Beziehung

$$\operatorname{ctg}\vartheta_1 \operatorname{ctg}\vartheta_2 = \gamma^2 = 1 + \frac{\omega_p}{2}.$$

§ 9. Die wichtigsten Formeln für den nichtrelativistischen Fall

In der experimentellen Praxis treten außerordentlich oft Kernreaktionen auf, bei denen sich die Geschoßteilchen wie auch die Reaktionsprodukte mit Geschwindigkeiten bewegen, die klein gegen die Lichtgeschwindigkeit sind. Es ist deshalb zweckmäßig, die Ableitungen der wichtigsten Formeln des vorhergehenden Paragraphen für den nichtrelativistischen Fall zu wiederholen.

Da die Q-Werte der Reaktionen klein gegen die Ruhenergien der wechselwirkenden Teilchen sind, setzen wir jetzt $m_{\text{I}} + m_{\text{II}} = m_1 + m_2 = M$ und betrachten nicht die Gesamtenergien, sondern nur die kinetischen Energien der Teilchen. Dann nehmen die Erhaltungssätze für Energie und Impuls folgende Form an:

$$W_{\text{I}} = W_1 + W_2 - Q, \tag{9.1}$$

$$\sqrt{2m_1 W_1} = \sqrt{2m_1 W_1} \cos\vartheta_1 + \sqrt{2m_2 W_2} \cos\vartheta_2, \tag{9.2}$$

$$0 = \sqrt{2m_1 W_1} \sin\vartheta_1 - \sqrt{2m_2 W_2} \sin\vartheta_2. \tag{9.3}$$

Aus diesen Beziehungen ergibt sich

$$\sqrt{W_1} = \frac{\sqrt{m_{\text{I}} m_1 W_{\text{I}}} \cos\vartheta_1 \pm \sqrt{m_{\text{I}} m_1 W_{\text{I}} \cos^2\vartheta_1 + M[m_2 Q + (m_2 - m_{\text{I}}) W_{\text{I}}]}}{M}. \tag{9.4}$$

Vorausgesetzt wurde hier, daß das Teilchen II ruht. Einen analogen Ausdruck, bei dem der Index 1 mit dem Index 2 vertauscht ist, erhalten wir für $\sqrt{W_2}$. In einigen Fällen werden wir uns im weiteren auf die Formeln für die Teilchen 1 beschränken.

Es ist manchmal zweckmäßig, anstelle des Ausdrucks (9.4) diese Beziehung in etwas anderer Form zu benutzen:

$$Q = \frac{M}{m_2} W_1 - \frac{m_2 - m_{\text{I}}}{m_2} W_{\text{I}} - \frac{2\sqrt{m_{\text{I}} m_1 W_{\text{I}} W_1}}{m_2} \cos\vartheta_1. \tag{9.5}$$

Aus (9.5) kann man leicht den Grenzwinkel für die Teilchenemission erhalten:

$$\sin^2\vartheta_1 \leq \frac{m_2}{m_1}\left\{\frac{M}{m_{\text{I}}}\left[1 - \frac{|Q|}{W_{\text{I}}}\right] - 1\right\} = \frac{m_2}{m_1}\left\{\frac{m_{\text{II}}}{m_{\text{I}}} - \frac{|Q|}{W_{\text{I}}}\left(1 + \frac{m_{\text{II}}}{m_{\text{I}}}\right)\right\}. \tag{9.6}$$

Für den Fall der elastischen Streuung ($Q = 0$, $m_{\text{I}} = m_1$ und $m_{\text{II}} = m_2$) erhält man

$$\sin\vartheta_1 \leq \frac{m_{\text{II}}}{m_{\text{I}}}. \tag{9.7}$$

Wird in (9.6) $\vartheta_{1\,\text{Grenz}} = 0$ gesetzt, ergibt sich ein Ausdruck für die Schwelle endothermer Kernreaktionen

$$W_{\text{I}\,\text{Schwelle}} = \frac{M}{m_{\text{II}}} |Q|. \tag{9.8}$$

Um den Zusammenhang zwischen ϑ_2 und ϑ_1 herzustellen, ist es auch in diesem Fall einfacher, zunächst den Zusammenhang zwischen den Emissionswinkeln der Teilchen im S- und L-System aufzustellen. Man erhält ihn aus den Regeln der Vektoraddition (s. Abb. 6):

$$\left.\begin{aligned} v_1 \cos\vartheta_1 &= V + \tilde{v}_1 \cos\tilde{\vartheta}, \\ v_1 \sin\vartheta_1 &= \tilde{v}_1 \sin\tilde{\vartheta}, \end{aligned}\right\} \tag{9.9}$$

wobei für die Schwerpunktbewegung gilt

$$V = \frac{\mu_A}{m_{II}} v_I. \tag{9.10}$$

Hierbei bedeutet $\mu_A = \frac{m_I m_{II}}{m_I + m_{II}}$ die reduzierte Masse des Systems im Anfangszustand. Es ist klar, daß die Impulse der sich einander nähernden Teilchen $\tilde{p}_I = m_I \tilde{v}_I = m_I (v_I - V)$ und $\tilde{p}_{II} = m_{II} \tilde{v}_{II} = m_{II} V$ der Gleichung

$$\tilde{p}_I = \tilde{p}_{II} = \tilde{p}_A = \frac{m_{II}}{M} p_I \tag{9.11}$$

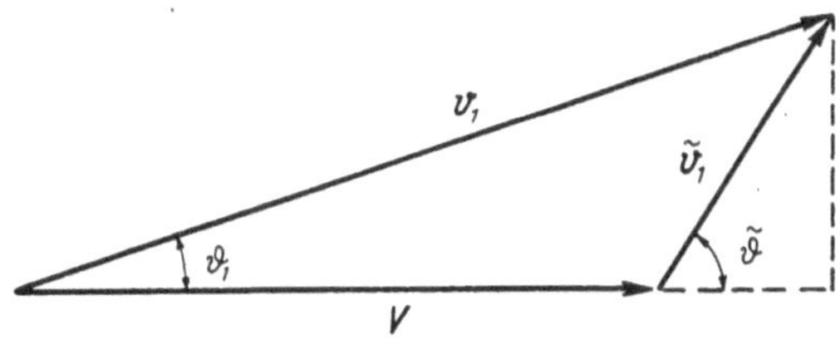

Abb. 6. Zusammenhang zwischen L- und S-System im nichtrelativistischen Fall. Vektoraddition der Geschwindigkeiten.

und ihre kinetischen Energien den Beziehungen

$$\tilde{W}_I = \frac{m_{II}^2}{M^2} W_I \quad \text{und} \quad \tilde{W}_{II} = \frac{m_I m_{II}}{M^2} W_I \tag{9.12}$$

genügen. Daraus folgt für die gesamte kinetische Energie der Anfangsteilchen im S-System

$$\tilde{W}_A = \frac{m_{II}}{M} W_I = \frac{\mu_A}{m_I} W_I. \tag{9.13}$$

Aus (9.13) ergibt sich unmittelbar der Ausdruck für die Schwelle der Reaktion (9.8).

Geht man von den Gleichungen $\tilde{W}_A = \tilde{W}_E - Q$ und $\tilde{p}_1 = \tilde{p}_2 = \tilde{p}_E$ aus, so erhält man

$$\tilde{p}_E = \sqrt{2 \frac{\mu_E}{M} (m_{II} W_I + MQ)} \tag{9.14}$$

und

$$\tilde{W}_1 = \frac{m_2}{m_1} \tilde{W}_2 = \frac{m_2}{M^2} (m_{II} W_I + MQ). \tag{9.15}$$

Hierbei ist $\mu_E = \frac{m_1 m_2}{m_1 + m_2}$ die reduzierte Masse des Systems im Endzustand.

Wir kehren nun zu der Beziehung (9.9) zurück und formen sie folgendermaßen um:

$$\operatorname{ctg} \vartheta_1 = \frac{\varrho_1 + \cos \tilde{\vartheta}}{\sin \tilde{\vartheta}} \quad \text{und} \quad \operatorname{ctg} \vartheta_2 = \frac{\varrho_2 - \cos \tilde{\vartheta}}{\sin \tilde{\vartheta}} \tag{9.16}$$

oder

$$\sin (\tilde{\vartheta} - \vartheta_1) = \varrho_1 \sin \vartheta_1 \tag{9.17}$$

und

$$\sin (\tilde{\vartheta} + \vartheta_2) = \varrho_2 \sin \vartheta_2. \tag{9.17'}$$

Hierbei gilt

$$\varrho_1 = \sqrt{\frac{m_1 m_{\mathrm{I}} W_1}{m_2(m_{\mathrm{II}} W_{\mathrm{I}} + MQ)}}, \tag{9.18}$$

$$\varrho_2 = \sqrt{\frac{m_2 m_{\mathrm{I}} W_{\mathrm{I}}}{m_1(m_{\mathrm{II}} W_{\mathrm{I}} + MQ)}}. \tag{9.18'}$$

$\tilde{\vartheta}$ hängt im vorliegenden Fall folgendermaßen von ϑ_1 und ϑ_2 ab:

$$\sin \tilde{\vartheta} = \varrho_1 \sin \vartheta_1 \cos \vartheta_1 \pm \sin \vartheta_1 \sqrt{1 - \varrho_1^2 \sin^2 \vartheta_1}, \tag{9.19}$$

$$\cos \tilde{\vartheta} = -\sigma_1 \sin^2 \vartheta_1 \pm \cos \vartheta_1 \sqrt{1 - \varrho_1^2 \sin^2 \vartheta_1}. \tag{9.19'}$$

Den Zusammenhang zwischen den Winkeln ϑ_1 und ϑ_2 kann man aus der Beziehung (8.34) bei $\gamma = 1$ bestimmen.

Wir wollen insbesondere die speziellen Fälle $\varrho_2 = 1$ (elastische Streuung: $m_{\mathrm{I}} = m_1$, $m_{\mathrm{II}} = m_2$) und $\varrho_1 = \varrho_2 = 1$ (elastische Streuung von Teilchen gleicher Masse: $m_{\mathrm{I}} = m_1 = m_{\mathrm{II}} = m_2 = 1$) hervorheben. Bei $\varrho_2 = 1$ gilt

$$\operatorname{ctg} \vartheta_1 = \frac{m_1 + m_2}{2 m_2} \operatorname{tg} \vartheta_2 + \frac{m_1 - m_2}{2 m_2} \operatorname{ctg} \vartheta_2, \tag{9.20}$$

und bei $\varrho_1 = \varrho_2 = 1$ haben wir

$$\operatorname{ctg} \vartheta_1 + \operatorname{tg} \vartheta_2, \quad \text{d. h.} \quad \vartheta_1 + \vartheta_2 = \frac{\pi}{2}. \tag{9.20'}$$

Auf der Grundlage von (9.16) erhält man den Zusammenhang zwischen den differentiellen Wirkungsquerschnitten im L- und S-System. Diese Verknüpfung ist bei $\gamma = 1$ völlig identisch mit (8.36) und (8.37).

Das Energiespektrum der Sekundärteilchen im L-System hängt mit der Winkelverteilung im S-System im nichtrelativistischen Fall folgendermaßen zusammen[1]):

$$\begin{aligned} \sigma(W_1) = \sigma(W_2) &= 2\pi\sigma(\tilde{\vartheta}) \left| \frac{d \cos \tilde{\vartheta}}{d W_{1,2}} \right| \\ &= 2\pi\sigma(\tilde{\vartheta}) \frac{M^2}{2\sqrt{m_{\mathrm{I}} W_{\mathrm{I}} m_1 m_2 (m_{\mathrm{II}} W_{\mathrm{I}} + MQ)}}. \end{aligned} \tag{9.21}$$

Wird (9.5) umgeformt, so erhält man

$$\cos \vartheta_1 = \frac{M W_1 - m_2 Q - (m_2 - m_{\mathrm{I}}) W_{\mathrm{I}}}{2\sqrt{m_{\mathrm{I}} m_1 W_{\mathrm{I}} W_1}} \tag{9.22}$$

und

$$\frac{d \cos \vartheta_1}{d W_1} = \frac{M W_1 + m_2 Q + (m_2 - m_{\mathrm{I}}) W_{\mathrm{I}}}{4 W_1 \sqrt{m_{\mathrm{I}} m_1 W_{\mathrm{I}} W_1}}, \tag{9.23}$$

---

[1]) Diese Frage wird im § 12 eingehender behandelt.

sowie einen analogen Ausdruck, der sich nur durch Vertauschung der Indizes 1 und 2 unterscheidet, für die Funktionaldeterminante $\frac{d\cos\vartheta_2}{dW_2}$. Die Beziehung zwischen dem Energiespektrum und der Winkelverteilung im L-System kann man nunmehr in der Form

$$\sigma(W_n) = \sigma(\vartheta_n)\,\frac{d\cos\vartheta_n}{dW_n}\cdot 2\pi \tag{9.24}$$

schreiben und dann $\cos\vartheta_n$ nach (9.22) oder W_n nach (9.4) substituieren.

§ 10. Die graphische Darstellung kinematischer Beziehungen

Die Formeln der vorhergehenden Paragraphen erlauben eine genaue Berechnung der kinematischen Beziehungen, deren Kenntnis für die Analyse von Experimenten unerläßlich ist. Genaue Berechnungen sind jedoch nicht immer notwendig. Es erweist sich dann als zweckmäßig, mit graphischen Darstellungen zu arbeiten. Dabei hat man nur zwei Ausgangsparameter zu berechnen und kann dann alle kinematischen Charakteristika aus dem Diagramm ablesen. Die beiden Ausgangsparameter sind bei bekannten Massen m_{I}, m_{II}, m_1 und m_2 die Geschwindigkeit des Schwerpunkts im L-System V und die Impulse der Reaktionsprodukte im S-System $\tilde{p}_1 = \tilde{p}_2 = \tilde{p}_E$.

Eine eingehende Beschreibung der graphischen Darstellung von kinematischen Beziehungen kann man in einem Artikel von J. Blaton [4] finden, den wir im vorliegenden Paragraphen der Hauptsache nach wiedergeben.

a) Die Impulsellipse

Wir gehen von den Beziehungen (8.26) aus, die wir in der Form

$$p_{1x} = \gamma(\tilde{p}_x + V\tilde{E}_1), \quad p_{1y} = \tilde{p}_y \tag{10.1}$$

schreiben, wobei wir annehmen wollen, daß der Gesamtimpuls des Systems $\boldsymbol{p}_G = \boldsymbol{p}_1 + \boldsymbol{p}_2$ entlang der Achse x gerichtet ist.

Aus (10.1) folgt

$$\tilde{p}_E^2 = p_{1y}^2 + \left(\frac{p_{1x}}{\gamma} - V\tilde{E}_1\right)^2 \tag{10.2}$$

oder

$$\frac{p_{1y}^2 + \frac{1}{\gamma^2}(p_{1x} - \gamma V\tilde{E}_1)^2}{\tilde{p}_E^2} = 1. \tag{10.3}$$

Es ist leicht zu sehen, daß (10.3) die Gleichung einer Ellipse darstellt:

$$\frac{p_{1y}^2}{b^2} + \frac{(p_{1x} - \alpha_1)^2}{a^2} = 1. \tag{10.4}$$

Deren kleine Halbachse mißt

$$b = \tilde{p}_E, \tag{10.5}$$

und der Abstand der Brennpunkte beträgt

$$f = \sqrt{a^2 - b^2} = \sqrt{b^2(\gamma^2 - 1)} = \gamma V \tilde{p}_E. \tag{10.6}$$

Das Zentrum der Ellipse und der Nullpunkt des Vektors $\boldsymbol{p}_G$ des Gesamtimpulses haben voneinander den Abstand

$$\alpha_1 = \gamma V \tilde{E}_1 = \frac{f}{b} \tilde{E}_1. \tag{10.7}$$

Das Ende des Vektors $\boldsymbol{p}_G$ liegt in der Verlängerung dieser Verbindungslinie auf der anderen Seite vom Zentrum der Ellipse aus, und zwar in einer Entfernung von

$$\alpha_2 = \gamma V \tilde{E}_2 = \frac{f}{b} \tilde{E}_2. \tag{10.8}$$

Dies zeigt eine analoge Rechnung für das Teilchen 2.

Aus einer Betrachtung der Parameter der Ellipse wird klar, daß man zu ihrer Konstruktion nur die Größen $\tilde{p}_E$ und V zu kennen braucht. Man erhält diese Größen aus der Energie der Geschoßteilchen und der Gleichung für die Kernreaktion. Die Bestimmung einer der Größen α_n aus $\tilde{p}_E$ und V ist in Abb. 7 dargestellt. Auf der Hauptachse der Ellipse wird links vom Zentrum die Größe $\tilde{p}_E = b$ abgetragen und im Punkte B_n die Normale $B_n K_n$ von der Länge m_n errichtet. Danach wird das Zentrum der Ellipse mit dem Punkt K_n durch die Gerade OK_n verbunden, die über K_n hinaus verlängert wird. Auf der Hauptachse wird noch die Größe $f = \gamma V b$ abgetragen und im Punkte F_n wieder die Normale errichtet, die so weit gezogen wird, daß sie sich im Punkt C_n mit der Fortsetzung der Geraden OK_n schneidet. Es ist offensichtlich $\frac{OC_n}{OF_n} = \frac{OK_n}{OB_n}$, d. h.

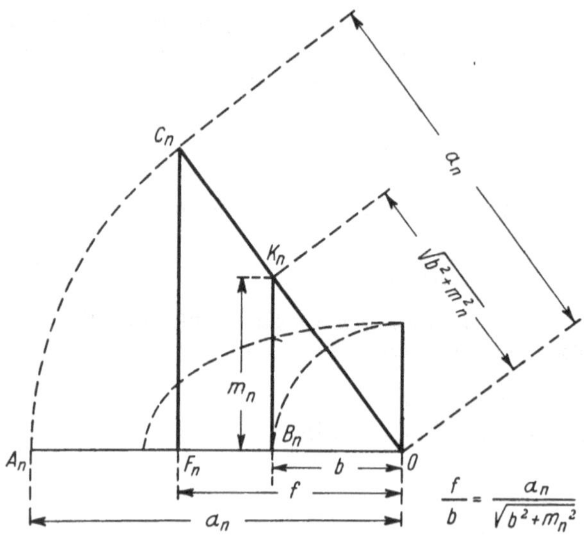

Abb. 7. Schema für die Konstruktion der Impulsellipse.

$$\frac{OC_n}{f} = \frac{\sqrt{b^2 + m_n^2}}{b},$$

und folglich gilt noch

$$O C_n = \frac{f}{b} \sqrt{b^2 + m_n^2} = \gamma V \tilde{E}_n = \alpha_n .$$

Man hat nun noch den Abschnitt $O C_n$ mit dem Zirkel auf die Hauptachse zu übertragen ($O A_n$). Die Halbachsen b und $a = \gamma b$ der Ellipse sind damit bekannt. Sie kann also in üblicher Weise konstruiert werden.

Wir wollen darauf hinweisen, daß alle zur Konstruktion der Impulsellipse notwendigen Parameter in einer allgemeinen Form verwendet wurden. Die Ellipse hängt nicht davon ab, ob der Vektor des Gesamtimpulses $\boldsymbol{p}_G$ dadurch entsteht, daß sich beide Anfangsteilchen bewegen (($\boldsymbol{p}_G = \boldsymbol{p}_{\mathrm{I}} + \boldsymbol{p}_{\mathrm{II}}$) oder ob sich nur eines von ihnen bewegt ($\boldsymbol{p}_G = \boldsymbol{p}_{\mathrm{I}}$). Wir werden jedoch in allen konkreten Beispielen, die wir zur näheren Erläuterung der graphischen Methode anführen werden, nur Fälle betrachten, bei denen das Anfangsteilchen ruht, und zwar das Teilchen II, wobei wir noch annehmen $m_{\mathrm{I}} \leq m_{\mathrm{II}}$. Für jedes der Teilchen hat man zwei Fälle zu unterscheiden: $\alpha_n > a$, d. h. der Punkt A_n liegt außerhalb der Ellipse, und $\alpha_n < a$, d. h. der Punkt A_n liegt innerhalb der Ellipse. Da die Beziehung $\frac{\alpha_n}{\alpha} = \frac{V}{\beta_n} = \varrho_n$ gilt, so bedeuten $\varrho_n > 1$ und $\varrho_n < 1$, daß entweder die Schwerpunktgeschwindigkeit größer als die Geschwindigkeit des gegebenen Teilchens im S-System oder daß die Geschwindigkeit des Teilchens im S-System größer als die Geschwindigkeit des Schwerpunktes ist. Es sei darauf hingewiesen, daß immer $\varrho_n \geq V$ gilt, wobei das Gleichheitszeichen nur dann auftritt, wenn Reaktionsprodukte mit der Ruhmasse Null vorkommen. Bei $\varrho_n < 1$ können die Teilchen, die dem Index n entsprechen, unter beliebigen Winkeln emittiert werden, wobei diese Winkel eindeutig mit den Energien verknüpft sind. Gilt jedoch $\varrho_n > 1$, so ist die Emission von Teilchen nur im Winkelintervall $0 < \vartheta_n < \vartheta_{n\,\max}$ möglich, wobei für jeden Winkel, außer für $\vartheta_{n\,\max}$, zwei Energiewerte vorkommen.

Von (8.32), (10.6) und (10.8) ausgehend erhält man

$$\sin \vartheta_{n\,\max} = \frac{b}{\sqrt{\alpha_n^2 - f^2}}. \tag{10.9}$$

In Abb. 8 ist als Beispiel die graphische Darstellung der kinematischen Charakteristika für die Reaktion $p + d \to \pi^+ + \mathrm{H}^3$ gezeigt. Diese Reaktion besitzt die

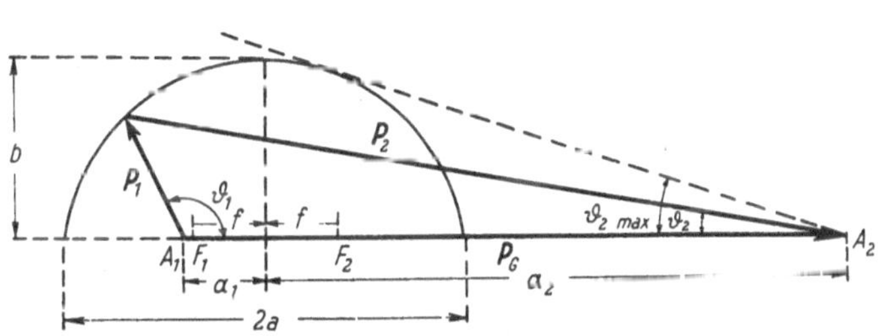

Abb. 8. Die Impulsellipse für die Reaktion $p + d \to \pi^+ + \mathrm{H}^3$; 1 bedeutet π^+, 2 bedeutet H^3, für $W_p = 660$ MeV. Hier sind $V = 0{,}373$, $\gamma = 1{,}078$, $b = 365$ MeV, $a = 393{,}5$ MeV, $\alpha_1(\pi^+) = 157$ MeV ($\alpha_1 < a$), $\alpha_2(\mathrm{H}^3) = 1138$ MeV ($\alpha_2 > a$), $f = 146{,}8$ MeV, $\sin \vartheta_{2\,\max} = \frac{b}{\sqrt{\alpha^2 - f^2}} = 0{,}324$ ($\vartheta_{2\,\max} = 18°50'$).

Wärmetönung $Q = -135{,}5$ MeV. Für W_p wurde der Wert 660 MeV gewählt. Es ist ohne weiteres ersichtlich, daß die möglichen Werte und Richtungen der Vektoren $\boldsymbol{p}_1$ und $\boldsymbol{p}_2$ durch die Lage der Schnittpunkte zwischen den von A_1 und A_2 aus gezogenen Geraden und der Ellipse bestimmt werden.

b) Beziehungen zwischen dem L- und S-System

Mit Hilfe der Impulsellipse läßt sich sehr leicht der Zusammenhang zwischen den Winkeln und Impulsen der Teilchen 1 und 2 in L- und S-Systemen auf graphischem Wege bestimmen. Die Beziehungen (8.26) können nämlich offensichtlich in der Form

$$p_1 \cos\vartheta_1 = a\cos\tilde{\vartheta} + \alpha_1 \quad \text{und} \quad p_1 \sin\vartheta_1 = b\sin\tilde{\vartheta} \tag{10.10}$$

geschrieben werden.

Zeichnet man, wie es in Abb. 9 dargestellt ist, zwei Kreise mit den Radien a und b und eine Impulsellipse mit diesen Halbachsen, so läßt sich der Zusammenhang zwischen $\tilde{p}$ und p_1, ϑ_1 und $\tilde{\vartheta}$ leicht finden. Insbesondere ist es offensichtlich, wie schon gesagt, daß im Fall $\varrho_n > 1$ bei vorgegebenem ϑ_n den beiden möglichen Werten p_n auch zwei mögliche Winkel $\tilde{\vartheta}_n$ im S-System entsprechen. Es ist auch sehr einfach, mittels der Impulsellipse die Energien der Teilchen 1 und 2 im L-System zu finden. Nach (8.26′) haben wir

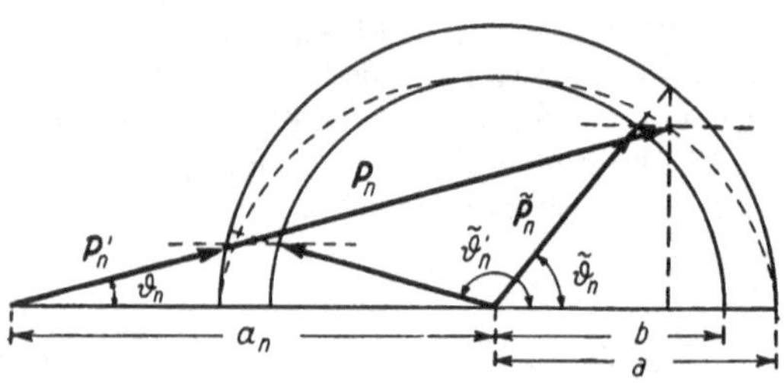

Abb. 9. Die Darstellung des Zusammenhanges zwischen den Winkeln und den Impulsen der Teilchen in L- und S-Systemen mit Hilfe der Impulsellipse. Relativistischer Fall.

$$E_1 = \frac{\alpha_1}{V} + f\cos\tilde{\vartheta}, \tag{10.11}$$

d. h.

$$E_{1\,\min} = \frac{\alpha_1}{V} - f \tag{10.12}$$

und

$$E_{1\,\max} = \frac{\alpha_1}{V} + f, \tag{10.13}$$

$$E_{n\,\max} - E_{n\,\min} = 2f. \tag{10.14}$$

Geht man von (10.5), (10.7), (10.10) und (10.11) aus, so kann E_n in der Form

$$E_n = \frac{b^2\alpha_n}{af} + V p_n \cos\vartheta_n \tag{10.15}$$

dargestellt werden. Das erste Glied in (10.15) ist eine Konstante, und die Gesamtenergie des unter dem Winkel ϑ_n emittierten Teilchens wird folglich durch das Produkt der Exzentrizität der Ellipse $\varepsilon = f/a$ mit der Komponente des Impulses p_n in Richtung der Achse $\boldsymbol{p}_G$ bestimmt.

Zum Abschluß sei noch auf einen besonders einfachen Ausdruck hingewiesen, der das Energiespektrum der Sekundärteilchen im L-System mit ihrer Winkelverteilung im S-System über die Parameter der Impulsellipse verknüpft. Man kann nämlich (8.40) in der Form

$$\sigma(E_n) = \frac{2\pi}{f}\,\sigma(\tilde{\vartheta}) \tag{10.16}$$

schreiben, wobei $E_n(\tilde{\vartheta})$ durch die Beziehung (10.11) bestimmt wird. Ist die Streuung im S-System isotrop, so gilt

$$\sigma(E_n) = \frac{\sigma_{\text{Gesamt}}}{2f}. \tag{10.17}$$

c) Die elastische Streuung

Wir gehen nun zur Betrachtung der Impulsellipsen von verschiedenen speziellen Fällen über, wobei wir annehmen wollen, daß das Teilchen II anfänglich ruht. Durch Umformen von (8.24) unter Benutzung von (8.9) und (8.44) wird folgender allgemeiner Ausdruck für die kleine Halbachse der Impulsellipse erhalten:

$$b = \tilde{p}_E = \sqrt{\frac{(MQ + m_{\text{II}} W_{\text{I}})\,(MQ + m_{\text{II}} W_{\text{I}} + 2m_1 m_2)}{M_A^2 + 2m_{\text{II}} W_{\text{I}}}}. \tag{10.18}$$

Für die nachfolgenden Substitutionen schreiben wir noch einige Gleichungen auf, die sich aus (8.15) ergeben:

$$\frac{\sqrt{M_A^2 + 2m_{\text{II}} W_{\text{I}}}}{W_{\text{I}} + M_A} = \frac{1}{\gamma}, \tag{10.19}$$

$$\sqrt{\frac{W_{\text{I}}(W_{\text{I}} + 2m_{\text{I}})}{M_A^2 + 2m_{\text{II}} W_{\text{I}}}} = \gamma V, \tag{10.20}$$

$$\frac{(W_{\text{I}} + M_A)\sqrt{W_{\text{I}}(W_{\text{I}} + 2m_{\text{I}})}}{M_A^2 + 2m_{\text{II}} W_{\text{I}}} = \gamma^2 V. \tag{10.21}$$

Für die große Halbachse der Ellipse gilt offensichtlich

$$a = \frac{(W_{\text{I}} + M_A)\sqrt{(MQ + m_{\text{II}} W_{\text{I}})\,(MQ + m_{\text{II}} W_{\text{I}} + 2m_1 m_2)}}{M_A^2 + 2m_{\text{II}} W_{\text{I}}}. \tag{10.22}$$

Wir betrachten die elastische Streuung, bei der $m_{\text{I}} = m_1$, $m_{\text{II}} = m_2$, $m_1 + m_{\text{II}} = M_A = m_1 + m_2 = M_E = M$ und außerdem $\tilde{\beta}_{\text{II}} = \tilde{\beta}_2 = V$, d. h. $\varrho_2 = 1$ gilt. In diesem Falle haben wir

$$b = m_2 \gamma V = \sqrt{\frac{m_2 W_{\text{I}}(m_2 W_{\text{I}} + 2m_1 m_2)}{M^2 + 2m_2 W_{\text{I}}}}, \tag{10.23}$$

$$a = m_2 \gamma^2 V = \frac{(W_{\text{I}} + M)\sqrt{m_2 W_{\text{I}}(m_2 W_{\text{I}} + 2m_1 m_2)}}{M^2 + 2m_2 W_{\text{I}}} \tag{10.24}$$

und nach (8.25), (8.18) und (10.7)

$$\alpha_1 = a \frac{W_{\mathrm{I}} + \frac{m_1}{m_2} M}{W_{\mathrm{I}} + M}, \tag{10.25}$$

$$\alpha_2 = a. \tag{10.26}$$

Es ist klar, daß bei $m_1 \geq m_2$ für die elastische Streuung $\varrho_1 \geq 1$ gilt, während man bei $m_1 < m_2$ die Ungleichung $\varrho_1 < 1$ hat, d. h., nur bei der Streuung eines schweren Teilchens an einem leichten Teilchen wird ein Grenzwinkel der Streuung beobachtet.

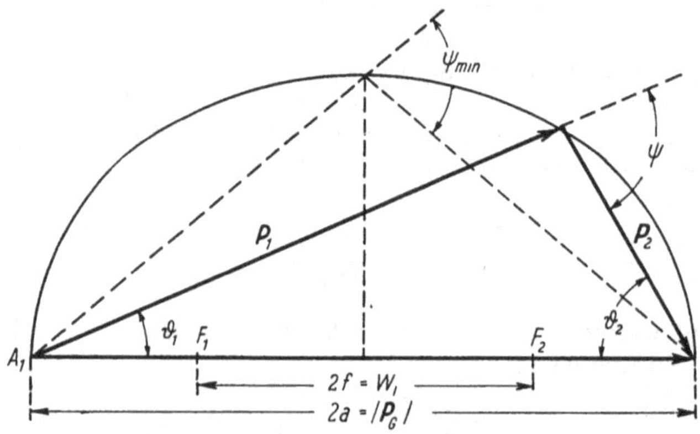

Abb. 10. Die Impulsellipse für die elastische pp-Streuung bei $W_p = 660$ MeV.

Die drei möglichen Fälle der elastischen Streuung: 1. $m_1 = m_2$ (pp-Streuung bei $W_p = 660$ MeV), 2. $m_1 > m_2$ (dp-Streuung bei $W_d = 1$ GeV) und 3. $m_1 < m_2$ (pd-Streuung bei $W_p = 660$ MeV) sind in den Abbildungen 10, 11 und 12 dargestellt. Werden die Diagramme dieser Abbildungen und die entsprechenden Formeln analysiert, so gelangt man zu folgender Reihe von Schlußfolgerungen:

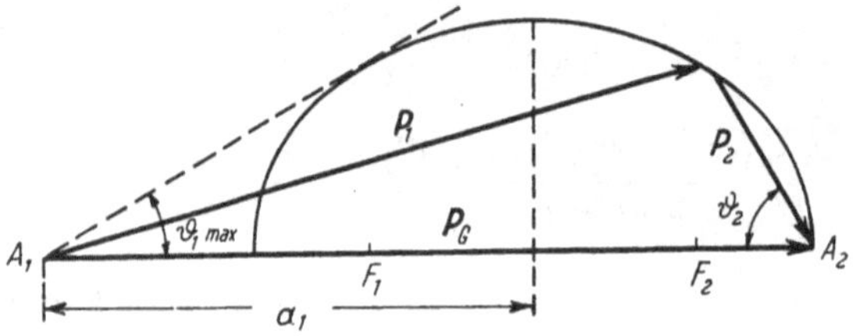

Abb. 11. Die Impulsellipse für die elastische dp-Streuung bei $W_d = 1$ GeV. Hierbei bedeuten 1 das Deuteron und 2 das Proton ($m_1 > m_2$).

1. Der Impuls des anfänglich ruhenden Teilchens ist nach der Streuung, wie aus (8.33) und (10.23) zu sehen ist, gleich

$$p_2 = \frac{2 m_2 V \cos\vartheta_2}{1 - V^2 \cos^2\vartheta_2}, \tag{10.27}$$

d. h., sein Maximalimpuls ist gleich der Hauptachse der Ellipse

$$p_{2\,\max} = 2a. \tag{10.28}$$

2. Die kinetische Energie des anfänglich ruhenden Teilchens beträgt nach der Streuung gemäß (10.15)

$$W_2 = \frac{b^2 \alpha_2}{a f} + V p_2 \cos\vartheta_2 - m_2 = V p_2 \cos\vartheta_2, \tag{10.29}$$

denn bei der elastischen Streuung gilt

$$\frac{b^2}{f} = m_2. \tag{10.30}$$

Die kinetische Energie erhält man somit aus dem Produkt der Horizontalkomponente p_2 mit der Exzentrizität der Ellipse. Es gilt offensichtlich

$$W_{2\,\mathrm{max}} = V p_2(\vartheta_2 = 0) = 2 m_2 \gamma^2 V^2 = 2f. \tag{10.31}$$

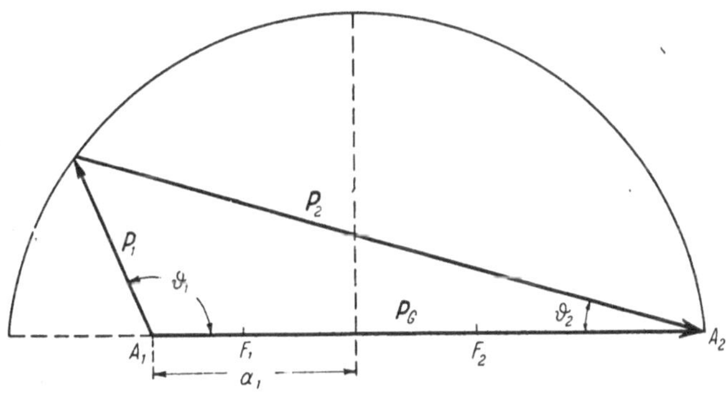

Abb. 12. Die Impulsellipse für die elastische pd-Streuung bei $W_p = 660$ MeV. Hierbei bedeuten 1 das Proton und 2 das Deuteron ($m_1 < m_2$).

3. Wie weiterhin aus (10.27) und (10.29) zu ersehen ist, besteht die Beziehung

$$\cos\vartheta_2 = \frac{1}{V}\sqrt{\frac{W_2}{W_2 + 2m_2}}, \tag{10.32}$$

d. h.

$$\operatorname{ctg}^2\vartheta_2 = \frac{W_2}{2m_2V^2 - \frac{W_2}{\gamma^2}}.$$

Bei gegebener kinetischer Energie W_2, die auf das vorher ruhende Teilchen übertragen wird, gilt immer $\vartheta_2(W_2) < \theta_2$ mit

$$\operatorname{ctg}\theta_2 = \sqrt{\frac{W_2}{2m_2}}. \tag{10.33}$$

Der Grenzwinkel für das Targetteilchen 2 hängt folglich bei gegebener kinetischer Energie weder von der Masse noch von der Energie des Geschoßteilchens 1 ab. Deshalb bilden die Richtungen derjenigen Teilchen, die bei der elastischen Streuung relativistische Energien erhalten ($W_2 \gg m_2$), immer außerordentlich kleine Winkel mit der Richtung der Geschoßteilchen. Bei vorgegebenem Emissionswinkel ϑ_2 der Sekundärteilchen ist offensichtlich immer folgende Ungleichung erfüllt:

$$\frac{W_2}{m_2} < 2\operatorname{ctg}^2\vartheta_2. \tag{10.34}$$

4. Kennt man die Emissionsrichtung, die Masse und den Impuls des Sekundärteilchens 2, so kann aus dem bekannten Anfangsimpuls $\boldsymbol{p}_{\mathrm{I}}$ die Masse des Primärteilchens m_{I} bestimmt werden. Die Gesamtenergie beträgt nämlich im L-System

$$E_G = \frac{p_{\mathrm{I}}}{V} = \frac{p_{\mathrm{I}} p_2 \cos \vartheta_2}{W_2},$$

weshalb die Beziehung gilt

$$m_{\mathrm{I}}^2 = \left(\frac{p_{\mathrm{I}} p_2 \cos \vartheta_2}{W_2} - m_2\right)^2 - p_{\mathrm{I}}^2. \tag{10.35}$$

5. Wie schon im § 8 gesagt wurde, wird die kinetische Energie der Primärteilchen eindeutig durch die Winkel ϑ_1 und ϑ_2 bestimmt, wenn die relativistischen Teilchen gleiche Ruhmasse besitzen. Es gilt nämlich

$$\operatorname{ctg} \vartheta_1 \operatorname{ctg} \vartheta_2 = 1 + \frac{W_{\mathrm{I}}}{2m}. \tag{10.36}$$

Der Winkel ψ zwischen den Emissionsrichtungen der Teilchen nach der Streuung kann bei $m_1 > m_2$ beliebige Werte zwischen 0 und $\frac{\pi}{2}$ annehmen, wobei $\sin \vartheta_{1\,\max} = \frac{m_2}{m_1}$ ist. Bei $m_1 < m_2$ kann er beliebige Werte zwischen $\frac{\pi}{2}$ und π besitzen. Wenn $m_1 = m_2$ ist, liegt dieser Winkel zwischen $\psi_{\min}$ und $\frac{\pi}{2}$, wobei im Falle $\psi_{\min} = 2\vartheta$ die Beziehung $\vartheta_1 = \vartheta_2 = \vartheta$ gilt; außerdem besteht die Gleichung

$$\cos \psi_{\min} = \frac{1}{1 + \frac{4m}{W_{\mathrm{I}}}}. \tag{10.37}$$

Wenn eines der Endprodukte der Reaktion die Ruhmasse Null besitzt, so gilt für dieses Teilchen $\tilde{E}_n = \tilde{p}_n = b$ und deshalb wegen (10.7) $a_n = f$. Der Punkt A_n, von dem aus der Impuls des Teilchens aufgetragen wird, liegt somit bei der Ruhmasse Null in einem der Brennpunkte der Ellipse, und der Absolutbetrag des Impulses wird bei verschiedenen Winkeln durch die Gleichung der Ellipse in Polarkoordinaten beschrieben.

In der hier betrachteten Aufgabe der elastischen Streuung entspricht der Fall $m_1 = 0$ dem Compton-Effekt, d. h. der Streuung von γ-Quanten mit dem anfänglichen Impuls p_{I} an Teilchen der Masse m_2. Dabei gilt offensichtlich

$$V = f = \frac{p_{\mathrm{I}}}{m_2 + p_{\mathrm{I}}} \tag{10.38}$$

und

$$p_1 = \frac{m_2 V}{1 - V \cos \vartheta_2}. \tag{10.39}$$

Aus diesen Beziehungen ergibt sich die bekannte Formel

$$p_1 = \frac{p_{\mathrm{I}}}{1 + \frac{p_{\mathrm{I}}}{m_2}(1 - \cos\vartheta_2)}. \tag{10.40}$$

Wie aus (10.28) und (10.31) klar wird, gilt bei der COMPTON-Streuung

$$p_{\mathrm{I}} = a + f = \frac{1}{2}(p_{2\max} + W_{2\max}). \tag{10.41}$$

d) Kernreaktionen im nichtrelativistischen Fall

Für den Fall von nichtrelativistischen Kernwechselwirkungen wird die graphische Konstruktion bedeutend einfacher als im allgemeinen Fall, da die Impulsellipse in einen Kreis mit dem Radius $r = a = b$ übergeht, der durch die Beziehung (9.14) bestimmt wird.

Die Größen ϱ_n wurden bereits durch die Ausdrücke (9.18) und (9.18′) festgelegt, während der Grenzwinkel für die Emission des n-ten Teilchens bei $\varrho_n \geq 1$ nach (7.14) gleich ist $\sin\vartheta_{n\max} = \frac{1}{\varrho_n}$. Wir wollen annehmen, daß $m_1 \leq m_2$ ist. Offensichtlich gilt dann

$$\sqrt{\frac{m_2 W_{\mathrm{I}}}{m_{\mathrm{II}} W_{\mathrm{I}} + MQ}} < 1$$

für exotherme und > 1 für endotherme Reaktionen. Im ersten Fall wächst dieser Ausdruck, während er im zweiten Fall mit wachsendem W_{I} abnimmt und in der Grenze gegen Eins geht. Da fast bei allen Reaktionen $m_{\mathrm{I}} \leq m_{\mathrm{II}}$ ist, so gilt bei exothermen Reaktionen praktisch immer $\varrho_n < 1$, d. h., für die Emissionsrichtung des leichten Teilchens gibt es keinerlei Einschränkungen. Die Emissionsrichtung des schweren Teilchens kann nur dann begrenzt sein, wenn $m_{\mathrm{I}} > m_1$ ist und zusätzlich noch gilt

$$W_{\mathrm{I}} \geq \frac{m_1}{m_{\mathrm{I}} - m_1} Q. \tag{10.42}$$

Die Verhältnisse sind bei endothermen Reaktionen etwas komplizierter. Der Impulskreis geht für diese Reaktionen an der Schwelle ($W_{\mathrm{I}} = W_{\mathrm{I\,Schwelle}}$) in einen Punkt über ($a = 0$ und $\varrho_1 = \varrho_2 = \infty$). Beide Teilchen bewegen sich in Vorwärtsrichtung, und zwar mit den Impulsen

$$p_{1(2)\mathrm{Schwelle}} = m_{1(2)} \sqrt{\frac{2 m_{\mathrm{I}} Q}{m_{\mathrm{II}} M}} = \frac{1}{M} \sqrt{2 m_1 m_2 \frac{m_{1(2)} m_{\mathrm{I}}}{m_{2(1)} m_{\mathrm{II}}} MQ}. \tag{10.43}$$

Bei

$$W_{\mathrm{I}} - W_{\mathrm{I\,Schwelle}} \geq \frac{m_1 m_{\mathrm{I}} W_{\mathrm{I\,Schwelle}}}{M(m_2 - m_{\mathrm{I}})}$$

ist $\varrho_1 \leq 1$, so daß die Beschränkung für die Emissionsrichtung des leichten Teilchens (1) nur in einem engen Energieintervall wirksam wird:

$$\frac{M}{m_{II}} Q < W_I < \frac{M}{m_{II}} Q \frac{1 - \frac{m_I}{M}}{1 - \frac{m_I}{m_2}}. \tag{10.44}$$

Wie aus (10.44) und (9.14) zu ersehen ist, gilt für den maximal möglichen Impuls des leichten Teilchens bei $\varrho_1 = 1$

$$p_{1\,\max} = 2a = \frac{2}{M} \sqrt{2 m_1 m_2 \left\{1 + \frac{m_2}{M} \frac{M - m_I}{m_2 - m_I}\right\} M Q}\,. \tag{10.45}$$

Dieser Wert liegt dicht bei $2 p_{1\,\text{Schwelle}}$.
Die Bedingung $\varrho_2 \leq 1$ kann nur bei $m_1 > m_I$ erfüllt werden. Dies ist beispielsweise bei *nd*-, *nα*- und ähnlichen Reaktionen der Fall. Außerdem muß noch die Ungleichung

$$W_I - W_{I\,\text{Schwelle}} \geq \frac{m_2 m_I W_{I\,\text{Schwelle}}}{M (m_1 - m_I)}$$

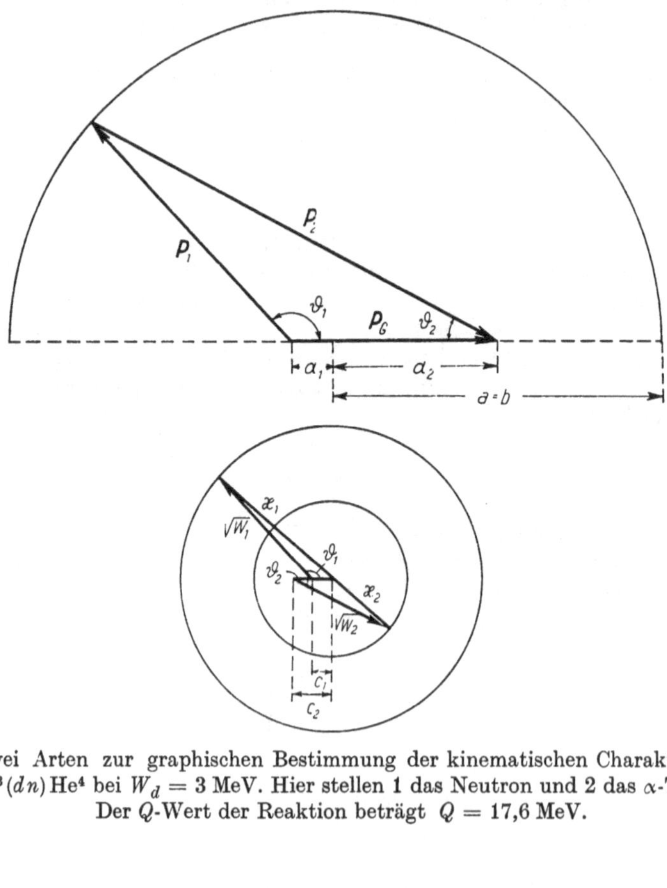

Abb. 13. Zwei Arten zur graphischen Bestimmung der kinematischen Charakteristika der Reaktion $H^3(dn)He^4$ bei $W_d = 3$ MeV. Hier stellen 1 das Neutron und 2 das α-Teilchen dar. Der Q-Wert der Reaktion beträgt $Q = 17{,}6$ MeV.

gelten, d. h., für die Emissionsrichtung des schweren Teilchens (2) gibt es in einem etwas größeren Energieintervall Beschränkungen. Dieses Intervall wird durch folgende Ungleichung bestimmt:

$$\frac{M}{m_{II}} Q < W_I < \frac{M}{m_{II}} Q \frac{1 - \frac{m_I}{M}}{1 - \frac{m_I}{m_1}}. \tag{10.46}$$

In den Abbildungen 13 und 14 wird die graphische Darstellung der Kinematik der exothermen Reaktion $H^3(dn)He^4$ und der dazu umgekehrten endothermen Reaktion $He^4(nd)H^3$ gezeigt. Neben der schon beschriebenen Methode der

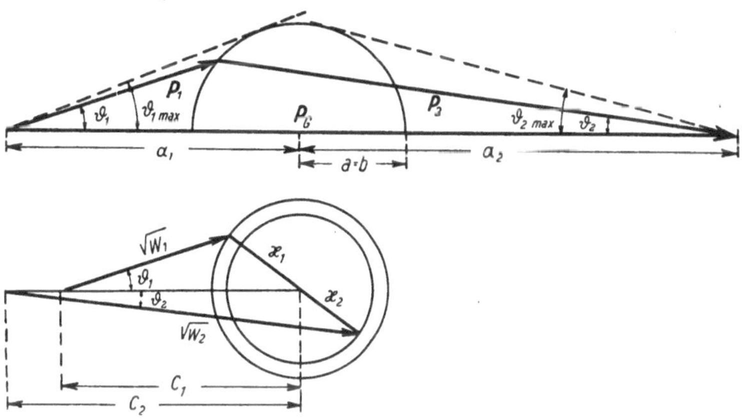

Abb. 14. Zwei Arten zur graphischen Bestimmung der kinematischen Charakteristika der Reaktion $He^4(nd)H^3$ bei $W_I - W_{I\,Schwelle} = 0{,}5$ MeV. Hierbei bedeuten I das Neutron, 1 das Deuteron und 2 das Tritium.

Impulsellipse (hier handelt es sich um Impulskreise) wird dabei noch eine Methode dargestellt, die auf den einfachen Gesetzmäßigkeiten der Vektoraddition von Geschwindigkeiten beruht. Bei dieser Methode werden zwei Kreise mit den Radien

$$\varkappa_n = \frac{\sqrt{m_n m_{II}}}{M} \sqrt{W_I - W_{I\,Schwelle}} \tag{10.47}$$

gezeichnet, die den Geschwindigkeiten der Reaktionsprodukte im S-System proportional sind $\left(\varkappa_n = \sqrt{\frac{m_n}{2}}\, \tilde{v}_n\right)$. Wird zu $\varkappa_n$ der Vektor $\boldsymbol{c}_n = \sqrt{\frac{m_n}{2}}\, \boldsymbol{V}$ addiert, der proportional zur Geschwindigkeit des Schwerpunkts und dem Absolutbetrag nach gleich $c_n = \frac{\sqrt{m_n m_I W_I}}{M}$ ist, so bekommt man Vektoren, die ihrem Absolutbetrag nach gleich der Quadratwurzel der kinetischen Energie der Reaktionsprodukte im L-System sind.

e) Kernphotoreaktionen

Bei Kernphotoreaktionen ist $m_I = 0$, $p_I = W_\gamma = E_\gamma = h\nu$. Es gilt deshalb $m_{II} = M_A$, und die Bedingung (8.13) für die Schwelle der Reaktion nimmt die Form

$$W_{\gamma\,\text{Schwelle}} = |Q|\left\{1 + \frac{|Q|}{2M_A}\right\} \tag{10.48}$$

an. Die kleine Ellipsenachse ist

$$b = \tilde{p}_E = \sqrt{\frac{(W_\gamma - W_{\gamma\,\text{Schwelle}})\left(W_\gamma - W_{\gamma\,\text{Schwelle}} + 2\,\frac{m_1 m_2}{M}\right)}{1 + 2\,\frac{W_\gamma}{M}}} \tag{10.49}$$

mit

$$M = M_A - \frac{|Q|}{2}. \tag{10.50}$$

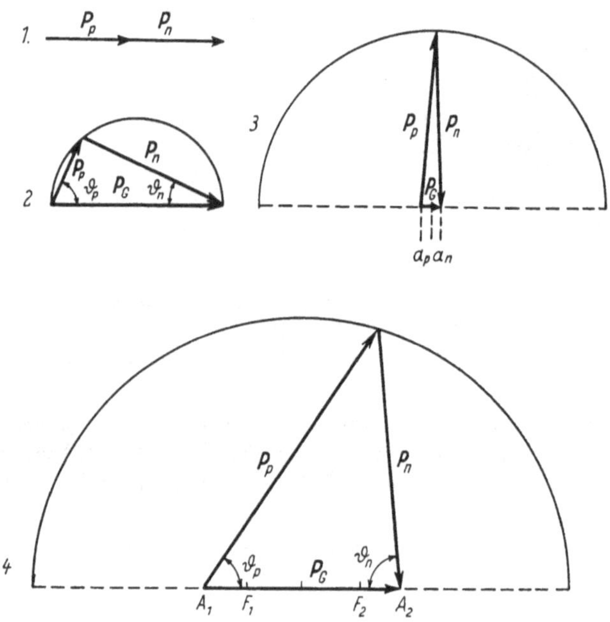

Abb. 15. Die Kinematik der Photospaltung des Deuterons: $\gamma + d \to p + n$.

1. $W_\gamma = |p_G| = W_{\text{Schwelle}}$, $a = b = 0$, $p_p = p_n = \frac{p_G}{2}$, $\vartheta_p + \vartheta_n = 0$;

2. $W_\gamma = W_{\text{Schwelle}}\left(1 + \frac{W_{\text{Schwelle}}}{2M}\right)$, $\alpha_p = \alpha_n = \frac{|p_G|}{2} \approx \frac{W_{\text{Schwelle}}}{2}$, $\vartheta_p + \vartheta_n = 90°$;

3. $W_\gamma = 2\,W_{\text{Schwelle}}$, $\alpha_p = \alpha_n = \frac{|p_G|}{2} \approx W_{\text{Schwelle}}$, $\vartheta_p + \vartheta_n \approx 180°$;

4. $W_\gamma = 500$ MeV.

Bei $W_\gamma \ll M$ geht (10.49) in den üblichen nichtrelativistischen Ausdruck (9.14) über, wobei $a = b$ gilt. Die Gleichung (9.18) schreiben wir dabei in der Form

$$\varrho_{1(2)} = \frac{a_{1(2)}}{a} = \sqrt{\frac{m_{1(2)}\, W_{\gamma\,\mathrm{Schwelle}}}{2\, m_{2(1)}\, M x}}\,(x+1)\,. \tag{10.51}$$

Der dimensionslose Parameter x beträgt

$$x = \frac{W_\gamma - W_{\gamma\,\mathrm{Schwelle}}}{W_{\gamma\,\mathrm{Schwelle}}}. \tag{10.52}$$

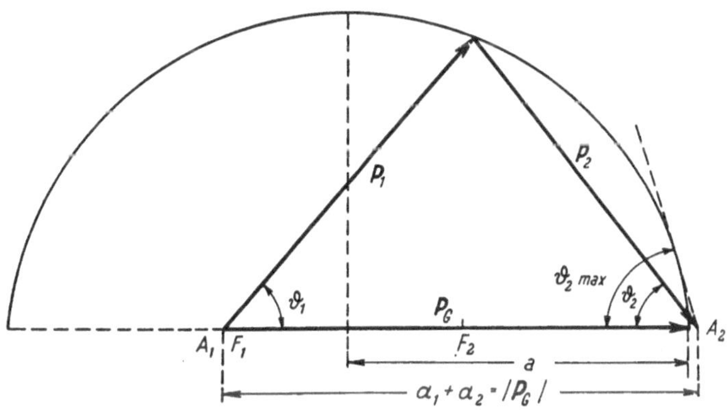

Abb. 16. Die Impulsellipse für die Photoerzeugung von π^+-Mesonen an Protonen: $\gamma + p \to \pi^+ + n$; 1 bedeutet π^+, 2 bedeutet n; bei $W_\gamma = 500$ MeV.

Man sieht leicht, daß bei $x = 0$, d. h. an der Schwelle, $\varrho_n = \infty$ wird. Mit wachsendem x nimmt dann ϱ_n sehr schnell ab und wird bei

$$x_{1(2)} \approx \frac{m_{1(2)}\, W_{\gamma\,\mathrm{Schwelle}}}{2\, m_{2(1)}\, M}$$

angenähert 1. Die Minimalwerte von ϱ_1 und ϱ_2 werden bei $x = 1$, d. h. bei $W_\gamma = 2\, W_{\gamma\,\mathrm{Schwelle}}$, erreicht, wobei

$$\varrho_{1(2)\,\mathrm{min}} \approx \sqrt{\frac{2\, m_{1(2)}\, W_{\gamma\,\mathrm{Schwelle}}}{m_{2(1)}\, M}} \ll 1 \tag{10.53}$$

gilt, da $m_1 \sim m_2$ und $W_{\gamma\,\mathrm{Schwelle}} \ll M$ ist. Beispiele für die graphische Konstruktion im Falle von Kernphotoreaktionen sind für verschiedene Energien der γ-Quanten in Abb. 15 und 16 dargestellt. Sie betreffen die Photospaltung des Deuterons und die Photoerzeugung von π^+-Mesonen.

f) Der Zerfall eines Teilchens in zwei andere

Die Kinematik des Zerfalls eines Teilchens in zwei andere wird im folgenden Abschnitt eingehend untersucht. Hier wollen wir nur etwas bei den allgemeinen Methoden für die Konstruktion der kinematischen Charakteristika dieses Prozesses verweilen.

Es gilt in diesem speziellen Fall $m_{II} = |p_{II}| = 0$. Die Gesamtenergie beträgt im S-System $\tilde{E}_G = M_I = M_A = M$. Es ist klar, daß die Kinematik des Zerfalls durch eine Beziehung zwischen der kinetischen Energie des zerfallenden Teilchens im L-System und seiner Bindungsenergie bestimmt wird. Die Bindungsenergie ergibt sich aus den Massen und Energien der Sekundärteilchen im S-System.

Die kleine Halbachse der Ellipse ist im gegebenen Fall gleich

$$b = \tilde{p}_E = \frac{1}{2M} \sqrt{\{M^2 - (m_1 + m_2)^2\}\{M^2 - (m_1 - m_2)^2\}} \tag{10.54}$$

und die große Halbachse gleich

$$a = b\,\frac{E_I}{M}. \tag{10.54'}$$

Außerdem haben wir für die Energie der Sekundärteilchen im S-System die Beziehung

$$\tilde{E}_{1(2)} = \frac{M^2 + m_{1(2)}^2 - m_{2(1)}^2}{2M}, \tag{10.55}$$

und folglich gilt

$$\alpha_{1(2)} = \frac{f}{b}\sqrt{b^2 + m_{1(2)}^2} = \frac{p_I}{M}\,\tilde{E}_{1(2)} = \frac{p_I}{M}\left\{\frac{M^2 + m_{1(2)}^2 - m_{2(1)}^2}{2M}\right\}. \tag{10.56}$$

Aus der letzten Gleichung erhalten wir

$$\varrho_{1(2)} = \frac{\alpha_{1(2)}}{a} = \frac{M^2 + m^2_{(2)} - m_{2(1)}^2}{\sqrt{\{M^2 - (m_1 + m_2)^2\}\{M^2 - (m_1 - m_2)^2\}}}\,\beta_I. \tag{10.57}$$

Ein Grenzwinkel für die Emission des n-ten Teilchens tritt nur bei hinreichend hohen Energien des zerfallenden Teilchens I auf, und zwar bei

$$p_I \geq p_{I\,\mathrm{Grenze}} = \frac{1}{2m_n}\sqrt{\{M^2 - (m_1 + m_2)^2\}\{M^2 - (m_1 - m_2)^2\}} = b\,\frac{M}{m_n}, \tag{10.58}$$

oder

$$E_I \geq E_{I\,\mathrm{Grenze}} = \frac{1}{2m_{1(2)}}\,[M^2 + m_{1(2)}^2 - m_{2(1)}^2] \tag{10.58'}$$

mit

$$\sin\vartheta_{n\,\max} = \frac{1}{2m_n p_I}\sqrt{\{M^2 - (m_1 + m_2)^2\}\{M^2 - (m_1 - m_2)^2\}}, \tag{10.59}$$

oder

$$\sin\vartheta_{1(2)\max} = \frac{1}{2m_{1(2)}E_I}\,[M^2 + m_{1(2)}^2 - m_{2(1)}^2]. \tag{10.59'}$$

Auf den Abbildungen 17 und 18 sind zwei Beispiele für den Zerfall eines einzigen Teilchens in zwei Teilchen angeführt. Im ersten Falle ($\pi^\circ \to 2\gamma$) sind die Ruhmassen beider Zerfallsprodukte, im zweiten Fall ($\pi^+ \to \mu^+ + \nu$) ist diejenige eines der Zerfallsprodukte gleich Null. Offensichtlich gelten für das erste der Beispiele

$$b = \frac{M}{2}, \qquad a = \frac{E_{\mathrm{I}}}{2} \tag{10.60}$$

und

$$\alpha_1 = \alpha_2 = \tfrac{1}{2}\sqrt{E_{\mathrm{I}}^2 - M^2} = \tfrac{1}{2}\, p_{\mathrm{I}} = f. \tag{10.61}$$

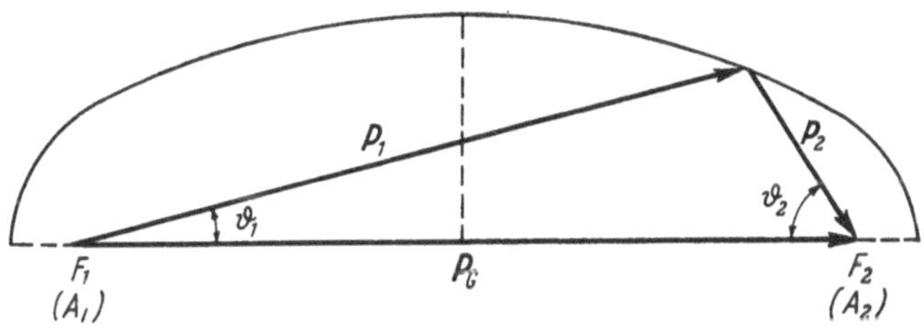

Abb. 17. Die Impulsellipse für den Zerfall $\pi^0 \to 2\gamma$ bei $W_{\pi^\circ} = m_{\pi^\circ}$.

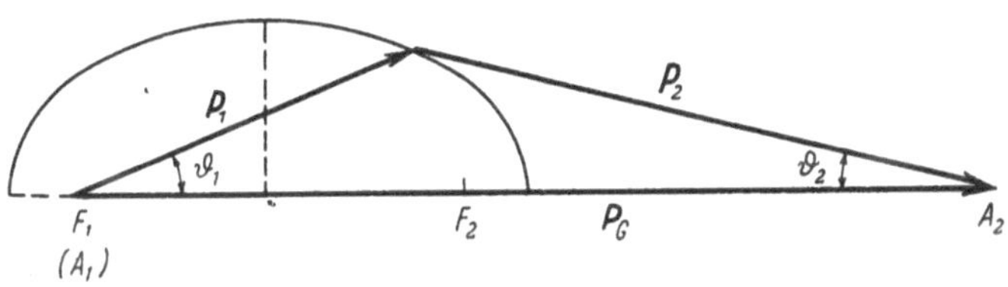

Abb. 18. Die Impulsellipse für den Zerfall $\pi^+ \to \mu^+ + \nu$; 1 bedeutet ν, 2 bedeutet μ^+; bei $W_{\pi^+} = {}^3/_2 m_{\pi^+}$.

Tatsächlich, wie schon aus (10.8) klar wird, ist für ein Teilchen mit der Ruhmasse Null, d. h. $\tilde{E}_n = b$, immer $\alpha_n = f$. Beim Zerfall von π°-Mesonen gilt somit immer die Gleichung

$$\varrho_1 = \varrho_2 = \beta_{\mathrm{I}} = \frac{p_{\mathrm{I}}}{E_{\mathrm{I}}} < 1,$$

d. h., für die Emission der γ-Quanten im L-System gibt es keine Grenzwinkel. Im zweiten Beispiel gelten

$$b = \frac{M^2 - \mu^2}{2M}, \tag{10.62}$$

wobei μ die Masse des μ-Mesons ist, sowie

$$a = \frac{E_{\mathrm{I}}}{2}\left(1 - \frac{\mu^2}{M^2}\right), \tag{10.63}$$

$$f = \frac{p_{\mathrm{I}}}{2}\left(1 - \frac{\mu^2}{M^2}\right). \tag{10.64}$$

In diesem Falle ist

$$\alpha_\mu = f\,\frac{M^2 + \mu^2}{M^2 - \mu^2}, \tag{10.65}$$

und die kinetische Energie des μ-Mesons wird

$$\tilde{W}_\mu = \frac{(M-\mu)^2}{2M} = 4{,}04 \text{ MeV}.$$

Bei $E_{\mathrm{I}} \geq \frac{M^2+\mu^2}{2\mu}$, d. h. bei $W_{\mathrm{I}} \gtrsim 5{,}2$ MeV, tritt ein Grenzwinkel für die Emission des μ-Mesons auf. Zum Abschluß sei noch bemerkt, daß nach (8.33) für ein Teilchen mit der Ruhmasse Null die Beziehung

$$p_n(\vartheta_n) = \frac{b}{\gamma(1 - V\cos\vartheta_n)} = \frac{b^2}{a - f\cos\vartheta_n} \tag{10.66}$$

gilt. Daraus erhält man unter Benutzung von (8.36) einen Ausdruck für die Winkelverteilung der n-ten Teilchen im L-System

$$\sigma(\vartheta_n) = \frac{1}{4\pi}\,\frac{1}{\gamma^2(1 - V\cos\vartheta_n)^2} = \frac{1}{4\pi}\,\frac{b^2}{(a - f\cos\vartheta_n)^2}. \tag{10.67}$$

Die Wahrscheinlichkeit für die Emission eines n-ten Teilchens in die vordere Halbkugel beträgt dabei offensichtlich

$$p\left(\frac{\pi}{2}\right) = \tfrac{1}{2}(1+\beta). \tag{10.68}$$

§ 11. Der Zerfall in zwei Teilchen

Es wurde bereits darauf hingewiesen, daß die kinematischen Charakteristika des Zerfalls in zwei Teilchen durch die Masse des Primärteilchens und die Massen der Sekundärteilchen sowie durch zwei Parameter bestimmt werden, die nicht von der Art der Wechselwirkung abhängen, z. B. durch den Impuls des Primärteilchens und die Emissionsrichtung eines Sekundärteilchens im S-System.

Bei der experimentellen Untersuchung des Zerfalls in zwei Teilchen kommen meist folgende Aufgaben vor:

a) Die Aufstellung von Kriterien, denen die in Photoemulsionen oder Wilson-Kammern beobachteten Spuren genügen müssen, wenn sie tatsächlich durch den betrachteten Zerfall erzeugt sein sollen.

b) Die Bestimmung der Masse des Primärteilchens, wenn die Massen und die Impulse der beiden Sekundärteilchen bekannt sind.

c) Die Bestimmung der Masse eines Sekundärteilchens, wenn die Massen und die Impulse des Primärteilchens und des anderen Sekundärteilchens bekannt sind.

d) Die Aufstellung des Zusammenhanges zwischen den Winkel- und Energieverteilungen im S- und L-System.

e) Die Aufstellung von Kriterien dafür, daß die verschiedenen beobachteten Ereignisse als Folgen eines Zerfalls interpretiert werden können.

Bei der Analyse von Zerfallsprozessen kommt man zu keinen praktisch anwendbaren Methoden, mit deren Hilfe eindeutig nachgewiesen werden könnte, daß man das gegebene individuelle Ereignis als Zerfall zu interpretieren hat. Bei der Behandlung einzelner Ereignisse sucht man meist zu beweisen, daß es nicht möglich ist, sie durch andere, bereits bekannte Prozesse zu erklären (z. B. elastische und inelastische Wechselwirkungen der verschiedenen Arten).[1])

Aus dem angeführten Grunde wird die Existenz von Zerfallsprozessen meist mit statistischen Methoden untersucht. Zunächst stützt man sich auf eine kleine Zahl von Ereignissen, die als Zerfall interpretiert werden, und bestimmt angenähert die wesentlichsten dynamischen Charakteristika dieses Zerfalls, wie Art des Zerfalls, die Masse der Primär- und der Sekundärteilchen. Danach werden die so gewonnenen Näherungswerte der Charakteristika zur Analyse einer großen Zahl von Zerfallsereignissen verwendet. Wenn die Besonderheiten der untersuchten Gesamtheit von Ereignissen mit den Schlußfolgerungen übereinstimmen, die sich aus dem angenommenen Zerfallsschema ergeben, so bestätigt das die Richtigkeit des Schemas. Es ist klar, daß bei einer solchen statistischen Arbeitsweise immer einige Fälle mit berücksichtigt werden, die nicht zum betrachteten Prozeß gehören und die somit fälschlich in die Gesamtheit aufgenommen wurden. Die Zahl solcher Fälle ist jedoch klein und wirkt sich nicht auf das allgemeine Bild aus.

Die statistische Methode kann selbstverständlich nicht nur dazu verwendet werden, den Zerfall überhaupt nachzuweisen, sondern sie dient auch zur Kontrolle der Richtigkeit des ausgewählten Zerfallsschemas.

In diesem Abschnitt werden wir die statistische Methode zur Analyse des Zerfalls in zwei Teilchen verwenden. Dabei wird vorausgesetzt, daß die Massen der Primär- und der Sekundärteilchen sowie der Typ des Zerfalls bekannt sind.[2]) Für die weitere Behandlung ist es zweckmäßig, die Zerfallsarten in zwei Gruppen zu unterteilen: Die erste Gruppe, die wir mit N-Zerfall bezeichnen wollen, umfaßt die Umwandlungen von neutralen Teilchen in zwei geladene Teilchen; die zweite Gruppe (Z-Zerfall) umfaßt den Zerfall eines geladenen Teilchens in ein geladenes und ein neutrales (Abb. 19).[3])

Wir betrachten nun verschiedene Zerfallsprozesse und untersuchen, ob sie existieren können oder nicht. Wir beginnen mit dem einfachsten Ereignis, dem Zerfall eines in Ruhe befindlichen Teilchens. Aus Formel (10.55) folgt, daß die

[1]) Im weiteren werden wir (wie das in Arbeiten auf dem Gebiet der hochenergetischen Physik üblich ist) diejenigen Prozesse als inelastisch bezeichnen, bei denen ein Teil der Energie zur Bildung neuer Teilchen verwendet wird.

[2]) Im folgenden werden noch Methoden zur Bestimmung der Massen der beim Zerfall auftretenden Teilchen angegeben.

[3]) Wir werden den Zerfall eines neutralen Teilchens in zwei neutrale Teilchen hier nicht behandeln. Wir wollen nur bemerken, daß sich dieser Fall in der Praxis auf die zwei früher erörterten reduziert, da wir über keine anderen Nachweismittel für neutrale Teilchen verfügen als die Untersuchung ihrer Wechselwirkung mit anderen Teilchen oder ihren Zerfall.

Sekundärteilchen in diesem Falle eine konstante Energie und folglich konstante Reichweite besitzen. Treten also Knicke in den Spuren auf, wobei die Länge von der Knickstelle bis zum Ende der Spur für alle Ereignisse dieser Art gleich groß ist (Z-Zerfall), oder erhält man charakteristische „Gabeln" mit konstanten Größen für die beiden Äste (N-Zerfall), so spricht dies eindeutig dafür, daß es sich bei diesen Ereignissen um den Zerfall von Teilchen handelt, die in Ruhe waren. Gerade dieser Umstand diente als erste Bestätigung für den Zerfall von π-Mesonen in μ-Mesonen.

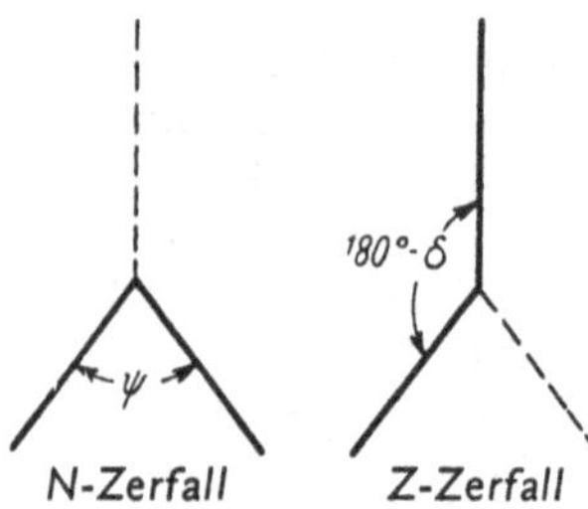

Abb. 19. Schema für den Zerfall eines neutralen Teilchens in zwei geladene Teilchen (N-Zerfall) und für den Zerfall eines geladenen Teilchens in ein neutrales und ein geladenes Teilchen (Z-Zerfall).

Komplizierter gestaltet sich die Untersuchung des Zerfalls bewegter Teilchen in zwei Teilchen. In diesem Falle benutzt man zum Nachweis dessen, daß die beobachteten Ereignisse tatsächlich auf einem Zerfall beruhen, die LORENTZ-Invarianz der Transversalkomponenten p_T der Impulse.

Da sich die Teilchen im S-System isotrop mit ein und demselben Impuls $\tilde{p}_E$ bewegen, so ist die Wahrscheinlichkeit für die Emission eines Teilchens in das Winkelintervall $\cos\tilde{\vartheta}$, $\cos\tilde{\vartheta} + d\cos\tilde{\vartheta}$

$$\tilde{N}(\tilde{p}, \cos\tilde{\vartheta})\, d\tilde{p}\, d\cos\tilde{\vartheta} = \tfrac{1}{2}\,\delta(\tilde{p} - \tilde{p}_E)\sin\tilde{\vartheta}\, d\tilde{\vartheta}\, d\tilde{p}, \tag{11.1}$$

wobei mit δ die Delta-Funktion bezeichnet wird. Da

$$\sin\tilde{\vartheta} = \frac{\tilde{p}_T}{\tilde{p}_E}$$

ist, so gilt

$$\tilde{N}(\tilde{p}_T)\, d\tilde{p}_T \sim \frac{\tilde{p}_T\, d\tilde{p}_T}{\tilde{p}_E\sqrt{\tilde{p}_E^2 - \tilde{p}_T^2}}, \tag{11.2}$$

wobei $\tilde{p}_E$ durch die Beziehung (10.54) bestimmt wird.

Wenn also die Ereignisse der untersuchten Gesamtheit durch den Zerfall bewegter Teilchen in zwei Teilchen hervorgerufen werden, so genügt die Verteilung der Transversalkomponenten der Impulse der Gleichung (11.2). Aus dieser Beziehung folgt, daß Impulswerte von $\tilde{p}_T$ gerade dann besonders wahrscheinlich sind, wenn sie nahe bei $\tilde{p}_E$ liegen.

Eine etwas andere Idee liegt der Einführung einer Größe α^* zugrunde, deren Mittelwert nur von Invarianten abhängt. Wir definieren die Größe α^* folgendermaßen:

$$\alpha^* = \frac{p_{1\parallel} - p_{2\parallel}}{p_{1\parallel} + p_{2\parallel}}, \tag{11.3}$$

wobei $p_{1\parallel}$ und $p_{2\parallel}$ die Längskomponenten der Impulse der beiden Teilchen im L-System sind. Da $p_{1\parallel} + p_{2\parallel} = p_{\mathrm{I}}$ ist, gilt

$$\alpha^* = \frac{p_1^2 - p_2^2}{p_{\mathrm{I}}^2}. \tag{11.4}$$

Unter Benutzung von (4.7) erhält man daraus

$$\alpha^* = \frac{m_1^2 - m_2^2}{M^2} + f(\tilde{p}_E,\ p_I)\cos\tilde{\vartheta}.\text{[1]} \tag{11.5}$$

Wird über alle Richtungen im S-System gemittelt, so erhalten wir schließlich

$$\alpha^* = \frac{m_1^2 - m_2^2}{M^2}. \tag{11.6}$$

Wird α^* nach Gleichung (11.3) aus dem Experiment bestimmt, so gewinnt man eine Beziehung zwischen den Massen der in der Reaktion auftretenden Teilchen. Diese Methode wurde erfolgreich bei der Analyse der V-Zerfallsereignisse angewandt [6].

Eine weitere Methode zur Analyse des Zerfalls in zwei Teilchen beruht darauf, daß für die Emissionswinkel der Teilchen im L-System Grenzwerte vorhanden sind. Im allgemeinen werden die Grenzwerte durch zwei Parameter festgelegt, z. B. durch den Impuls der Primärteilchen im L-System und den Impuls eines Sekundärteilchens im S-System. Da jedoch beim Zerfall in zwei Teilchen der Impuls $\tilde{p}_E$ vollständig durch die Massen bestimmt wird, siehe (10.54), so kann man im gegebenen Fall ϑ_{extr} als Funktion von p_I berechnen und folglich die Grenzen bestimmen, innerhalb derer die Emissionswinkel der Sekundärteilchen liegen müssen, die beim Zerfall eines Teilchens mit dem Impuls p_I entstehen.

Eine Möglichkeit der Analyse, die auf beide Zerfallsgruppen (Z- und N-Zerfall) angewendet werden kann, beruht auf Formel (7.14). Werden die Werte $\tilde{\beta}_1 = \frac{\tilde{p}_E}{\sqrt{\tilde{p}_E^2 + m_1^2}}$ und $V = \frac{p_I}{\sqrt{p_I^2 + M^2}}$ in (7.14) eingesetzt, so erhalten wir

$$\vartheta_{1\,\text{max}} = \operatorname{arctg} \frac{\tilde{p}_E M}{\sqrt{p_I^2 m_1^2 - \tilde{p}_E^2 M^2}}, \tag{11.7}$$

wenn

$$p_I^2 m_1^2 > \tilde{p}_E^2 M^2,$$

hingegen

$$\vartheta_{1\,\text{max}} = \frac{\pi}{2},$$

wenn

$$p_I^2 m_1^2 < \tilde{p}_E^2 M^2.$$

Beim Zerfall eines Teilchens der Masse M, das den Impuls p_I besitzt, in zwei Teilchen kann folglich das Sekundärteilchen mit der Masse m_1 höchstens um den Winkel $\vartheta_{1\,\text{max}}$ von der Richtung des Vektors $\boldsymbol{p}_I$ abgelenkt werden. $\vartheta_{1\,\text{max}}$ wird durch Formel (11.7) festgelegt.

Eine andere Methode zur Ausnutzung der Grenzwerte für die Winkel, die aber nur auf den N-Zerfall angewendet werden kann, besteht darin, daß man die Abhängigkeit der Größe ϑ_{max} von p_I bestimmt. Sie ist in Abb. 20 erläutert. Die

[1]) Im Grenzfall ist $M = m_I$ und $m_{II} = 0$.

Daten, welche dieser Abbildung zugrunde liegen, gelten beim Zerfall eines Teilchens mit der Masse 1000 m_e in zwei Teilchen mit den Massen 280 m_e.

Der Sachverhalt ist hier so, daß der Winkel zwischen den Emissionsrichtungen der Sekundärteilchen bei bestimmten Zahlenwerten der Parameter innerhalb bestimmter Grenzen liegt. Wenn also bei einer großen Zahl von Ereignissen der Winkel innerhalb der berechneten Grenzen liegt, so stellt das einen wichtigen zusätzlichen Beweis dafür dar, daß die untersuchte Gesamtheit von Ereignissen durch einen Zerfall der angenommenen Art hervorgerufen wurde.

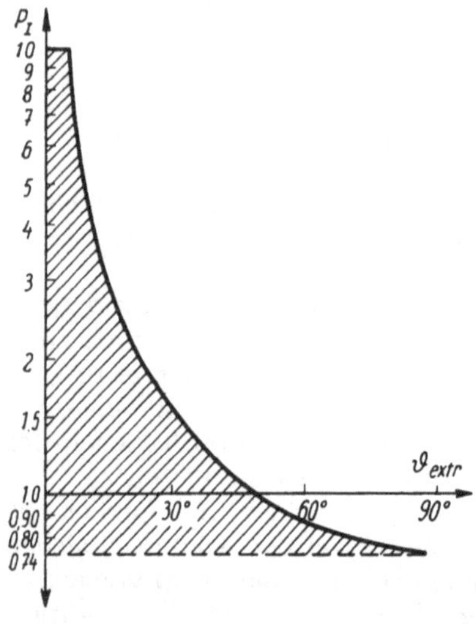

Abb. 20. Die Abhängigkeit von $\vartheta_{\max}$ von p_{I} für den Zerfall eines Teilchens der Masse 1000 m_e in zwei Teilchen der Masse 280 m_e.

In Übereinstimmung mit (4.1) kann man schreiben

$$\psi = \vartheta_1 + \vartheta_2 = \operatorname{arctg} \frac{1}{\gamma} \frac{\tilde{p}_1 \sin \tilde{\vartheta}_1}{\tilde{p}_1 \cos \tilde{\vartheta}_1 + V\tilde{E}_1} + \operatorname{arctg} \frac{1}{\gamma} \frac{\tilde{p}_2 \sin \tilde{\vartheta}_2}{\tilde{p}_2 \cos \tilde{\vartheta}_2 + V\tilde{E}_2}. \tag{11.8}$$

Berücksichtigt man $\vartheta_2 = \pi - \vartheta_1$ und begrenzt man sich der Einfachheit halber auf den Fall $m_1 = m_2 = m$, so kann man (11.8) folgendermaßen schreiben:

$$\psi = \operatorname{arctg} \frac{1}{\gamma} \frac{\tilde{p}_E \sin \vartheta_1}{\tilde{p}_E \cos \tilde{\vartheta}_1 + V\tilde{E}_E} + \operatorname{arctg} \frac{1}{\gamma} \frac{\tilde{p}_E \sin \vartheta_1}{V\tilde{E}_E - \tilde{p}_E \cos \tilde{\vartheta}_1}, \tag{11.9}$$

wobei $\tilde{p}_E = \sqrt{\frac{M^2 - 4m^2}{4}}$. Die Funktion $\psi(\cos\tilde{\vartheta}_1)$ besitzt ein Maximum bei $\cos\tilde{\vartheta}_1 = 0$ und ein Minimum bei

$$\cos \tilde{\vartheta}_1 = \frac{1}{p_1} \sqrt{\frac{p_{\mathrm{I}}^2 M^2 - 8 p_{\mathrm{I}}^2 m^2 + M^4 - 4m^2 M^2}{M^2 - 4m^2}}. \tag{11.10}$$

Reelle Lösung dieser Gleichung bedeutet $0 < \cos\tilde{\vartheta}_1 < 1$. In Abhängigkeit vom Vorzeichen des Ausdrucks $M^2 - 8m^2$ liegen die reellen Lösungen der Gleichung (11.10) für den Minimalwert $\psi_{\min}$ in verschiedenen Intervallen von p_{I}, und zwar:

a) $$M^2 - 8m^2 > 0.$$

In diesem Fall besitzt (11.10) Lösungen bei

$$p_{\mathrm{I}}^2 > \frac{M^2(M^2 - 4m^2)}{4m^2}.$$

b) $$M^2 - 8m^2 < 0.$$

In diesem Fall besitzt (11.10) Lösungen bei

$$\frac{M\sqrt{M^2 - 4m^2}}{2m} < p_{\mathrm{I}} < M\sqrt{\frac{M^2 - 4m^2}{8m^2 - M^2}}.$$

In Abbildung 21 ist $\psi_{\mathrm{extr}}(p_{\mathrm{I}})$ für den N-Zerfall eines Teilchens der Masse 1000 m_e in zwei geladene π-Mesonen dargestellt (m_π wurde gleich 280 m_e gesetzt). Das gestrichelte Gebiet entspricht erlaubten Werten der Winkel ψ.

Die hier beschriebene Methode wurde von Butler [7] zur Analyse des Zerfallsschemas von Λ^0- und θ^0-Teilchen verwendet.

Es gibt noch ein Kriterium für die Analyse, und zwar die Komplanarität der Vektoren. Dieses Kriterium besitzt zwar den Mangel, daß es nicht nur auf Zerfallsprozesse, sondern auch auf die elastische Streuung angewendet werden kann. Es kann also damit nicht der Nachweis erbracht werden, daß es sich beim untersuchten Prozeß um einen Zerfall handelt. Wenn jedoch umgekehrt bereits festgestellt wurde, daß die gegebene Gesamtheit von Ereignissen durch Zerfälle hervorgerufen wird, so kann die Komplanarität der Vektoren als Kriterium zur Feststellung der Zahl der Sekundärteilchen benutzt werden. Dieses Kriterium kann man also zur Lösung der Frage verwenden, wieviel Teilchen beim Zerfall entstehen.

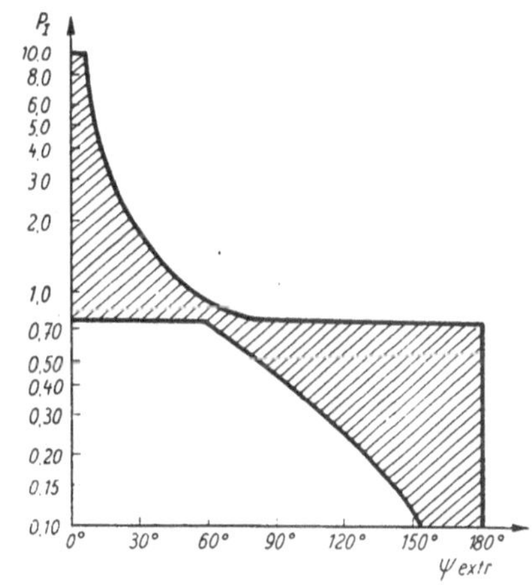

Abb. 21. Die Abhängigkeit des Grenzwinkels $\psi_{\mathrm{extr}}(p_{\mathrm{I}})$ von p_{I} für den Zerfall eines Teilchens der Masse 1000 m_e in zwei Teilchen mit den Massen 280 m_e.

Das Komplanaritätskriterium beruht auf der einfachen Beziehung

$$\boldsymbol{p}_{\mathrm{I}} = \boldsymbol{p}_1 + \boldsymbol{p}_2. \qquad (11.11)$$

Wird diese Vektorgleichung skalar mit $\boldsymbol{n}$ multipliziert, wobei $\boldsymbol{n}$ ein Vektor ist, der senkrecht zu der Ebene steht, die durch zwei der drei Vektoren gebildet wird, z. B. von $\boldsymbol{p}_{\mathrm{I}}$ und $\boldsymbol{p}_1$, so erhält man $(\boldsymbol{n}\boldsymbol{p}_2) = 0$, d. h., auch der dritte Vektor liegt in dieser Ebene.

Es muß betont werden, daß in einigen speziellen Fällen die vorstehend angeführten Methoden zu einer fehlerhaften Interpretation der untersuchten Ereignisse führen können. Das ist zum Beispiel dann der Fall, wenn sich die Masse eines der Sekundärteilchen nur wenig von der Masse des Primärteilchens unterscheidet. Der Fehler besteht darin, daß man das Ereignis als Zerfall in zwei Teilchen interpretiert, während in Wirklichkeit beim Prozeß eine größere Zahl von Teilchen auftritt. Eingehender werden diese Fälle in der Arbeit [8] analysiert.

Wir wollen noch einige Formeln angeben, die zur Bestimmung der Massen von wechselwirkenden Teilchen dienen können.

a) *Die Bestimmung der Masse M des Primärteilchens aus den kinematischen Charakteristiken.*

Aus den Erhaltungssätzen

$$\boldsymbol{p}_{\mathrm{I}} = \boldsymbol{p}_1 + \boldsymbol{p}_2, \qquad (11.12)$$

$$E_{\mathrm{I}} = E_1 + E_2 \qquad (11.13)$$

folgt

$$M^2 = m_1^2 + m_2^2 + 2\{[(p_1^2 + m_1^2)(p_2^2 + m_2^2)]^{1/2} - p_1 p_2 \cos\psi\}. \quad (11.14)$$

Wird der Zerfall eines ruhenden Teilchens betrachtet, $p_1 = p_2 = p_E$ und $\psi = \pi$, so vereinfacht sich die Formel (11.14) zu

$$M^2 = m_1^2 + m_2^2 + 2[(p_E^2 + m_1^2)(p_E^2 + m_2^2)]^{1/2}. \quad (11.15)$$

Die Gleichung (11.14) wird auch bei $p_1 \ll m_1$ oder $p_2 \ll m_2$ einfacher. In diesen Fällen ist $p_1 p_2 \cos\psi \ll [(p_1^2 + m_1^2)(p_2^2 + m_2^2)]^{1/2}$, und man kann diesen Term vernachlässigen.

Manchmal liegt die Aufgabe vor, daß die Masse des Primärteilchens aus der Energie eines der Sekundärteilchen und aus seiner Emissionsrichtung zu bestimmen ist [9]. Nach (4.7) kann man schreiben

$$M = \gamma\left\{(E_1 - p_1 V\cos\vartheta_1) + \sqrt{(E_1 - p_1 V\cos\vartheta_1)^2 - \frac{m_1^2 - m_2^2}{\gamma^2}}\right\}. \quad (11.16)$$

Ist speziell $m_2 = 0$, so gilt

$$M = \tilde{E}_1 + |\tilde{\boldsymbol{p}}_1|. \quad (11.17)$$

In diesem Falle hat man bei $\cos\vartheta_1 = \pm 1$

$$M = \gamma\{E_1 \mp p_1 V + |p_1 \mp E_1 V|\}. \quad (11.18)$$

Bei $\cos\vartheta_1 = 1$ kann man in Abhängigkeit vom Vorzeichen des Ausdrucks $p_1 + E_1 V$ die Formeln (11.15) und (11.18) folgendermaßen umformen:

$$M = \sqrt{\frac{1 - V}{1 + V}}\,[E_1 + p_1] \text{ bei } \frac{p_1}{E_1} > V, \quad (11.19)$$

$$M = \sqrt{\frac{1 + V}{1 - V}}\,[E_1 - p_1] \text{ bei } \frac{p_1}{E_1} < V. \quad (11.20)$$

Bei $\cos\vartheta_1 = -1$ gilt immer

$$M = \sqrt{\frac{1 + V}{1 - V}}\,[E_1 + p_1]. \quad (11.21)$$

b) *Die Bestimmung der Masse von Sekundärteilchen beim Z-Zerfall.*
Aus den Gleichungen (11.12), (11.13) erhält man

$$m_2^2 = M^2 + m_1^2 - 2\{[(M^2 + p_I^2)(m_1^2 + p_1^2)]^{1/2} - p_I p_1 \cos\vartheta_1\}. \quad (11.22)$$

Wie auch im vorhergehenden Fall kann man bei $p_I \ll M$ oder $p_1 \ll m_1$ das Glied $p_I p_1 \cos\vartheta_1$ vernachlässigen. Wenn ein ruhendes Teilchen zerfällt, so hat man speziell

$$m_2^2 = M^2 + m_1^2 - 2M\sqrt{m_1^2 + p_1^2}. \quad (11.23)$$

§ 12. Der Zusammenhang zwischen der Winkel- und der Energieverteilung in S- und L-Systemen für Teilchen, die beim Zerfall gebildet werden[1])

In diesem Paragraphen werden wir eine Reihe von Aufgaben behandeln, deren Lösung auf einer charakteristischen Besonderheit des Zweiteilchenzerfalls beruht, nämlich darauf, daß sich die Impulse $\tilde{p}_1$ und $\tilde{p}_2$ gleichen, $\tilde{p}_1 = \tilde{p}_2 = \tilde{p}_E$, und durch die Beziehung (10.54) bestimmt werden. Man kann deshalb unter Benutzung der im vorhergehenden Kapitel erhaltenen Resultate allgemeine Ausdrücke für die Winkel- und Energieverteilungen ableiten.

Wir beginnen unsere Betrachtung mit der Winkelverteilung der Sekundärteilchen, und zwar mit dem einfachsten Fall, daß sich Primärteilchen mit definierter Energie in einer festliegenden Richtung bewegen.

Die Winkelverteilung der Sekundärteilchen wollen wir im S-System als isotrop ansehen; alle Teilchen besitzen gleiche Impulse. Die Wahrscheinlichkeit für die Emission eines Teilchens in ein Winkelintervall, das durch $\cos\tilde{\vartheta}$ und $\cos\tilde{\vartheta} + d\cos\tilde{\vartheta}$ bestimmt wird, erhält man dann aus (11.1). Die Winkelverteilung $N(\vartheta)\,d\cos\vartheta$ besitzt folglich die Gestalt

$$N(\vartheta)\,d\cos\vartheta = \tfrac{1}{2}\,d\cos\vartheta \int\limits_{p_{\min}}^{p_{\max}} \delta[\tilde{p}(p) - \tilde{p}_E]\,J\,dp, \tag{12.1}$$

wobei J durch die Formel (7.2) bestimmt ist. Benutzt man die Formel

$$\delta[\tilde{p}(p) - \tilde{p}_E] = \sum_m \frac{\delta(p - p_m)}{\left|\dfrac{d\tilde{p}}{dp}\right|_{p=p_m}}, \tag{12.2}$$

in der p_m die Wurzeln der Gleichung $\tilde{p}(p) = \tilde{p}_E$ im Integrationsbereich sind, und berücksichtigt man die Gleichungen (4.7), (7.4) und (7.12), so kann man (12.1) folgendermaßen schreiben:

$$N(\vartheta)\,d\cos\vartheta = \frac{p_m^2\,d\cos\vartheta}{2\gamma\tilde{p}_E[p_m - E_m V\cos\vartheta]}, \quad \text{wenn } \tilde{\beta} > V. \tag{12.3}$$

Hierbei ist E_m die dem Impuls p_m entsprechende Energie. Weiterhin ist

$$N(\vartheta)\,d\cos\vartheta = \frac{d\cos\vartheta}{2\gamma\tilde{p}_E}\left[\frac{p_{m_1}^2}{p_{m_1} - E_{m_1}V\cos\vartheta} + \frac{p_{m_2}^2}{E_{m_2}V\cos\vartheta - p_{m_2}}\right] \tag{12.4}$$

bei $\tilde{\beta} < V$. Dabei ist hier $p_{m_1} > p_{m_2}$.

Wird der rechte Teil der Beziehung (7.12) zur Lösung der Gleichung $\tilde{p}(p) - \tilde{p}_E = 0$ benutzt, so erhalten wir

$$N(\vartheta)\,d\cos\vartheta = \frac{\left[\tilde{E}_E V\cos\vartheta + \sqrt{m^2\gamma^2V^2\cos^2\vartheta + \tilde{E}_E^2 - m^2\gamma^2}\right]^2 d\cos\vartheta}{2\tilde{p}_E\gamma^2(1 - V^2\cos^2\vartheta)^2\sqrt{m^2\gamma^2V^2\cos^2\vartheta + E_E^2 - m^2\gamma^2}} \tag{12.5}$$

[1]) Wir werden die Transformation einer isotropen Verteilung bei konstantem Impuls in allgemeiner Form betrachten, da dieser einfache Fall bei der Analyse von Stößen eine große Rolle spielt (siehe Kap. V).

für $\tilde{\beta} > V$. Dabei läuft ϑ von 0 bis π. Unter $\tilde{E}_E$ wird hier und im weiteren die Energie dieses oder jenes Sekundärteilchens im S-System verstanden. Dabei hängt $\tilde{E}_E$ mit der Masse des Teilchens und seinem Impuls $\tilde{p}_E$, der für beide Sekundärteilchen gleich ist, über die Beziehung $\tilde{E}_E = \sqrt{\tilde{p}_E^2 + m^2}$ zusammen. Wir beachten, daß $\tilde{E}_E$ und m sich auf ein und dasselbe Teilchen beziehen, und lassen hier, wie auch im weiteren, die Indizes 1, 2 oder n weg.

Bei elastischen Stößen beträgt $m_{\mathrm{I}} = m_{\mathrm{II}}$ und $\tilde{E}_E = \gamma m$, und wir erhalten

$$N(\vartheta) = \frac{2\cos\vartheta}{\gamma^2(1 - V^2\cos^2\vartheta)^2}. \tag{12.6}$$

Für den Fall $\tilde{\beta} < V$ gilt

$$N(\vartheta)d\cos\vartheta = \frac{[\tilde{E}_E^2 V^2\cos^2\vartheta + m^2\gamma^2V^2\cos^2\vartheta + \tilde{E}_E^2 - m^2\gamma^2]d\cos\vartheta}{\tilde{p}_E\gamma^2(1 - V^2\cos^2\vartheta)^2\sqrt{m^2\gamma^2V^2\cos^2\vartheta + \tilde{E}_E^2 - m^2\gamma^2}}. \tag{12.7}$$

Dabei läuft ϑ von 0 bis $\vartheta_{\max}$, wobei $\vartheta_{\max}$ durch die Beziehung (7.14) festgelegt ist.

Bei $\tilde{E}_E \gg m\gamma$ vereinfacht sich die Formel (12.15), und man erhält

$$N(\vartheta)d\cos\vartheta = \frac{d\cos\vartheta}{2\gamma^2(1 - V\cos\vartheta)^2}. \tag{12.8}$$

Für diesen Fall läßt sich der mittlere Winkel $\bar{\vartheta}$ leicht bestimmen:

$$\bar{\vartheta} = -\frac{1}{2\gamma^2}\int_0^\pi \frac{\vartheta d\cos\vartheta}{(1 - V\cos\vartheta)^2} = \frac{2}{\pi}\frac{1}{\gamma^2V}\left[\gamma - \frac{1}{1+V}\right]. \tag{12.8'}$$

Bei $\gamma \gg 1$ ist $\bar{\vartheta} = \dfrac{\pi}{2\gamma}$.

Wir wenden nun die Formeln dieses Abschnittes auf den Zerfall eines Teilchens in zwei Teilchen an. Wir benutzen dabei zur Bestimmung des Parameters der Verteilung von $\tilde{p}_E$ die Formel (10.54). Die Winkelverteilung von Teilchen der Masse m_1 kann man für $\tilde{\beta} > V$ folgendermaßen schreiben:

$$N(\vartheta_1)d\cos\vartheta_1 = $$

$$= \frac{\left[(M^2 + m_1^2 - m_2^2)V\cos\vartheta_1 + \sqrt{4M^2m_1^2V^2\gamma^2\cos^2\vartheta_1 + (M^2 + m_1^2 - m_2^2)^2 - 4M^2m_1^2\gamma^2}\right]^2}{2\gamma^2(1 - V^2\cos^2\vartheta_1)^2\sqrt{M^4 + m_1^4 + m_2^4 - 2(M^2m_1^2 + M^2m_2^2 + m_1^2m_2^2)}}$$

$$\times \frac{d\cos\vartheta_1}{\sqrt{4M^2m_1^2V^2\gamma^2\cos^2\vartheta_1 + (M^2 + m_1^2 - m_2^2)^2 - 4M^2m_1^2\gamma^2}}. \tag{12.9}$$

Eine analoge Gleichung erhält man auch für den Fall $\tilde{\beta} < V$. Die Formel (12.9) wird besonders einfach, wenn ein Zerfall in zwei relativistische Teilchen vorliegt. Das könnte z. B. der Zerfall eines Teilchens in zwei Photonen sein, wie der Zerfall des π°-Mesons, bei dem für die Winkelverteilung die Formel (12.6) gilt.

Als Beispiel ist in Abbildung 22 die Winkelverteilung der Sekundärteilchen dargestellt, die beim Zerfall von Λ-Teilchen nach dem Schema $\Lambda \to p + \pi^-$ entstehen.

Verweilen wir nun etwas bei der Berechnung des Energiespektrums für denselben einfachen Fall, daß ein Bündel monoenergetischer Primärteilchen vorliegt.

Die Impulsverteilung $N(p)dp$ wird durch das Integral

$$N(p)dp = \frac{dp}{2}\int_0^{\vartheta_{\max}} \delta[\tilde{p}(\vartheta) - \tilde{p}_E] J \sin\vartheta \, d\vartheta$$

bestimmt, wobei J die nach Formel (7.2) berechnete Funktionaldeterminante ist. Unter Benutzung von (4.7), (7.4) und (12.6) erhält man leicht

$$N(p)dp = \frac{p\,dp}{2E\tilde{p}_E\gamma V}. \tag{12.10}$$

Die Werte von p liegen in den Grenzen

$$\gamma|\tilde{p}_E - \tilde{E}_E V| \leq p \leq \gamma(\tilde{p}_E + \tilde{E}_E V). \tag{12.11}$$

Diese Formeln erhalten einen höchst anschaulichen Sinn, wenn man von der Impulsverteilung zur Energieverteilung übergeht. Wird die Beziehung $p\,dp = E\,dE$ benutzt, so erhält man

$$N(E)dE = \frac{dE}{2\tilde{p}_E\gamma V}. \tag{12.12}$$

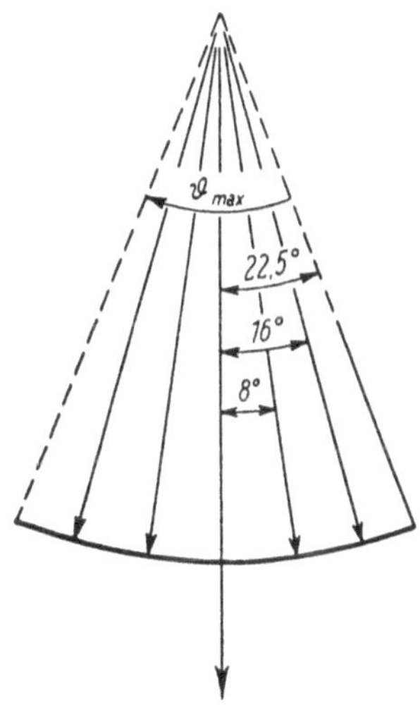

Abb. 22. Die Größe $N(\vartheta)$ für den Zerfall von Λ-Teilchen nach dem Schema $\Lambda \to p + \pi^-$; $m_\Lambda = 2230\, m_e$; $m_p = 1830\, m_e$; $m_\pi = 280\, m_e$; $V = 0{,}6$.

Wie schon im § 10 gesagt wurde, ist die Energieverteilung beim Zerfall in zwei Teilchen im Intervall

$$\gamma|\tilde{E}_E - \tilde{p}_E V| \leq E \leq \gamma(\tilde{E}_E + \tilde{p}_E V) \tag{12.13}$$

gleichförmig. Außerhalb des Intervalls gilt $N(E) = 0$. Diese Eigenschaft ist von großer Bedeutung für verschiedene, häufig vorkommende Aufgaben, bei denen ein Zusammenhang zwischen den Charakteristiken der Energiespektren von Primär- und Sekundärteilchen gefunden werden muß. Auch ein anderer Umstand ist sehr wichtig. Da nämlich in (12.13) die Größe $\tilde{E}_E$ eingeht, so kann man einige allgemeine Gesetzmäßigkeiten der Energiespektren in Abhängigkeit von den Massen der Primär- und der Sekundärteilchen aufstellen.

Wir beginnen die Untersuchung bei dem einfachsten Ereignis, dem Zerfall eines Teilchens in zwei Teilchen mit der Ruhmasse Null [10], z. B. dem Zerfall $\pi^0 \to 2\gamma$. Diese Teilchen können mit gleicher Wahrscheinlichkeit beliebige Energien zwischen $\frac{M}{2}\sqrt{\frac{1-V}{1+V}}$ und $\frac{M}{2}\sqrt{\frac{1+V}{1-V}}$ besitzen. Alle übrigen Energiewerte sind verboten.

Aus den Grenzen für das Energieintervall ist zu ersehen, daß die Sekundärteilchen die Energie $M/2$ annehmen können, ganz unabhängig davon, welche Energie das Primärteilchen auch besitzen möge. Betrachten wir also ein Energiespektrum der Primärteilchen, das sich von 0 bis ∞ erstreckt. Bei beliebiger vorgegebener Energie der Primärteilchen sind die Sekundärteilchen gleichförmig innerhalb der Grenzen des entsprechenden Energieintervalls verteilt und können auch die Energie $M/2$ besitzen. Geht man von einer beliebigen Form des unendlichen Energiespektrums der Primärteilchen aus, so kann man deshalb sagen, daß bei $M/2$ das Energiespektrum der Sekundärteilchen unabhängig von der Form des Energiespektrums der Primärteilchen ein Maximum besitzen muß. Wir betrachten weiterhin zwei Energien E_1 und E_2, die folgende Eigenschaften besitzen: $N(E_1) = N(E_2)$. Da das Energiespektrum der Sekundärteilchen bei beliebiger Verteilung der Primärteilchen ein Maximum besitzt, so gibt es eine unendliche Menge solcher Wertepaare, von denen jeweils ein Wert des Paares links und einer rechts vom Maximum liegt. Es ist klar, daß E_1 und E_2 mit den Grenzen des Intervalls zusammenfallen müssen, das einer scharf definierten Energie $\frac{M}{\sqrt{1-V^2}}$ des Primärteilchens entspricht.

Man kann deshalb schreiben

$$\left.\begin{aligned} \frac{M}{2}\sqrt{\frac{1-V}{1+V}} &= E_1, \\ \frac{M}{2}\sqrt{\frac{1+V}{1-V}} &= E_2 \end{aligned}\right\} \tag{12.14}$$

und folglich

$$M = 2\sqrt{E_1 E_2}. \tag{12.15}$$

Wir betrachten nun ein allgemeineres Ereignis, den Zerfall in zwei Teilchen beliebiger Masse. Hier läßt sich sofort zeigen, daß es bei beliebigem Spektrum der Primärteilchen keine Gesetzmäßigkeit gibt, die der eben beschriebenen ähnlich wäre. Bei $V \to 0$ erhält man nämlich für die Grenzwerte der Energie $E_1 \to E_2 \to \tilde{E}_E$. Ein vielleicht mögliches Maximum im Spektrum der Sekundärteilchen müßte sich folglich in der Umgebung des Wertes $E = \tilde{E}_E$ befinden. Wenn aber V gegen 1 geht, so findet man immer einen Wert V_1 und folglich auch einen Wert von γ, bei dem die linke Grenze des Intervalls $\gamma(\tilde{E}_E - \tilde{p}_E V)$ größer als $\tilde{E}_E$ wird.[1]) Bei einigen Werten von $V > V_1$ liegt folglich der Wert $\tilde{E}_E$ außerhalb des zulässigen Intervalls, und es gibt deshalb keinen einzigen Energiewert, der sich innerhalb aller möglichen, durch die Ungleichungen (12.13) festgelegten Intervalle befinden könnte. Ein Beispiel möge dies deutlich machen. Betrachten wir den Grenzfall, daß $\tilde{p}_E$ vernachlässigbar klein gegen $\tilde{E}_E$ ist. Dieser Fall ist z. B. bei der Analyse des Energiespektrums der Protonen gegeben, die beim Zerfall von Λ^0-Teilchen entstehen. Dann gilt immer $E_1 \approx E_2 \approx \gamma \tilde{E}_E$, und das Energiespektrum der Sekundärteilchen stellt einfach eine Wiederholung des Energiespektrums der Primärteilchen dar.

Auf eine andere Situation stößt man jedoch, wenn das Energiespektrum der Primärteilchen von der Seite der hohen Energien her begrenzt ist. Dieser Fall, der bei der Arbeit an Beschleunigern von Interesse ist, wurde von G. I. Kopylow [11] untersucht. Behandeln wir diesen Fall eingehender.

---

[1]) Es sei darauf hingewiesen, daß im vorliegenden Falle $\tilde{E}_E \neq \tilde{p}_E$ ist.

Aus dem Vorhergehenden ist klar, daß man zur Analyse der Eigenschaften eines begrenzten Energiespektrums denjenigen Wert V_1 der Geschwindigkeit der Primärteilchen finden muß, unterhalb dessen die Werte von $\tilde{E}_E$ außerhalb der linken Grenze des Intervalls (12.13) liegen. Um diese Aufgabe zu lösen, untersuchen wir das Verhalten der Funktion $\varrho(V) = \gamma(\tilde{E}_E - \tilde{p}_E V)$ bei verschiedenen Werten von V. Bei $V \to 0$ ist $\frac{\partial \varrho}{\partial (V)} < 0$, und $\varrho(V)$ nimmt folglich ab. Deshalb ist bei hinreichend kleinen Werten von V die Beziehung $V\varrho(V) < \tilde{E}_E$ gültig. Bei hinreichend großen Werten von V hat man, wie schon bemerkt wurde, $V\varrho(V) > \tilde{E}_E$. Der allgemeine Verlauf der Funktion $\varrho(V)$ sieht deshalb folgendermaßen aus: Zunächst nimmt diese Funktion ab, durchläuft ein Minimum, wächst danach konstant und erreicht bei einem bestimmten Wert V^* den Wert $\tilde{E}_E$. Es ist klar, daß bei $0 < V < V^*$ der Wert von $\tilde{E}_E$ immer innerhalb der Grenzen des Intervalls (12.13) liegt. Die gesuchte Größe V_1 ist somit gleich V^*. Wir bestimmen V^* aus der Gleichung

$$\gamma_1^* (\tilde{E}_E - \tilde{p}_E V^*) = \tilde{E}_E . \tag{12.16}$$

Diese Gleichung besitzt neben der trivialen Lösung $V^* = 0$ noch eine zweite Lösung:

$$V^* = \frac{2\tilde{p}_E \tilde{E}_E}{\tilde{E}_E^2 + \tilde{p}_E^2} . \tag{12.17}$$

Wenn also für die Energie der Primärteilchen die Gleichung

$$E_{\mathrm{I}} < \frac{M(\tilde{E}_E^2 + \tilde{p}_E^2)}{m_1^2} \tag{12.18}$$

gilt, so tritt folglich im Energiespektrum der Sekundärteilchen mit der Masse m_1 immer ein charakteristisches Maximum auf. Aus (12.18) folgen sofort die bereits angeführten Überlegungen: Bei $m_1 \to 0$ geht E_{I} gegen Unendlich; im entgegengesetzten Fall $m_1 \approx M$ ist $E_{\mathrm{I\,max}} \approx M$. Hat man aus der Lage des Maximums die Werte $\tilde{E}_{E_1}$ und $\tilde{E}_{E_2}$ bestimmt, so läßt sich sofort M berechnen.

Betrachten wir weiter noch einige Aufgaben, die mit der Aufstellung des sekundären (primären) Energiespektrums aus der Form des primären (sekundären) Spektrums zusammenhängen. Für den Zerfall in zwei Teilchen läßt sich die Aufgabe mit den im § 7 abgeleiteten Formeln vollständig lösen. Der Lösungsgang erfordert jedoch einige recht umfangreiche Rechnungen, und wir führen deshalb nur die Resultate einiger Aufgaben an.

Wir beginnen mit dem einfacheren Fall der Konstruktion des Energiespektrums der Sekundärteilchen.

Es mögen z. B. im Ergebnis der Reaktion

$$\gamma + p \to \pi^0 + p$$

π^0-Mesonen gebildet werden, und die Winkelverteilung der π^0-Mesonen habe im

S-System die Form[1])

$$\tilde{N}_{\pi^0}(\tilde{\vartheta}) = A + B\cos^2\tilde{\vartheta}. \tag{12.19}$$

In diesem Fall besitzten Winkel- und Energieverteilung der sekundären γ-Quanten, die beim Zerfall der π^0-Mesonen entstehen, im L-System die Gestalt [12]

$$N_\gamma(E,\vartheta) = \frac{1}{2q\gamma(1 - V\cos\vartheta)}\left\{A + \frac{B\sin^2\vartheta}{2\gamma^2(1 - V\cos\vartheta)^2}\right.$$
$$\left. + \frac{3}{2}B\left[\frac{1}{\delta}\,\frac{m_\pi^2}{2q\gamma(1 - V\cos\vartheta)E}\right]^2\left[\left(\frac{\cos\vartheta - V}{1 - V\cos\vartheta}\right)^2 - \frac{1}{3}\right]\right\} \tag{12.20}$$

mit

$$q = \sqrt{\bar{\varepsilon}^2 - m_\pi^2}, \qquad \bar{\varepsilon} = \frac{2m_pE_\gamma + m_\pi^2}{2\sqrt{2m_pE_\gamma + m_p^2}}, \qquad \delta = \frac{q}{\bar{\varepsilon}}.$$

Es bedeuten weiter $V = \dfrac{E_\gamma}{E_\gamma + m_p}$, E_γ die Energie des primären Quants und E die Energie der sekundären Quanten. Die Winkelverteilung der π^0-Mesonen, welche durch die Funktion (12.19) dargestellt wird, besitzt noch eine Eigenschaft [13].[2]) Das Energiespektrum der sekundären γ-Quanten, das unter dem Winkel $\vartheta_A = \operatorname{arc\,cos}\dfrac{1}{\sqrt{3}}$ beobachtet wird, ist nämlich symmetrisch bezüglich des Energiewertes $E_\gamma = \dfrac{m_\pi}{2}$, ebenso wie in dem Fall, wenn sich die π^0-Mesonen in einer bestimmten Richtung bewegen oder wenn ihre Winkelverteilung isotrop ist. Auf die γ-Quanten, die beim Zerfall von π^0-Mesonen mit der Winkelverteilung (12.19) entstehen, ist somit die Beziehung (12.15) anwendbar.[3])

Die Aufstellung des Energiespektrums der Primärteilchen, die in zwei Teilchen zerfallen, aus dem Energiespektrum der Sekundärteilchen, wurde in den Arbeiten [11] bis [16] behandelt. Für hinreichend große Energien, die der Bedienung $\operatorname{arc\,ch} E \geq \operatorname{arc\,ch} \tilde{E}_E$ genügen, kann die Lösung in Form einer Reihe dargestellt werden [11].

$$N(E_{\mathrm{I}}) = -\frac{2\tilde{p}_E}{M}\sum_{\Lambda}(\varepsilon_\Lambda p_{\mathrm{I}} + \varrho_\Lambda E_{\mathrm{I}})\,N_{\mathrm{I}}'(\varepsilon_\Lambda E + \varrho_\Lambda p). \tag{12.21}$$

Hierbei ist

$$\varepsilon_\Lambda = \frac{m_1}{M}\operatorname{ch}\Lambda\operatorname{arc\,ch}\tilde{E}_{E_1},$$

$$\varrho_\Lambda = \frac{m_1}{M}\operatorname{sh}\Lambda\operatorname{arc\,ch}\tilde{E}_{E_1},$$

$$(\Lambda = 1, 3, 5\ldots).$$

---

[1]) Die Energie- und Winkelverteilung der Sekundärteilchen wurde für den allgemeinen Fall, daß sich die Primärteilchen in einer bestimmten Richtung bewegen, bereits früher bestimmt (siehe (12.8), (12.10), (12.12)).

[2]) Unabhängig von der Art der Erzeugung der π°-Mesonen.

[3]) Zu den Besonderheiten des Winkels ϑ_A siehe auch [14] und [15].

Mit N_1' wird dabei die Ableitung des Energiespektrums der Teilchen mit der Masse m_1 bezeichnet. Bei $E_{\mathrm{I}} \approx p_{\mathrm{I}}$ vereinfacht sich der Ausdruck (12.21) etwas. Es wird

$$N(E_{\mathrm{I}}) = -\frac{2m_1\tilde{p}_E}{M^2} E \sum_{\Lambda} e^{\Lambda \operatorname{arc\,ch} \tilde{E}_{E_1}} N_1'\left(E e^{\Lambda \operatorname{arc\,ch} \tilde{E}_{E_1}}\right). \tag{12.22}$$

Speziell gilt beim Zerfall $\vartheta^\circ \rightarrow 2\pi$ [16]

$$N(E_{\mathrm{I}}) = -0{,}83\,E[0{,}91\,N'(0{,}91\,E) + 9{,}7\,N'(9{,}7\,E) + \ldots]. \tag{12.23}$$

KAPITEL IV

Wechselwirkungen, bei denen drei Teilchen entstehen

Die Reaktionen, bei denen im Endzustand drei oder mehr Teilchen gebildet werden, unterscheiden sich von den Zweiteilchenreaktionen prinzipiell durch die Zahl der Parameter. Während die Reaktionen, bei denen zwei Teilchen gebildet werden, durch zwei Parameter charakterisiert sind, gehören zu den Reaktionen mit vielen Teilchen mehr Parameter. Es ist deshalb z. B. der Wert des Impulses $\tilde{p}_E$ nicht fixiert. Durch den Impuls $\tilde{p}_E$ wurden jedoch im wesentlichen die im vorhergehenden Kapitel gezogenen Schlüsse bestimmt. Man kann deshalb für Reaktionen, bei denen viele Teilchen entstehen, nur begrenzte Aufgaben stellen. Dabei darf man nicht erwarten, daß die kinematischen Faktoren eine entscheidende Rolle spielen. Es gibt in diesem Fall drei Klassen von Aufgaben: 1. die Auffindung von Extremalbeziehungen, 2. die Berechnung der Energieverteilungen, wobei man davon ausgeht, daß Phasenfaktoren eine entscheidende Rolle spielen, und 3. das Auffinden allgemeiner Gesetzmäßigkeiten im äußersten relativistischen Fall, in dem man auf eine mehr oder weniger erfolgreiche Anwendung der Formel (4.3) rechnen kann. Diese Formel enthält nämlich nicht die Impulse der Sekundärteilchen.

§ 13. Die Extremalbeziehungen

Wenn im Ergebnis irgendeiner Wechselwirkung drei Teilchen entstehen, so hat man für die Energie- und Impulserhaltung die Gleichungen

$$E_G = \sqrt{m_1^2 + p_1^2} + \sqrt{m_2^2 + p_2^2} + \sqrt{m_3^2 + p_3^2}, \tag{13.1}$$

$$\boldsymbol{p}_G = \boldsymbol{p}_1 + \boldsymbol{p}_3 + \boldsymbol{p}_3. \tag{13.2}$$

Die Bahnen der Teilchen liegen im allgemeinen schon nicht mehr in einer Ebene, und der Zusammenhang zwischen den Emissionswinkeln der Sekundärteilchen oder zwischen der Energie und der Emissionsrichtung jedes der Teilchen wird unbestimmt. Man kann leicht feststellen, daß sogar bei der Bildung von drei Teilchen im S-System, bei der die Impulsvektoren der Teilchen in einer Ebene liegen, keiner der Vektoren mehr nach (8.24) durch einen bestimmten Wert $\tilde{p}_E = f(\tilde{E}_G)$ charakterisiert wird, sondern daß jeder der Vektoren in beliebiger Richtung alle Werte zwischen Null und einem bestimmten $\tilde{p}_{\max}$ annehmen kann. Der Maximalimpuls eines gegebenen Teilchens, z. B. des Teilchens 1, entspricht der Emission der beiden anderen Teilchen als einheitlichem Ganzen in die zur Emission von (1) entgegengesetzte Richtung. Es ist klar, daß $\tilde{p}_{1\,\max}$ und $\tilde{E}_{1\,\max}$ im gegebenen Fall durch die Formeln (8.24) und (8.25) festgelegt werden, wobei nur m_2 durch $(m_2 + m_3)$ zu ersetzen ist. Bei der Bildung von drei Teilchen verliert somit die kleine Halbachse der Impulsellipse, die den Ausgangspunkt für die Konstruktion der Ellipse darstellte, ihren Sinn, und man kann nur noch von ihrem Maximalwert sprechen. Daß nur eine obere Grenze für den Impuls jedes der Teilchen im S-System auftritt — die untere ist gleich Null —, bedeutet natürlich durchaus nicht, daß auch im L-System bei beliebiger Emissionsrichtung beliebige Impulse bis zu einem Maximalwert möglich wären. In jedem konkreten Fall werden die möglichen Intervalle der Emissionswinkel und die Impulsintervalle im L-System durch eine Beziehung zwischen den Ellipsenparametern b und V bestimmt, so wie sich das aus den vorhin aufgestellten Regeln ergibt.

Es muß allerdings auf einen speziellen Mechanismus der Bildung von drei Teilchen hingewiesen werden, der die Möglichkeit zu eingehenderen Schlußfolgerungen bietet. Es handelt sich hier um zwei aufeinanderfolgende Akte, bei denen jeweils zwei Teilchen gebildet werden, z. B. $\mathrm{I} + \mathrm{II} \to 1 + (2,3) \to 1 + 2 + 3$. Bei diesem Mechanismus ist für eines der drei Teilchen, im gegebenen Fall für das Teilchen 1, der Impuls im S-System gleich dem Maximalimpuls, und deshalb bleibt ein definierter Zusammenhang zwischen seiner Emissionsrichtung und der Energie im L-System erhalten. Aus dem Auftreten eines solchen Zusammenhanges kann man schließen, daß im Verlauf der betrachteten Umwandlungen ein Zwischenzustand (2,3) gebildet wird.

Um jedoch zu den einfachen Gleichungen der Art (8.1), (8.2) und (8.3) zurückkehren zu können, muß im allgemeinen Fall der Impuls eines der drei Teilchen, z. B. des Teilchens 3, vorgegeben werden. Dann sind für $E' = E_G - \sqrt{m_3^2 + p_3^2}$ und $\boldsymbol{p}' = \boldsymbol{p}_G - \boldsymbol{p}_3$ alle bereits abgeleiteten Beziehungen gültig, und man kann die Impulsellipse für die Impulse $\boldsymbol{p}_1$ und $\boldsymbol{p}_2$ bei fixiertem $\boldsymbol{p}_3$ konstruieren. Dabei ist natürlich das S-System schon nicht mehr das Schwerpunktsystem des gesamten Prozesses, sondern nur das Schwerpunktsystem der Teilchen 1 und 2.

Wir wollen ein konkretes Beispiel für den Zerfall in drei Teilchen betrachten, und zwar den β-Zerfall eines ruhenden Kerns M, bei dem also $\boldsymbol{p}_G = 0$ ist. Wir suchen die möglichen Werte der Impulse von Elektron $(\boldsymbol{p}_e)$ und Neutrino $(\boldsymbol{p}_\nu)$ bei vorgegebenem Impuls des Rückstoßkernes $\boldsymbol{p}_K$ (der zwischen $\boldsymbol{p}_{K\,\min} = 0$ und einem $\boldsymbol{p}_{K\,\max}$ liegen kann). Offensichtlich ist hier $\boldsymbol{p}' = -\boldsymbol{p}_K$ und $E' = \Delta - W_K$. Dabei bedeutet $\Delta = M - m_K$. Mit m_K und W_K sind Masse und kinetische Energie des Rückstoßkerns bezeichnet. Im Schwerpunktsystem von Elektron und Neutrino ist die Gesamtenergie der beiden Teilchen gleich

$$\tilde{E}' = \sqrt{(\tilde{E}')^2 - (p')^2} = \sqrt{\Delta^2 - 2MW_K},$$

und man hat für die kleine Halbachse der Ellipse nach (8.24)

$$b = \frac{\Delta^2 - m_e^2 - 2MW_K}{2\sqrt{\Delta^2 - 2MW_K}}. \tag{13.3}$$

Da $b > 0$ ist, erhält man $W_{K\,\max} = \dfrac{\Delta^2 - m_e^2}{2M}$. Die Differenz der Energie vom Anfangs- und Endkern Δ kann deshalb aus der Maximalenergie des Rückstoßes bestimmt werden. Bei $W_K = W_{K\,\max}$ wird $b = 0$ und auch $a_\nu = f = 0$, so daß das Neutrino dabei keinerlei Energie erhält. Da $p_K^2 \approx 2MW_K$ ist, läßt sich (13.3) in der Form

$$b = \frac{p_{K\,\max}^2 - p_K^2}{2\sqrt{\varDelta^2 - p_K^2}} \tag{13.4}$$

schreiben. Der Rückstoßkern nimmt nur einen kleinen Teil der Energie des β-Zerfalls auf, und man erhält deshalb für die Exzentrizität der Impulsellipse

$$V = \frac{p'}{E'} \approx \frac{p_K}{\varDelta} \tag{13.5}$$

und für die große Halbachse

$$a \approx \frac{b\varDelta}{\sqrt{\varDelta^2 - p_K^2}} = \varDelta\,\frac{p_{K\,\max}^2 - p_K^2}{2(\varDelta^2 - p_K^2)}\,. \tag{13.6}$$

Bei $p_K = 0$ geht die Impulsellipse in einen Kreis über und bei $p_{K\max}$ in einen Punkt. Mit wachsendem p_K nehmen somit beide Größen a und b ab. Aus der Definition der Größen α_n erhalten wir nach (10.7) leicht

$$\alpha_e = \frac{p_K}{\sqrt{\varDelta^2 - p_K^2}}\sqrt{m_e^2 + \frac{p_{K\,\max}^2 - p_K^2}{4(\varDelta^2 - p_K^2)}}\,. \tag{13.7}$$

Da

$$p_{K\,\max}^2 = \varDelta^2 - m_e^2 \tag{13.8}$$

ist, so gilt

$$\alpha_e = \frac{p_K}{2}\left[1 + \frac{m_e^2}{\varDelta^2 - p_K^2}\right] = f\,\frac{(\varDelta^2 - p_K^2) + m_e^2}{(\varDelta^2 - p_K^2) - m_e^2}\,. \tag{13.9}$$

Analog berechnet sich für das Neutrino

$$\alpha_\nu = f = \frac{p_K}{2}\left[1 - \frac{m_e^2}{\varDelta^2 - p_K^2}\right]. \tag{13.10}$$

Die obere und die untere Grenze der kinetischen Energie des Elektrons erhalten wir bei vorgegebenem Impuls des Rückstoßkerns aus (10.12) und (10.13) in der Form

$$W_{e\,\min} = \frac{(\varDelta - p_K - m_e)^2}{2(\varDelta - p_K)} \tag{13.11}$$

und

$$W_{e\,\max} = \frac{(\varDelta + p_K - m_e)^2}{2(\varDelta + p_K)}\,. \tag{13.12}$$

Die hier durchgeführte Berechnung stellt ein typisches Beispiel für die Analyse der Kinematik einer Wechselwirkung dar, in der drei Teilchen entstehen. Das Problem wird auf verschiedene spezielle Paarkombinationen zurückgeführt. Im gegebenen Falle erhielten wir auf diese Weise die maximale Rückstoßenergie des Kerns und die Grenzen der kinetischen Energie der β-Teilchen bei vorgegebener Energie des Rückstoßkerns. Im weiteren werden wir uns noch ausführlicher mit der Analyse von Wechselwirkungen beschäftigen, in deren Ergebnis drei oder mehr

Teilchen entstehen, zunächst gehen wir jedoch zur Bestimmung der extremalen Winkel über.

Aus der Formel (7.14) folgt, daß der maximale Winkel, um den das Teilchen mit der Masse m_1 abgelenkt werden kann, mit dem Impuls des Teilchens im S-System anwächst. Der maximal zulässige Winkel $\vartheta_{\max}$ wird deshalb durch Formel (11.7) bestimmt, wobei anstelle von $\tilde{p}_E$ die Größe $\tilde{p}_{\max}$ eingesetzt werden muß.

Ist die Masse eines der Teilchen klein gegen die Masse der anderen Sekundärteilchen, so geht $\tilde{p}_{\max}$ in $\tilde{p}_E$ über. Deshalb kann man nach der im § 11 dargelegten Methode nicht eindeutig schließen, ob die untersuchte Gesamtheit von Ereignissen durch einen Zerfall in zwei Teilchen oder durch einen Zerfall in drei Teilchen hervorgerufen wird, wobei im Falle von drei Teilchen wenigstens eines der Teilchen eine gegenüber den Massen der anderen Teilchen vernachlässigbar kleine Masse besitzt.

Große Aufmerksamkeit muß man auch der Analyse der zulässigen Winkel ψ widmen (siehe § 11).

Analoge Mehrdeutigkeiten können bei der Analyse der Komplanarität der Spur des Primärteilchens und der Spuren zweier geladener Sekundärteilchen entstehen (siehe § 11).

Man kann folgenden Sachverhalt beweisen: Das Teilchen möge in zwei geladene und ein neutrales Teilchen zerfallen. Ist die Masse eines der beiden geladenen Sekundärteilchen, z. B. m_2, angenähert gleich der Masse M des Primärteilchens und dessen Geschwindigkeit $V \approx 1$, so liegen die Spuren der beiden geladenen Teilchen und des Primärteilchens fast in einer Ebene. Im L-System ist die Beziehung (13.2) erfüllt.

Wir multiplizieren beide Seiten der Gleichung (13.2) skalar mit dem Einheitsvektor $\boldsymbol{n}$, der senkrecht zu den Vektoren $\boldsymbol{p}_{\mathrm{I}}$ ($\boldsymbol{p}_{\mathrm{I}} = \boldsymbol{p}_G$) und $\boldsymbol{p}_1$ gerichtet ist. Wir erhalten

$$(\boldsymbol{n}\boldsymbol{p}_2) = -(\boldsymbol{n}\boldsymbol{p}_3). \tag{13.13}$$

Da im gegebenen Fall

$$p_2 \approx \gamma V \tilde{E}_2 \gg \gamma(\tilde{p}_3 + V\tilde{E}_3) \approx p_3$$

gilt, so ist

$$|\cos\vartheta_2| = \frac{p_3}{p_2}\,|\cos\vartheta_3| \ll 1. \tag{13.14}$$

ϑ_2 und ϑ_3 sind die Winkel zwischen $\boldsymbol{p}_2$ und $\boldsymbol{n}$ sowie $\boldsymbol{p}_3$ und $\boldsymbol{n}$. Der Vektor $\boldsymbol{n}$ steht folglich beinahe senkrecht zum Impuls $\boldsymbol{p}_2$. Wenn also das Teilchen in zwei geladene Teilchen und ein neutrales zerfällt, wobei $m_2 \approx M$ ist, so liegen die Vektoren $\boldsymbol{p}_{\mathrm{I}}$, $\boldsymbol{p}_1$ und $\boldsymbol{p}_2$ fast in einer Ebene.

§ 14. Das Energiespektrum der Sekundärteilchen

Zur strengen Berechnung des Energiespektrums der Sekundärteilchen, die beim Zerfall in drei Teilchen entstehen, muß man die Form der Wechselwirkung der Teilchen mit dem Feld kennen. Es ist jedoch zur Zeit in keinem einzigen Fall der Typ solcher Wechselwirkungen eindeutig bekannt. Bei der Ableitung von Abschätzungen für das Energiespektrum ist es deshalb zweckmäßig, der größeren Allgemeinheit halber auf die strenge Berechnung zu verzichten. Die einfachste allgemeine Methode zur Berechnung von Zerfallscharakteristika beruht auf der Annahme, daß die Zerfallscharakteristika durch die statistischen Gewichte der Endzustände bestimmt werden und nicht von der Form der Wechselwirkungen abhängen. Man kann erwarten, daß sich diese Art der Behandlung auf jeden Fall bei nicht allzu starken Wechselwirkungen bewährt. So stimmen die auf dieser Grundlage berechneten Formeln der Energiespektren von Elektronen, die beim Zerfall von μ-Mesonen und beim β-Zerfall entstehen, angenähert mit den experimentellen Daten überein [17]. Eine analoge Methode wurde erfolgreich bei der Untersuchung von Vielfachprozessen angewandt, bei denen die wechselwirkenden Teilchen hohe Energien besitzen [18] (siehe Kap. V).

Die Berechnung von Energiespektren unter dieser Annahme wurde in den Arbeiten [19] und [20] durchgeführt. Es zeigt sich, daß im S-System die Wahrscheinlichkeit dw dafür, daß das Teilchen mit der Masse m_1 einen Impuls zwischen $\tilde{p}_1$ und $\tilde{p}_1 + d\tilde{p}_1$ besitzt, durch den Ausdruck

$$dw \sim \frac{B^{1/2}\tilde{p}_1^2}{A^2 - \tilde{p}_1^2}\left[\left(1 - \frac{4A^2}{A^2 - \tilde{p}_1^2}\right)B + AC\right]d\tilde{p}_1 \tag{14.1}$$

gegeben wird. In der Gleichung bedeuten

$$A = M - \sqrt{\tilde{p}_1^2 + m_1^2},$$
$$B = (\tilde{p}_1^2 + m_2^2 + m_3^2 - A^2)^2 - 4m_2^2 m_3^2,$$
$$C = 6A[A^2 - (\tilde{p}_1^2 + m_2^2 + m_3^2)].$$

Es ist klar, daß die Verteilung (14.1) nur von den Massen abhängt. Um zur Energiedarstellung überzugehen, muß in (14.1) die Größe $\tilde{p}_1$ durch

$$\sqrt{\tilde{E}_1^2 - m_1^2} \quad \text{und} \quad d\tilde{p}_1 \quad \text{durch} \quad \frac{\tilde{E}_1}{\tilde{p}_1}d\tilde{E}_1$$

ersetzt werden.

Betrachten wir nun einige Spezialfälle für die Beziehung (14.1).

1.
$$m_i \ll \tilde{p}_i \qquad (i = 1, 2, 3),$$
$$dw_1 \sim (3M^2 - 6M\tilde{p}_1 + 2\tilde{p}_1^2)\tilde{p}_1^2\, d\tilde{p}_1; \tag{14.2}$$

2.
$$m_i \gg \tilde{p}_i,$$
$$dw_1 \sim \left[2(m_2 + m_3)\tilde{W}_E - \frac{M}{m_1}\tilde{p}_2^2\right]^{1/2}\tilde{p}_1^2 d\tilde{p}_1, \tag{14.3}$$

wobei W_E die gesamte kinetische Energie der Sekundärteilchen im S-System darstellt;

3.
$$m_1 \ll \tilde{p}_1, \quad m_2 \gg \tilde{p}_2, \quad m_3 \gg \tilde{p}_3,$$
$$dw_1 \sim (\tilde{W}_E - \tilde{p})^{1/2}\tilde{p}_1^2\, d\tilde{p}_1; \tag{14.4}$$

4.
$$m_1 \gg \tilde{p}_1, \quad m_2 \ll \tilde{p}_2, \quad m_3 \gg \tilde{p}_3,$$
$$dw_1 \sim \tilde{W}_E^2 + \tilde{p}_1^2)\, \tilde{p}_1^2\, d\tilde{p}_1; \tag{14.5}$$

5.
$$m_1 \ll \tilde{p}_1, \quad m_2 \ll \tilde{p}_2, \quad m_3 \gg \tilde{p}_3,$$
$$dw_1 \sim (\tilde{W}_E^2 - \tilde{p}_1^2)\, \tilde{p}_1^2\, d\tilde{p}_1. \tag{14.6}$$

Wir berechnen weiterhin die Energie- und Winkelverteilungen der Sekundärteilchen beim Zerfall eines bewegten Teilchens. Diese Berechnungen gestatten uns, auch noch einige recht allgemeine Gesetzmäßigkeiten für den äußersten relativistischen Fall zu verfolgen.

Wir berechnen die Energie- und Winkelverteilungen im L-System, wenn die Verteilung im S-System der Funktion (14.2) entspricht.

In diesem Falle haben wir im S-System

$$\tilde{N}(\tilde{p}_1)\, d\tilde{p}_1\, d\cos\tilde{\vartheta} \sim (3M^2 - 6M\tilde{p}_1 + 2\tilde{p}_1^2)\, \tilde{p}_1^2\, d\tilde{p}_1\, d\cos\tilde{\vartheta}. \qquad (14.7)$$

Für die Funktionen $J(\vartheta)$ und $\tilde{p}(p)$ benutzen wir die Näherungsausdrücke (7.23) und $\tilde{p} = \gamma E(1 - V\cos\vartheta)$. Dann beträgt die Impulsverteilung

$$\begin{aligned} N(p_1)\, dp_1 &\sim dp_1 \int\limits_{\cos\vartheta_{\max}(p)}^{1} \frac{(3M^2 - 6M\tilde{p}_1 + 2\tilde{p}_1^2)\tilde{p}_1^2}{1 - V\cos\vartheta} \sin\vartheta\, d\vartheta \\ &= dp_1 \int\limits_{\cos\vartheta_{\max}(p)}^{1} [3M^2 - 6Mp_1(1 - V\cos\vartheta) \\ &\quad + 2p_1^2(1 - V\cos\vartheta)^2] p_1^2 (1 - V\cos\vartheta)\sin\vartheta\, d\vartheta. \end{aligned} \qquad (14.8)$$

Daraus folgt

$$\cos\vartheta_{\max} = \begin{cases} \dfrac{1}{V}\left(1 - \dfrac{\tilde{p}_{1\max}}{\gamma p_1}\right) & \text{bei} \quad \dfrac{1}{V}\left(1 - \dfrac{\tilde{p}_{1\max}}{\gamma p_1}\right) > -1, \\ -1 & \text{bei} \quad \dfrac{1}{V}\left(1 - \dfrac{\tilde{p}_{1\max}}{\gamma p_1}\right) < -1. \end{cases} \qquad (14.9)$$

Nach Integration erhalten wir

$$\begin{aligned} N(p_1)\, dp_1 \sim p_1^2 \{ &3M^2[\chi^2 - (1 - V)^2] \\ &- 4\gamma M p_1[\chi^3 - (1 - V)^3] + \gamma^2 p_1^2[\chi^4 - (1 - V)^4]\}; \end{aligned} \qquad (14.10)$$

$$\chi = \begin{cases} \dfrac{M}{2p_1\gamma} & \text{bei} \quad p_1 > \dfrac{M}{2\gamma(1 + V)}, \\ 1 + V & \text{bei} \quad p_1 < \dfrac{M}{2\gamma(1 + V)}. \end{cases}$$

Die Werte des Impulses p_1 liegen zwischen 0 und $\gamma \frac{M}{2}(1 + V)$.

In dem uns interessierenden Fall von Teilchen mit relativistischen Geschwindigkeiten kann man höchst allgemeine Beziehungen für die mittleren Impulse aufstellen. In Übereinstimmung mit (12.10) ist der mittlere Impuls $\bar{p}_1$ im L-System, der einem fixierten Impuls $\tilde{p}_1$ entspricht, gleich $\bar{p}_1 \approx \gamma\tilde{p}_1$. Daraus erhält man bei beliebiger Verteilung im S-System

$$\bar{p}_1 \approx \gamma \int\limits_0^{\frac{M}{2}} \tilde{N}(\tilde{p}_1)\tilde{p}_1\, d\tilde{p}_1 = \gamma\bar{\tilde{p}}_1. \qquad (14.11)$$

Wir gehen nun zur Berechnung der Winkelverteilung

$$N(\vartheta)\, d\cos\vartheta \sim d\cos\vartheta \int\limits_0^{p_{\max}(\vartheta)} [3M^2 - 6Mp_1(1 - V\cos\vartheta) + 2p_1^2(1 - V\cos\vartheta)^2]\, p_1^2(1 - V\cos\vartheta)\, dp_1 \tag{14.12}$$

über, wobei gilt

$$p_{\max}(\vartheta) = \frac{M}{2\gamma(1 - V\cos\vartheta)}.$$

Nach Integration erhalten wir

$$N(\vartheta)\, d\cos\vartheta \sim \frac{d\cos\vartheta}{(1 - V\cos\vartheta)^2}. \tag{14.13}$$

Wird dieser Ausdruck normiert, so fällt er mit der Formel für die Winkelverteilung extrem relativistischer Teilchen zusammen, die beim Zerfall in zwei Teilchen entstehen (siehe (12.9)). Diese Übereinstimmung ist durchaus nicht zufällig. Eine charakteristische Besonderheit des Ausdrucks (12.9) ist seine Unabhängigkeit von der Energie der Sekundärteilchen, wenn diese nur hinreichend große Geschwindigkeiten besitzen. Deshalb wird bei beliebiger Impulsverteilung von extrem relativistischen Teilchen im S-System ihre Winkelverteilung im L-System durch die Beziehung (12.3) bestimmt.

KAPITEL V

Vielfachprozesse

Wird die Energie der stoßenden Teilchen vergrößert, so können bei einem einzigen Stoßereignis viele Teilchen entstehen. Besonders interessant sind Vielfachprozesse, an denen Mesonen beteiligt sind. Im vorliegenden Kapitel werden wir uns mit der Kinematik solcher Prozesse beschäftigen. Hier trifft in noch höherem Maße als im Fall der Entstehung von drei Teilchen die Bemerkung zu, daß es nicht möglich ist, die Prozesse rein kinematisch zu beschreiben. Wir werden deshalb ebenso wie im vorangegangenen Kapitel nur einige spezielle Aufgaben betrachten.

§ 15. Grenzbeziehungen

Im allgemeinen kann man zwei Grenzbeziehungen erhalten: eine für den maximal möglichen Impuls eines gegebenen Teilchens der Masse m_1 im S-System und eine für den maximalen Emissionswinkel dieses Teilchens im L-System. Es ist klar, daß die zweite Beziehung im starken Maße durch die erste bestimmt wird.

Die Bestimmung der Grenzimpulse im S-System. Der Impuls eines herausgegriffenen Teilchens nimmt dann seinen Maximalwert an, wenn sich alle übrigen Teilchen 2, 3, . . ., N in entgegengesetzter Richtung bewegen.

Dieser Umstand erleichtert ganz wesentlich die nachfolgende Betrachtung, da man anstelle von Vektorgrößen einfach Skalare benutzen kann.

Da Energie und Impuls des Teilchens 1 folgende Werte besitzen,

$$\tilde{E}_1 = \tilde{E}_{\mathrm{I}} + m_{\mathrm{II}} - \sum_{i=2}^{N} \tilde{E}_i = \tilde{E}_G - \sum_{i=2}^{N} E_i,$$

$$\tilde{p}_1 = \sum_{i=2}^{N} \tilde{p}_i,$$

so ist seine Geschwindigkeit

$$\tilde{\beta}_1 = \frac{\tilde{p}_1}{\tilde{E}_1} = \frac{\sum_{i=2}^{N} \tilde{p}_i}{\tilde{E}_G - \sum_{i=2}^{N} \tilde{E}_i}. \tag{15.1}$$

Wir müssen den Maximalwert dieser Größe unter der Bedingung

$$\sum_{i=1}^{N} \tilde{E}_i = E_G \tag{15.2}$$

suchen, d. h., wir müssen einen Extremwert mit Nebenbedingungen finden. Nach der von LAGRANGE entwickelten Methode suchen wir den absoluten Extremwert des Ausdruckes

$$K = \tilde{\beta}_1 + Q \sum_{i=1}^{N} \tilde{E}_i, \tag{15.3}$$

wobei Q ein Faktor ist, den wir im folgenden noch bestimmen. Der Extremwert der Funktion K wird durch das Gleichungssystem

$$\frac{\partial K}{\partial \tilde{p}_j} = 0, \quad j = 2, 3, \ldots, N \tag{15.4}$$

festgelegt. Da $\frac{\partial \tilde{E}_j}{\partial \tilde{p}_j} = \tilde{\beta}_j$ ist, so kann man dieses System in der Form

$$\frac{1}{\tilde{E}_G - \sum\limits_{i=2}^{N} \tilde{E}_i} + \frac{\sum\limits_{i=2}^{2} \tilde{\beta}_j \tilde{p}_i}{\left(\tilde{E}_G - \sum\limits_{i=2}^{N} \tilde{E}_i\right)^2} + Q \frac{\sum\limits_{i=2}^{N} \tilde{p}_i}{\tilde{E}_G - \sum\limits_{i=2}^{N} \tilde{E}_i} = 0 \tag{15.5}$$

$$j = 2, 3, \ldots, N$$

schreiben. Hierbei muß die Größe Q allen $N - 1$ Gleichungen genügen. Das ist nur dann möglich, wenn alle Gleichungen identisch sind, d. h., wenn die Bedingung

$$\tilde{\beta}_2 = \tilde{\beta}_3 = \ldots = \tilde{\beta}_N \tag{15.6}$$

erfüllt ist. Die hier angeführte Methode des Beweises von (15.6) stammt von STERNHEIMER [21]. Weiterhin folgt, daß die Teilchen 2, 3, ..., N im Extremalfall einem Teilchen der Masse $\sum\limits_{i=2}^{N} m_i$ äquivalent sind.

Die Bestimmung des Maximalimpulses der Teilchen reduziert sich dann auf ein Zweikörperproblem. Nach Formel (10.55) folgen

$$E_{1\,\max} = \frac{\tilde{E}_G^2 + m_1^2 - \left(\sum\limits_{i=2}^{N} m_i\right)^2}{2\,\tilde{E}_G} \tag{15.7}$$

und

$$p_{1\,\max} = \frac{\sqrt{\tilde{E}_G^4 + m_1^4 + \left(\sum\limits_{i=2}^{N} m_i\right)^4 - 2\left\{\tilde{E}_G^2 m_1^2 + \tilde{E}_G^2 \left(\sum\limits_{i=2}^{N} m_i\right)^2 + m_1^2 \left(\sum\limits_{i=2}^{N} m_i\right)^2\right\}}}{2\,\tilde{E}_G}. \tag{15.8}$$

Bei der allgemeineren Form der Aufgabe sind die Impulse der ersten Teilchen 1, 2, ..., d vorgegeben. Dann ist der Maximalimpuls des $(d + 1)$-ten Teilchens entgegengesetzt zum Gesamtimpuls gerichtet, und seine Größe ergibt sich aus den

Beziehungen

$$\tilde{p}_{d+1} = \tilde{p}_\Sigma + \sum_{i=d+2}^{N} \tilde{p}_i, \tag{15.9}$$

$$\sum_{i=1}^{N} \tilde{E}_i = \tilde{E}_G. \tag{15.10}$$

Wir gehen nun zur Berechnung der extremalen Winkel $\vartheta_{\max}$ im L-System über. Wir wollen zunächst darauf hinweisen, daß $\vartheta_{\max}$ mit wachsendem $\tilde{p}$ zunimmt, ausgenommen den Fall, daß dieser Winkel seinen Grenzwert $\frac{\pi}{2}$ erreicht hat. Deshalb entspricht der maximale Winkel $\tilde{p}_{\max}$ und wird durch die Beziehung (7.14) festgelegt. Wird die Geschwindigkeit β_1 aus Gleichung (15.1) eingesetzt, so erhält man schließlich

$$\vartheta_{\max} = \arcsin \sqrt{\frac{(1 - V^2)A}{4\tilde{E}_G^2 m_1^2 V^2}}, \tag{15.11}$$

wobei gilt

$$A = \left[\left(\tilde{E}_G + \sum_{i=2}^{N} m_1\right)^2 - m_1^2\right]\left[\left(E_G - \sum_{i=2}^{N} m_i\right)^2 - m_1^2\right]. \tag{15.12}$$

Auf den Abbildungen 23 bis 27 sind die maximalen Winkel für πN- und NN-Stöße verschiedener Energien dargestellt.

Bei der Ableitung von (7.14) und folglich auch von (15.11) wurde angenommen, daß sich die Teilchen im S-System unter beliebigen Winkeln bewegen können; prinzipiell ist jedoch auch der Fall möglich — er tritt bei Stößen von Teilchen mit

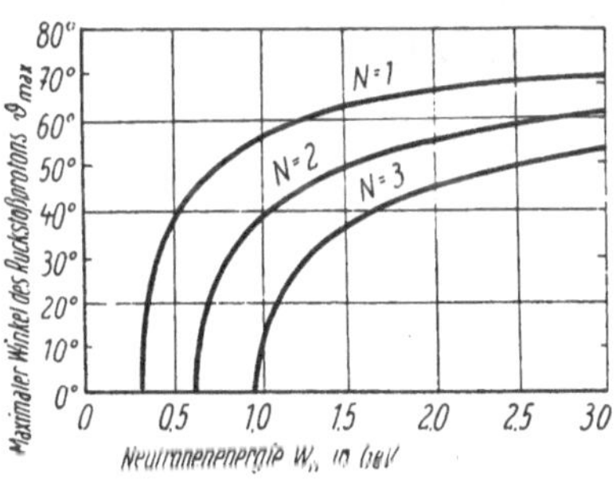

Abb. 23. Der maximale Winkel $\vartheta_{\max}$ des Rückstoßprotons in Abhängigkeit von der kinetischen Energie W_n des einfallenden Neutrons im L-System für np-Stöße, bei denen $N\pi$-Mesonen gebildet werden [21].

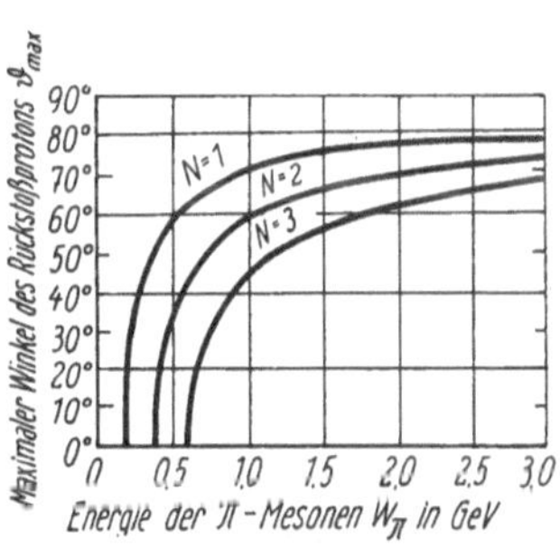

Abb. 24. Der maximale Winkel $\vartheta_{\max}$ des Rückstoßprotons in Abhängigkeit von der kinetischen Energie W_π des einfallenden π-Mesons für πp-Stöße, bei denen $N\pi$-Mesonen gebildet werden [21].

hinreichend großen Energien E_G auf —, daß die Winkelverteilung der Sekundärteilchen im S-System wesentlich anisotrop ist und daß es folglich im S-System ebenfalls einen bestimmten Grenzwinkel ϑ_{extr} gibt. Wir wollen den entsprechenden Winkel im L-System unter der Annahme aufschreiben, daß die Teilchen im S-System symmetrisch bezüglich einer Ebene auseinanderfliegen, die senkrecht zur Bewegungsrichtung der Teilchen liegt. In diesem Falle entspricht der Winkel ϑ_{max} solchen Teilchen, die sich unter dem Extremalwinkel in die vordere Halbkugel des S-Systems bewegen:

$$\vartheta'_{max} = \text{arc tg}\,\frac{1}{\gamma}\,\frac{\sin\tilde{\vartheta}_{extr}}{\cos\tilde{\vartheta}_{extr} + \dfrac{V}{\sqrt{\dfrac{A}{A + 4\tilde{E}_G^2 m_1^2}}}}, \tag{15.13}$$

wenn ϑ'_{max} größer als der durch (15.11) bestimmte Winkel ϑ_{max} ist. Im entgegengesetzten Fall hat man die Beziehung (15.11) zu benutzen.

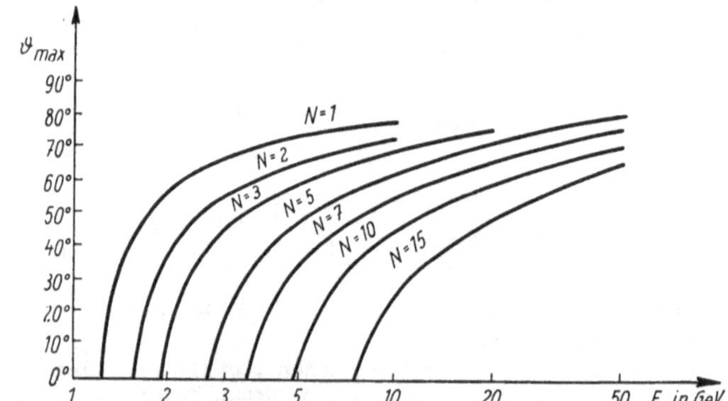

Abb. 25. Der maximale Winkel ϑ_{max} des Rückstoßnukleons in Abhängigkeit von der Gesamtenergie des einfallenden Nukleons für Nukleon-Nukleon-Stöße hoher Energien, bei denen $N\pi$-Mesonen gebildet werden. Die Kurven wurden von N. G. Birger berechnet.

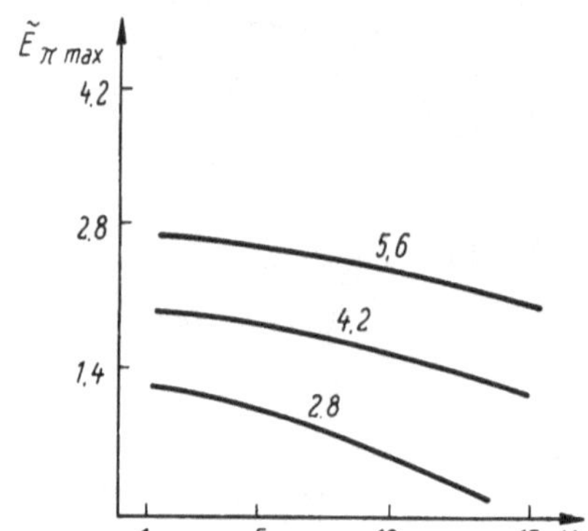

Abb. 26. Die maximale Energie $\tilde{E}_{\pi\,max}$ eines π-Mesons, das bei Meson-Nukleon-Stößen entsteht, bei denen $N\pi$-Mesonen gebildet werden [33]. Die Energie ist in GeV aufgetragen. Die Zahlen an den Kurven bezeichnen die Energien der primären π-Mesonen im S-System.

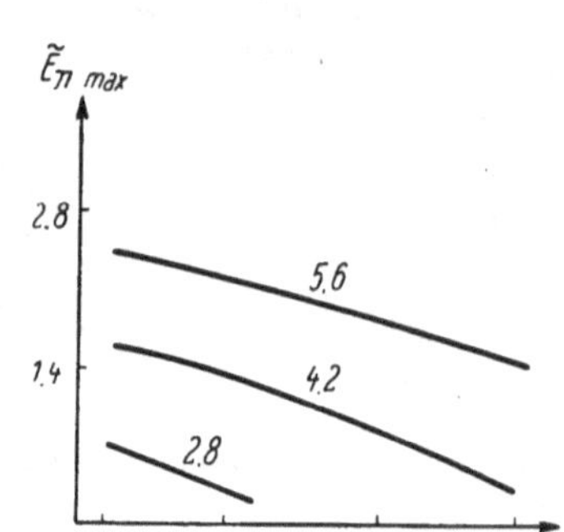

Abb. 27. Die Maximalenergie $\tilde{E}_{\pi\,max}$ eines π-Mesons, das bei Nukleon-Nukleon-Stößen entsteht, in denen $N\pi$-Mesonen gebildet werden [33]. Die Energie ist in GeV aufgetragen. Die Zahlen an den Kurven bezeichnen die Energien der primären π-Mesonen im S-System.

Eine etwas andere Aufgabe tritt dann auf, wenn die Impulse mehrerer sekundärer Teilchen bestimmt werden konnten. Wir betrachten den Fall, daß die Impulse aller Sekundärteilchen außer einem (1) bekannt sind. Für dieses eine Teilchen ist der maximale Winkel zu bestimmen [22].

Den Erhaltungssatz kann man in diesem Fall in der Form

$$[E_{\mathrm{I}} - p_{\mathrm{I}}] + m_{\mathrm{II}} = \sum_{i=2}^{N} (E_i - p_i \cos\vartheta_i) + E_1 - p_1 \cos\vartheta_1 \tag{15.14}$$

schreiben. Ist $m_{\mathrm{II}} \neq 0$ und die Energie E_{I} hinreichend groß, so ist das Glied $E_{\mathrm{I}} - p_{\mathrm{I}}$ klein gegen m_{II}, und es kann vernachlässigt werden. Dann ist

$$p_1 = \frac{1}{\sin^2\vartheta_1} \left[B \cos\vartheta_1 \pm \sqrt{B^2 - m_1^2 \sin^2\vartheta_1}\right], \tag{15.15}$$

wobei

$$B = m_{\mathrm{II}} - \sum_{i=2}^{N} (E_i - p_i \cos\vartheta_i) \tag{15.16}$$

gesetzt wurde. Wir haben folglich

$$\vartheta_{1\,\max} = \arcsin \frac{B}{m_1}. \tag{15.17}$$

Wie gewöhnlich, hat man bei $\frac{B}{m_1} \geq 1$ die Beziehung $\vartheta_{1\,\max} = \frac{\pi}{2}$. Zum Abschluß betrachten wir noch die Frage der Schwellwerte für die Bildung neuer Teilchen in Stoßprozessen. Die kleinste Energie zur Bildung neuer Teilchen ist notwendig, wenn alle Teilchen nach der Reaktion im S-System ruhen. Das entspricht der Bedingung

$$\sqrt{m_{\mathrm{I}}^2 + \tilde{p}^2} + \sqrt{m_{\mathrm{II}}^2 + \tilde{p}^2} = \sum_{i=1}^{N} m_i, \tag{15.18}$$

wobei $\tilde{p}$ der Impuls der stoßenden Teilchen ist. Es folgen daraus

$$\tilde{p} = \sqrt{\left[\frac{\left(\sum\limits_{i=1}^{N} m_i\right)^2 + m_{\mathrm{I}}^2 - m_{\mathrm{II}}^2}{2\sum\limits_{i=1}^{N} m_i}\right]^2 - m_{\mathrm{I}}^2}, \tag{15.19}$$

$$\tilde{E}_{\mathrm{I}} = \frac{\left(\sum\limits_{i=1}^{N} m_i\right)^2 + m_{\mathrm{I}}^2 - m_{\mathrm{II}}^2}{2\sum\limits_{i=1}^{N} m_i}, \tag{15.20}$$

$$\tilde{E}_{\mathrm{II}} = \frac{\left(\sum\limits_{i=1}^{N} m_i\right)^2 + m_{\mathrm{II}}^2 - m_{\mathrm{I}}^2}{2\sum\limits_{i=1}^{N} m_i} \tag{15.21}$$

und

$$E_{\mathrm{I\,Schwelle}} = \gamma(\tilde{E}_{\mathrm{I}} + V\tilde{p}), \tag{15.22}$$

wobei

$$V = \frac{\tilde{p}}{\tilde{E}_{\mathrm{II}}} \tag{15.23}$$

ist. In dem Spezialfall $m_{\mathrm{I}} = m_{\mathrm{II}} = m$ gelten

$$\tilde{E}_{\mathrm{I}} = \tilde{E}_{\mathrm{II}} = \frac{\sum_{i=1}^{N} m_i}{2} \quad \text{und} \quad \gamma = \frac{\sum_{i=1}^{N} m_i}{2m}.$$

§ 16. Die Energie- und Winkelverteilung bei Vielfachprozessen

Es wurde bereits darauf hingewiesen, daß es bei Vielfachprozessen nicht möglich ist, aus rein kinematischen Überlegungen die Charakteristika der Prozesse zu erhalten. Es gibt jedoch eine von FERMI stammende Idee, die in bestimmtem Maße der Kinematik nahe kommt. Nach ihr werden die Charakteristika von Vielfachprozessen, die zur Bildung von kernaktiven Teilchen führen, durch das statistische Gewicht der Endzustände bestimmt. Die gewisse Ähnlichkeit zwischen beiden Methoden, der kinematischen und der statistischen, besteht darin, daß keine von ihnen die Details der Wechselwirkung zwischen den Teilchen berücksichtigt, obwohl der Umstand, daß sich ein statistisches Gleichgewicht einstellt, eine Folge dieser Wechselwirkung selbst ist. Darin besteht selbstverständlich ein wesentlicher Unterschied zwischen der statistischen Konzeption und der Kinematik. Ein eingehender Überblick über die statistische Theorie würde über den Rahmen des vorliegenden Buches hinausgehen. Wir wollen nur vermerken, daß diese Theorie im Energiegebiet von einigen GeV die Energieverteilung und die Verteilung nach der Zahl der gebildeten π-Mesonen richtig voraussagt.[1]) Die Theorie berücksichtigt dabei die isobaren Zustände der Nukleonen, und man betrachtet Energien $\tilde{E}_G = 1$ bis 6 GeV.

Den Inhalt der statistischen Theorie kann man formal in Gestalt einfacher Beziehungen aufschreiben:

$$W_N(\tilde{E}_G) \sim \varrho_{\tilde{E}_G}\ ^{2)} \tag{16.1}$$

und

$$w_N(\tilde{E}_G, \tilde{p}_1)\, d\tilde{p}_1 = 4\pi \tilde{p}_1^2 w_{N-1}\left(\tilde{E}_G - \sqrt{m_1^2 + \tilde{p}_1^2},\, \tilde{p}_1\right) d\tilde{p}_1\ ^{3)}. \tag{16.2}$$

[1]) Einen eingehenden Überblick über die statistische Theorie kann man in [23] finden. Wir wollen hier nur noch zusätzlich vermerken, daß bei sehr hohen Energien ($E_G \gg 10$ GeV) die statistische Theorie, welche die Wechselwirkung zwischen den Mesonen nicht berücksichtigt, keine Gültigkeit besitzt. L. D. LANDAU schlug vor, zur Beschreibung dieser Wechselwirkung die relativistische Hydrodynamik idealer Flüssigkeiten zu verwenden [24].

[2]) Der Prozeß wird gewöhnlich im S-System betrachtet.

[3]) Es sei darauf hingewiesen, daß bei der Berechnung der Impulsverteilung eines Systems aus N-Teilchen die Funktion

$$w_{N-1}\left(\tilde{E}_G - \sqrt{m_1^2 + \tilde{p}_1^2}, \tilde{p}_1\right)$$

betrachtet wird, wobei m_1 und $\tilde{p}_1$ die Masse und der Impuls eines bestimmten Teilchens sind.

Hierbei bedeutet W_N die Wahrscheinlichkeit für die Bildung von N-Teilchen, wenn die Gesamtenergie gleich $\tilde{E}_G$ und der Gesamtimpuls gleich Null sind; $\varrho_{\tilde{E}_G}$ ist die Zustandsdichte und $w_N(\tilde{E}_G, p_1)\, d\tilde{p}_1$ die Wahrscheinlichkeit dafür, daß im betrachteten System eines der Teilchen den Impuls zwischen $\tilde{p}_1$ und $\tilde{p}_1 + d\tilde{p}_1$ besitzt. Wir schreiben den Ausdruck für die Zustandsdichte des Systems mit der Energie $\tilde{E}_G$ und dem Impuls $\tilde{p}_G$ allgemein in der Form

$$\left(\frac{V}{8\pi^3}\right)^{N-1} \frac{dQ_N(\tilde{E}_G, \tilde{p}_G)}{d\tilde{E}_G}\, q_{N,T} \sim w_N(\tilde{E}_G, \tilde{p}_G), \tag{16.3}$$

wobei V ein charakteristisches Volumen bedeutet. Für den Stoß zweier Nukleonen ist dieses Volumen der Größenordnung nach gleich $\left(\frac{1}{\mu\pi}\right)^3$. Der Exponent ist gleich $N-1$ (und nicht N) wegen der Impulserhaltung. Mit $q_{N,T}$ wird ein Faktor bezeichnet, der die Erhaltung des Spins und des Isospins charakterisiert. Dieser Faktor wird nach den Regeln der Quantenmechanik berechnet (siehe [25] und Kap. VI). Der Faktor $\frac{dQ_N(\tilde{E}_G, \tilde{p}_G)}{d\tilde{E}_G}$, der gleich dem Volumen ist, welches das System im Impulsraum einnimmt, wird bei der Bedingung

$$\sum_{i=1}^{N} \tilde{E} = \tilde{E}_G, \tag{16.4}$$

$$\sum_{i=1}^{N} \tilde{\boldsymbol{p}}_i = \tilde{\boldsymbol{p}}_G \tag{16.5}$$

gleich dem $3N$-fachen Integral

$$\underbrace{\int \cdots \int}_{3N} \delta\left[\tilde{E}_G - \sum_{i=1}^{N} \sqrt{m_i^2 + \tilde{p}_i^2}\right] \delta\left[\tilde{\boldsymbol{p}}_G - \sum_{i=1}^{N} \tilde{\boldsymbol{p}}_i\right] \prod_{i=1}^{N} d^3\tilde{p}. \tag{16.6}$$

Im allgemeinen ist die Berechnung des Integrales schwierig; sie wurde erst unlängst in der Arbeit [26] durchgeführt. Das Resultat wurde in Form einer Zerlegung erhalten, die keine Zerlegung nach Potenzen ist. Wir beschränken uns hier auf zwei, für die Praxis nützliche Grenzfälle: den extremrelativistischen (alle $m_i = 0$) und den nichtrelativistischen $\left(\tilde{E}_i = \frac{\tilde{p}_i^2}{2m_i}\right)$ [27], [28].

In diesen Fällen wird

$$\frac{dQ_N(\tilde{E}_G, \tilde{p}_G)}{d\tilde{E}_G} = \frac{(2\pi)^{3/2(N-1)}}{\left[\frac{3}{2}(N-1)-1\right]!} \left[\frac{m_1 m_2 \ldots m_N}{\sum\limits_{i=1}^{N} m_i}\right]^{3/2} \left[W_G^2 - \frac{\tilde{p}_G^2}{2\sum\limits_{i=1}^{N} m_i}\right]^{[3/2(N-1)-1]}, \tag{16.7}$$

wobei W_G die gesamte kinetische Energie der Teilchen bedeutet (nichtrelativistischer Fall) und

$$\frac{d\,Q_N(\tilde{E}_G, \tilde{p}_G)}{d\,\tilde{E}_G} = \frac{\pi^{N-1}}{2^{N-2}} \frac{(\tilde{E}_G^2 - \tilde{p}_G^2)^{N-2}}{\tilde{p}_G} \tag{16.8}$$

$$\times \sum_{i=1}^{N} C_N^i \frac{(\tilde{E}_G - \tilde{p}_G)^i (\tilde{E}_G + \tilde{p}_G)^{N-i}}{(N+i-2)!\,(2N-i-2)!} \left[\frac{\tilde{E}_G + \tilde{p}_G}{2N-i-1} - \frac{\tilde{E}_G - \tilde{p}_G}{N+i-1}\right]$$

(extrem relativistischer Fall).

Entsprechend zu (16.7) und (16.8) erhalten wir

$$\frac{dQ_N(\tilde{E}_G, 0)}{d\,\tilde{E}_G} = \frac{(2\pi)^{3/2(N-1)}}{\left[\frac{3}{2}(N-1)-1\right]!} \left(\frac{\prod_{i=1}^{N} m_i}{\sum_{i=1}^{N} m_i}\right)^{3/2} \tilde{W}_G^{3/2(N-1)-1}, \tag{16.9}$$

$$\frac{d\,Q_N(\tilde{E}_G, 0])}{d\,\tilde{E}_G} = \left(\frac{\pi}{2}\right)^{N-1} E_G^{3N-4} \frac{(4N-4)!\,(2N-1)}{(3N-4)!\,[(2N-1)!]^2}. \tag{16.10}$$

Werden unwesentliche Faktoren weggelassen — sie müssen später bei der Normierung berücksichtigt werden —, so kann man schreiben

$$w_N(\tilde{E}_G, p_1) = p_1^2 \left\{ \tilde{W}_G - \frac{\tilde{p}_1^2}{2} \left[\frac{\sum_{i=1}^{N} m_i}{m_1 \sum_{i=2}^{N} m_i} \right] \right\} \tag{16.11}$$

und

$$w_N(\tilde{E}_G, \tilde{p}_1) = \tilde{p}_1 (\tilde{E}_G - 2\tilde{p}_1)^{N-3} \tag{16.12}$$

$$\times \sum_{i=0}^{N-1} \frac{C_{N-1}^i \tilde{E}_G^{N-i-1} (\tilde{E}_G - 2\tilde{p}_1)^i}{(N+i-3)!\,(2N-i-4)!} \left[\frac{\tilde{E}_G}{2N-i-3} - \frac{\tilde{E}_G - 2p_1}{N+i-2}\right].$$

In Abb. 28 wird die Impulsverteilung von π-Mesonen gezeigt, die bei der Annihilation von ruhenden Nukleonen und Antinukleonen entstehen. Abb. 29 stellt die mittlere Zahl der beim Zusammenstoß von Nukleonen erzeugten π-Mesonen in Abhängigkeit von der kinetischen Energie der Nukleonen dar. Die Impulsverteilungen werden in Übereinstimmung mit (16.2), (16.11) und (16.12) im S-System gegeben. Um diese Verteilungen für das L-System zu erhalten, muß man sich auf die Winkelverteilung im S-System stützen. Die Theorie gestattet leider in ihrer gegenwärtigen Form nicht, diese Verteilung genau zu berechnen, weil dazu die Erhaltung der Drehimpulse berücksichtigt werden muß, was bisher nicht durchgeführt wurde. Die experimentellen Daten zeigen jedoch für nicht allzu hohe Energien (≤ 5 GeV), daß die Winkelverteilung der Sekundärteilchen im S-System nahezu isotrop ist. Nimmt man eine isotrope Verteilung an, so kann man beim Übergang vom S- zum L-System die Formeln (7.4) oder (7.18) benutzen und danach über die Impulse integrieren.

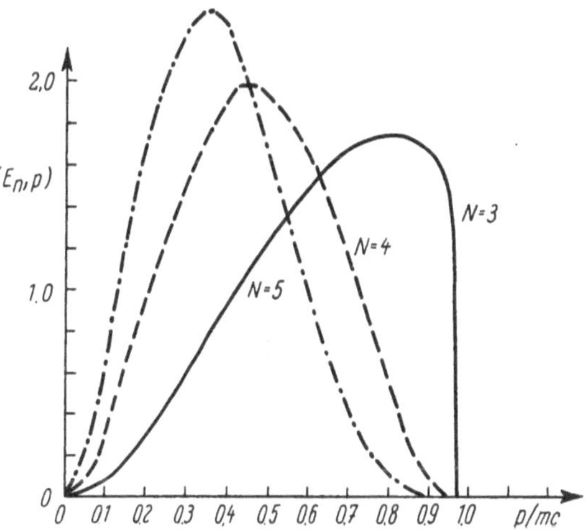

Abb. 28. Die Impulsverteilung von π-Mesonen, die bei der Annihilation ruhender Nukleonen und Antinukleonen entstehen. Die Verteilung wurde von M. W. Maksimenko [34] nach den genauen Formeln der statistischen Theorie berechnet.

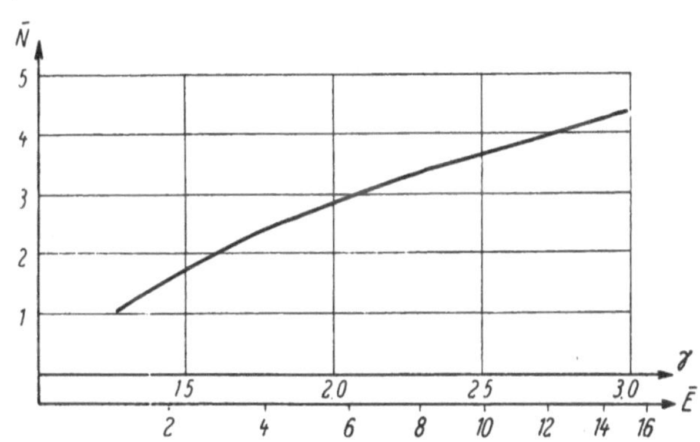

Abb. 29. Die mittlere Zahl von π-Mesonen, die bei Nukleonstößen gebildet werden, in Abhängigkeit von der kinetischen Energie des einfallenden Nukleons. Die Berechnungen wurden nach den Formeln der statistischen Theorie unter Berücksichtigung der Isobaren Zustände durchgeführt [23].

Es ist zu erwarten, daß dieser Lösungsweg für sehr hohe Energien keine Gültigkeit mehr besitzt, da im S-System die Abweichung von der Isotropie immer stärker wird (siehe z. B. [24]). Für diesen letzten Fall werden wir hier Formeln für den Übergang vom S- zum L-System ableiten. Wir wollen dazu annehmen, daß die Winkelverteilung im ersten System durch eine Funktion des Cosinus und die Impulsverteilung durch eine δ-Funktion gegeben werden [5]:

$$\tilde{N}(\tilde{\vartheta}, \tilde{p}) \sin\tilde{\vartheta}\, d\tilde{\vartheta}\, dp = \frac{(2k+1)}{4\pi} \cos^{2k}\tilde{\vartheta}\, \delta(\tilde{p} - \tilde{p}_1) \sin\tilde{\vartheta}\, d\tilde{\vartheta}\, d\tilde{p}_1, \quad (16.13)$$

wobei $k = 1, 2, 3 \ldots$ ist. Wird (7.18) benutzt und über die Impulse integriert, so erhält man bei $\frac{\tilde{\beta}}{V} \geq 1$

$$N(\vartheta)\sin\vartheta\, d\vartheta = \frac{(2k+1)}{2}\,\frac{(\gamma\,\mathrm{tg}\,\vartheta)^2}{(\gamma^2\,\mathrm{tg}^2\,\vartheta + 1)^{2k+2}\cos\vartheta}$$

$$\times \left\{ \frac{\left[\frac{\tilde{\beta}}{V} + \sqrt{1 - \left[\left(\frac{\tilde{\beta}}{V}\right)^2 - 1\right]\gamma^2\,\mathrm{tg}^2\,\vartheta^2}\right]^2 \left[-\frac{\tilde{\beta}}{V}\gamma^2\,\mathrm{tg}^2\,\vartheta + \sqrt{1 - \left[\left(\frac{\tilde{\beta}}{V}\right)^2 - 1\right]\gamma^2\,\mathrm{tg}^2\,\vartheta^2}\right]^{2k}}{\sqrt{1 - \left[\left(\frac{\tilde{\beta}}{V}\right)^2 - 1\right]\gamma^2\,\mathrm{tg}^2\,\vartheta}} \right.$$

$$\left. + \frac{\left[\frac{\tilde{\beta}}{V} - \sqrt{1 - \left[\left(\frac{\tilde{\beta}}{V}\right)^2 - 1\right]\gamma^2\,\mathrm{tg}^2\,\vartheta}\right]^2 \left[-\frac{\tilde{\beta}}{V}\gamma^2\,\mathrm{tg}^2\,\vartheta - \sqrt{1 - \left[\left(\frac{\tilde{\beta}}{V}\right)^2 - 1\right]\gamma^2\,\mathrm{tg}^2\,\vartheta}\right]^{2n}}{\sqrt{1 - \left[\left(\frac{\tilde{\beta}}{V}\right)^2 - 1\right]\gamma^2\,\mathrm{tg}^2\,\vartheta}} \right\} \tag{16.14}$$

oder bei $\frac{\tilde{\beta}}{V} \leq 1$

$$N(\vartheta)\sin d\vartheta\, d\vartheta = \frac{2k+1}{2}\,\frac{(\gamma\,\mathrm{tg}\,\vartheta)^2}{(1 + \gamma^2\,\mathrm{tg}^2\,\vartheta)^{2k+2}}$$

$$\times \left\{ \frac{\left[\frac{\tilde{\beta}}{V} + \sqrt{1 - \left[\left(\frac{\tilde{\beta}}{V}\right)^2 - 1\right]\gamma^2\,\mathrm{tg}^2\,\vartheta}\right] \left[-\frac{\tilde{\beta}}{V}\gamma^2\,\mathrm{tg}^2\,\vartheta + \sqrt{1 - \left[\left(\frac{\tilde{\beta}}{V}\right)^2 - 1\right]\gamma^2\,\mathrm{tg}^2\,\vartheta}\right]}{\sqrt{1 - \left[\left(\frac{\tilde{\beta}}{V}\right)^2 - 1\right]\gamma^2\,\mathrm{tg}^2\,\vartheta}} \right\}. \tag{16.15}$$

Bei $\gamma \gg 1$, $\vartheta \ll 1$ hat man

$$N(\vartheta)\sin d\vartheta\, d\vartheta = 2(2k+1)\,\frac{\gamma^2\,\mathrm{tg}^2\,\vartheta}{\cos\vartheta}\,\frac{[\gamma^2\,\mathrm{tg}^2\,\vartheta - 1]^{2k}}{[\gamma^2\,\mathrm{tg}^2\,\vartheta + 1]^{2k+2}}. \tag{16.16}$$

In Abb. 30 ist die Winkelverteilung $N(\vartheta)$ im L-System für verschiedene k und für $\frac{\tilde{\beta}}{V} = 1{,}01$ dargestellt. Eine charakteristische Besonderheit dieser Verteilung äußert sich in den beiden Maxima, die in allen Fällen mit $k \neq 0$ auftreten. Das Erscheinen der Maxima ist eine Folge davon, daß die Winkelverteilung in diesem Falle im S-System zwei Maxima bei $\tilde{\vartheta} = 0$ und $\tilde{\vartheta} = \pi$ aufweist. Beim Übergang vom S- zum L-System kommen die Bewegungsrichtungen der Teilchen, die im S-System in die vordere Halbkugel emittiert werden, der Achse sehr nahe und bilden den sogenannten spitzen Konus. Die Teilchen, die im S-System in die hintere Halbkugel emittiert werden, bewegen sich im L-System bei hinreichend hohen Energien ebenfalls in Vorwärtsrichtung, ihre Geschwindigkeiten liegen jedoch in einem bedeutend stumpferen Konus. Dieses Bild wird am besten durch einfache Abschätzungen verdeutlicht. Die Winkelverteilung möge im S-System symmetrisch zu einer Ebene sein, die senkrecht zur Bewegungsachse liegt. Sie soll jedoch dergestalt anisotrop sein, daß sich alle Teilchen in die Winkelintervalle 0 bis $\tilde{\vartheta}$ und $\pi - \tilde{\vartheta}$ bis π bewegen. Dann betragen nach (4.3) bei $\gamma \gg 1$ der halbe Öffnungswinkel des spitzen Konus

$$\vartheta_1 = \frac{1}{\gamma} \operatorname{tg} \frac{\tilde{\vartheta}}{2} \tag{16.17}$$

und der halbe Öffnungswinkel des stumpfen Konus

$$\vartheta_2 = \frac{1}{\gamma} \operatorname{ctg} \frac{\tilde{\vartheta}}{2}\,. \tag{16.18}$$

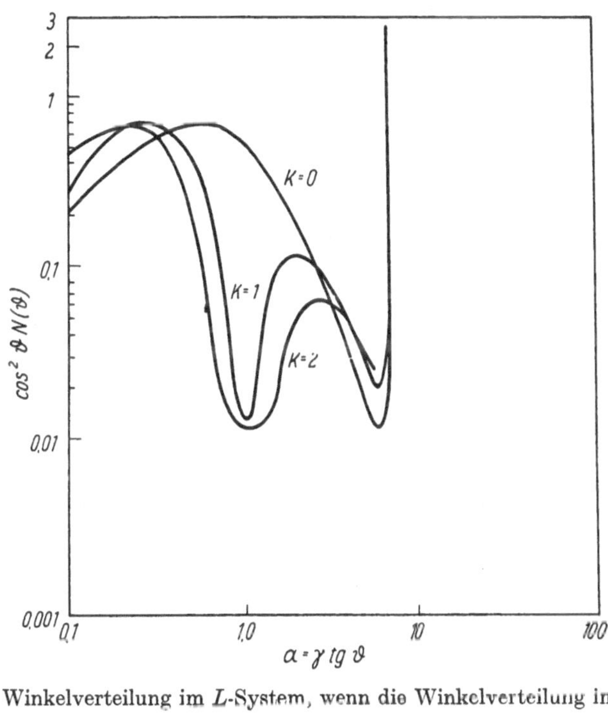

Abb. 30. Die Winkelverteilung im L-System, wenn die Winkelverteilung im S-System durch die Funktion (16.13) und die Impulsverteilung durch eine δ-Funktion gegeben werden. $\frac{\tilde{\beta}}{V} = 1{,}01$.

Man sieht daraus, daß der spitze und der stumpfe Konus im L-System klar voneinander abgegrenzt sind, wobei diese Abgrenzung besonders stark bei kleinen Werten von $\tilde{\vartheta}$ auftreten muß. Die hier betrachtete Besonderheit in der Verteilung wird oft bei der Untersuchung von Schauern hoher Energie in Photoemulsionen beobachtet. Dadurch wird die Anisotropie der Winkelverteilung der Sekundärteilchen im S-System bewiesen.

§ 17. Die Bestimmung der Energie schneller Nukleonen

Energie und Impuls der Primärteilchen sind die wichtigsten Charakteristika von Kernreaktionen. Bei verhältnismäßig niedrigen Energien gibt es eine Reihe von Methoden, wie diese Größen für geladene Teilchen bestimmt werden können, z. B. Messung der Ablenkung im Magnetfeld, Auszählen der Körner in Photoemulsionen, Messung der Streuung. Bei Vergrößerung der Energie nehmen die Schwierigkeiten der Messung jedoch sehr beträchtlich zu, und bei Energien von $5 \cdot 10^{10}$ bis 10^{11} eV werden die üblichen Methoden unbrauchbar. Aber für so energiereiche Teilchen gibt es eine Näherungsmethode für die Energiebestimmung, die auf kinematischen Beziehungen beruht. Es wird die Winkelverteilung der Sekundärteilchen gemessen, die beim Stoß derjenigen Teilchen entstehen, deren Energie es zu bestimmen gilt [29], [30], [31]. Ein großer Vorzug dieser Methode besteht darin, daß auch die Energie von neutralen Primärteilchen bestimmt werden kann. Man hat in diesem Fall zusätzlich nur noch die Bewegungsrichtung dieser Teilchen nachzuweisen. Man erhält sie aus der Achse des Schauers. Im Vergleich zu Messungen an geladenen Teilchen tritt durch die Bestimmung der Schauerachse noch ein zusätzlicher Fehler in der Energiebestimmung auf.

Der Methode liegt die Beziehung (5.5) zugrunde, die wir in der Form

$$\gamma^2 = \frac{(E_{\mathrm{I}} + m_{\mathrm{II}})^2}{(m_{\mathrm{I}}^2 + 2E_{\mathrm{I}}m_{\mathrm{II}} + m_{\mathrm{II}}^2)} \tag{17.1}$$

schreiben. Bei $E_{\mathrm{I}} \gg m_{\mathrm{I}}$ und $E_{\mathrm{I}} \gg m_{\mathrm{II}}$ gilt

$$\gamma^2 = \frac{E_{\mathrm{I}}}{2m_{\mathrm{II}}}. \tag{17.2}$$

Andererseits geht die Größe γ in die Beziehung (4.1) ein, welche die Emissionswinkel für das S- und L-System verknüpft.

Zur Bestimmung der Werte von γ aus (17.1) und (4 1) muß im allgemeinen $\tilde{\beta}$ und $\tilde{\vartheta}$ bestimmt werden. (Die Größe ϑ wird im Experiment gefunden.) Diese Aufgabe ist kaum zu lösen. In dem wichtigen Fall sehr schneller Teilchen kann man jedoch $\frac{V}{\tilde{\beta}} = 1$ setzen. Die Beziehung (4.4) hängt dann nicht mehr von der Geschwindigkeit der Teilchen im S System ab. In dieser Substitution besteht das Wesen der betrachteten Methode.

Aus (17.2) und (17.4) folgt

$$E_{\mathrm{I}} \approx \frac{2m_{\mathrm{II}}}{\vartheta^2} \operatorname{tg}^2 \frac{\tilde{\vartheta}}{2}. \tag{17.3}$$

Die Formel (17.3) bildet die Grundlage für die Bestimmung der Energie aus der Winkelverteilung. Sie wird gewöhnlich auf Teilchen angewendet, die Schauer mit einer kleinen Zahl, etwa 2 bis 4, langsamer Teilchen bilden. Obwohl man einigen Grund hat zu bezweifeln, daß diese Schauer tatsächlich durch Nukleon-Nukleon-Stöße hervorgerufen werden, nimmt man meist doch als Masse m_{II} die Nukleonmasse an, d. h. man setzt $m_{\mathrm{I}} = m_{\mathrm{II}} = m$. Wir machen zunächst diese Annahme[1]) und schätzen im weiteren den damit zusammenhängenden Fehler ab. Es ist somit noch der Winkel $\tilde{\vartheta}$ zu bestimmen. Beim Stoß zweier Teilchen liegt die Annahme nahe, daß eine axiale Symmetrie vorhanden ist, und zwar in dem Sinne, daß die Funktion der Winkelverteilungen $\tilde{\Phi}(\tilde{\vartheta})$ nicht vom azimutalen Winkel abhängt.

Wie bereits gesagt wurde, kann man beim Stoß zweier Nukleonen einen noch höheren Symmetriegrad voraussetzen:

$$\tilde{\Phi}(\tilde{\vartheta}) = \tilde{\Phi}(\pi - \tilde{\vartheta}).$$

Wir nehmen zunächst an, daß jedem Teilchen mit dem Impuls $\tilde{p}$ ein Teilchen mit dem Impuls $-\tilde{p}$ entspricht. Dann erhält man leicht eine sehr häufig benutzte Formel.

Mit ϑ_f und ϑ_{1-f} bezeichnen wir die Winkel, innerhalb derer der Teil f und der Teil $1 - f$ aller Teilchen zu finden sind. Dann ergibt sich aus den Annahmen über die Symmetrie im S-System $\vartheta_{1-f} = \pi - \vartheta_f$. Aus der Beziehung (4.4) folgt dann

$$\gamma^2 \approx \frac{1}{\operatorname{tg} \vartheta_f \operatorname{tg} \vartheta_{1-f}} \tag{17.4}$$

oder

$$E_G \approx \frac{2m}{\vartheta_f \vartheta_{1-f}}. \tag{17.5}$$

Bei $f = \frac{1}{2}$ gilt

$$E_G \approx \frac{2m}{\vartheta_{1/2}^2}.$$

Die Bedingung, daß zwei Teilchen vorhanden sind, von denen sich das eine unter einem bestimmten Winkel $\tilde{\vartheta}$ und das andere unter dem dazugehörigen Ergänzungswinkel $\pi - \tilde{\vartheta}$ bewegt, ist nur im Mittel erfüllt. Um dies zu berücksichtigen, muß irgendeine konkrete Form der Funktion Φ und der Funktion für die Korrelation der Emissionswinkel vorgegeben werden. Wir wollen die wahrscheinlichste Energie bei gegebener Funktion Φ bestimmen, und zwar unter der Annahme, daß die Emissionswinkel der Teilchen voneinander statistisch unabhängig sind [30], [31]. Es gibt gegenwärtig keine experimentellen Daten, welche die Richtigkeit dieser Annahme bestätigen. Wir benutzen sie jedoch, weil sie am einfachsten ist. Wir behalten dabei im Auge, daß die Ergebnisse im Experiment geprüft werden müssen.[2])

In diesem Falle ist die Wahrscheinlichkeit Φ dafür, daß die Teilchen unter den Winkeln $\vartheta_1, \ldots, \vartheta_N$ emittiert werden, gleich [30]

$$\Phi(\vartheta_1, \ldots, \vartheta_N) = \prod_{i=1}^{N} \Phi(\vartheta_i)\, d\vartheta_i. \tag{17.6}$$

[1]) Kinematische Kriterien für Nukleon-Nukleon-Stöße kann man in der Arbeit [35] finden.

[2]) Diese Annahme ist recht natürlich, wenn die Zahl der Teilchen groß ist und wenn es unter den Teilchen keine gibt, die sich in wichtigen Eigenschaften stark von den anderen Sekundärteilchen unterscheiden.

Die ϑ_i, $d\vartheta_i$ sind mit den $\tilde{\vartheta}_i$, $d\tilde{\vartheta}_i$ durch folgende Beziehungen verknüpft (siehe (4.4)):

$$\cos\tilde{\vartheta} = \frac{1-\gamma^2 \operatorname{tg}^2\vartheta}{1+\gamma^2 \operatorname{tg}^2\vartheta}, \tag{17.7}$$

$$d\tilde{\vartheta} = \frac{2\gamma \sec^2\vartheta}{1+\gamma^2 \operatorname{tg}^2\vartheta}\, d\vartheta. \tag{17.8}$$

Der wahrscheinlichste Wert der Größe $\gamma = \gamma_w$ und folglich auch der wahrscheinlichste Wert der Energie werden dann durch die Gleichung

$$\left\{\frac{\partial}{\partial\gamma}\Phi(\vartheta_1,\ldots,\vartheta_N)\right\}_{\vartheta_i=\mathrm{const}} = \sum_{i=1}^{N}\left\{\frac{\partial}{\partial\gamma}\ln\Phi(\vartheta_i)\right\}_{\vartheta_i=\mathrm{const}} \tag{17.9}$$

bestimmt. DILWORTH und Mitarbeiter [30] berechneten γ_w unter der Annahme

$$\Phi(\tilde{\vartheta}_i) = a\,|\cos\tilde{\vartheta}|^k \sin\tilde{\vartheta} \qquad (k=\mathrm{const}).$$

Man erhält γ_w in diesem Fall aus der Beziehung

$$\frac{N}{2\gamma_w^2} = \sum_{i=1}^{N}\left[\frac{1}{\cos^2\vartheta_i+\gamma_w^2} - \frac{k}{2}\left\{\frac{1}{1+\gamma_w^2\operatorname{tg}^2\vartheta_i} - \frac{1}{1-\gamma^2\operatorname{tg}^2\vartheta_i}\right\}\right]. \tag{17.10}$$

Wir bestimmen nun die Dispersion der Größe γ.

Wir schreiben dazu (4.4) in der Form

$$\ln\gamma = -\ln\operatorname{tg}\vartheta + \ln\frac{\operatorname{tg}\tilde{\vartheta}_i}{2}. \tag{17.11}$$

Wird über die Spuren aller geladener Sekundärteilchen gemittelt, so erhalten wir

$$\ln\gamma = -\frac{1}{N}\sum_{i=1}^{N}\ln\operatorname{tg}\vartheta_i + \frac{1}{N}\sum_{i=1}^{N}\ln\operatorname{tg}\frac{\tilde{\vartheta}}{2}. \tag{17.12}$$

Mit N ist dabei die Zahl der geladenen Sekundärteilchen im Schauer bezeichnet.

Zur weiteren Vereinfachung benutzen wir den grundlegenden Satz der Wahrscheinlichkeitstheorie, nach dem die Summe von N gleichen Zufallsgrößen bei $N\to\infty$ ebenfalls eine Zufallsgröße darstellt, deren Verteilung durch eine GAUSS-Funktion mit der Dispersion $\sigma^2 N$ beschrieben wird, wobei σ^2 die Dispersion der primären Zufallsgröße bedeutet.[1]) Wir können deshalb (17.12) in der Form

$$\ln\gamma = -\frac{1}{N}\sum_{i=1}^{N}\ln\operatorname{tg}\vartheta_i \pm \frac{\sigma}{\sqrt{N}} \tag{17.13}$$

---

[1]) Bei der Ableitung dieses Satzes wird angenommen, daß eine Dispersion σ^2 existiert. Weiterhin ist im allgemeinen die GAUSS-Funktion gegen den Nullpunkt verschoben; sie ist symmetrisch bezüglich des Nullpunktes in dem einen wichtigen Spezialfall, wenn die Funktion $\Phi(\vartheta)$ symmetrisch ist, d. h. wenn die Bedingung $\Phi(\vartheta) = \Phi(\pi-\vartheta)$ erfüllt ist. Das ist die zweite Bedingung für die Anwendbarkeit der Gleichung (17.13).

schreiben, wobei

$$\sigma^2 = \int \left(\ln \operatorname{tg} \frac{\tilde{\vartheta}}{2}\right)^2 J \left(\ln \operatorname{tg} \frac{\tilde{\vartheta}}{2}\right) d \left(\ln \operatorname{tg} \frac{\tilde{\vartheta}}{2}\right) \tag{17.14}$$

und die Funktion J die normierte Verteilung der Größen

$$\ln \operatorname{tg} \frac{\tilde{\vartheta}}{2}$$

im S-System bedeuten.

Es ist klar, daß σ von dem Grad der Anisotropie der Winkelverteilung im S-System abhängt. Bei Übersichtsrechnungen kann σ jedoch gleich 1 gesetzt werden.

Wie bereits gesagt wurde, sind die vorstehend beschriebenen Methoden der Energiebestimmung nur dann anwendbar, wenn sich $\frac{\tilde{\beta}}{V}$ nur wenig von 1 unterscheidet. Praktisch bedeutet dies, daß die Primärteilchen große Energie besitzen und daß folglich die Zahl der Sekundärteilchen groß gegen 1 ist. Eine genaue Grenze für die Anwendbarkeit der Methode läßt sich nicht angeben. Man kann jedoch hoffen, daß sie bei Gesamtenergien über 10^{11} eV die richtige Größenordnung für die Energie der Primärteilchen liefert.

Wir wiesen bereits darauf hin, daß die Geschwindigkeiten der Sekundärteilchen der vorstehend angegebenen Bedingung nicht genügen und daß deshalb ein Fehler entsteht. Dieser Fehler läßt sich auf verschiedenen Wegen abschätzen. Bei allen bleiben jedoch Schwierigkeiten bestehen, die davon herrühren, daß die Zahl der Sekundärteilchen klein ist. Wir wollen hier auf einige dieser Wege hinweisen. Man kann z. B. eine schrittweise Näherung benutzen und in der ersten Näherung von

$$\frac{\tilde{\beta}}{V} = 1$$

ausgehen. Man erhält daraus ein bestimmtes γ_0, kann damit nach Formel (4.7) den Wert von $\tilde{\beta}$ abschätzen und alle Berechnungen wiederholen. Es ist klar, daß man dazu Impuls und Masse mehrerer Sekundärteilchen bestimmen muß. Sind die Impulse und die Massen einiger Sekundärteilchen bekannt, so kann man auch auf eine andere Art die Energie der Primärteilchen berechnen, und zwar durch Symmetrisierung der Winkelverteilung [22]. Man sucht bei dieser Methode das Koordinatensystem, in dem die Winkelverteilung die größte Symmetrie bezüglich der zur Bewegungsrichtung senkrechten Ebene besitzt. Dem Übergang zu diesem System entspricht gemäß Gleichung (17.1) ein bestimmter Wert von γ.

Zusätzliche Fehler liegen im Verlauf der Energieverteilung der Primärteilchen. Wenn das Energiespektrum der Teilchen, welche die Schauer hervorrufen, durch eine schnell abfallende Funktion dargestellt wird, so können bereits unbedeutende Fluktuationen in Schauern bestimmter Energie zu einem großen Fehler führen. Die Ursache liegt darin, daß Primärteilchen kleiner Energie im Spektrum bedeutend häufiger vertreten sind als Teilchen hoher Energie und daß deshalb Teilchen mit kleiner Energie mit größerer Wahrscheinlichkeit registriert werden.

Die Methode in ihrer vorstehend beschriebenen Form gibt aber nur dann gute Resultate, wenn das Energiespektrum der Primärteilchen konstant oder nahezu konstant ist. Bei der Untersuchung der kosmischen Strahlen muß man neben dem Einfluß des Spektrums auch noch den Zusammenhang zwischen der Gesamtzahl der Teilchen in einem Stern und der Größe der Energie beachten. Diese Frage wurde eingehend in der Arbeit [32] untersucht.

ZWEITER TEIL

Quantentheorie

In diesem Teil des Buches werden wir mit den Methoden der Quantenmechanik Folgerungen für die Kernreaktionen aus allgemeinen Eigenschaften von Raum und Zeit behandeln. Wie wir später sehen werden, sind diese Folgerungen bedeutend umfangreicher als in der klassischen Mechanik. Es muß von Anfang an betont werden, daß wir von allen Reaktionseigenschaften nur diejenigen hervorheben, die durch sehr allgemeine und gut fundierte Naturgesetze bedingt sind. Eine solche Abtrennung ist sehr nützlich. Man kann dadurch die Untersuchung von komplizierten Reaktionscharakteristika auf die Bestimmung einer unbedingt notwendigen Zahl reeller Parameter reduzieren (verallgemeinerte Phasenanalyse) und, wie es auf den ersten Blick scheint, völlig verschiedene Prozesse durch strenge Beziehungen verknüpfen. Außerdem kann man durch die Abtrennung die experimentellen Daten kontrollieren und präzisieren sowie die wichtigsten Teilchencharakteristika (Spin, Parität, Isospin) feststellen.

Wir werden in der Hauptsache mit den Begriffen der nichtrelativistischen Quantenmechanik operieren. Zum Verständnis unserer Darlegungen ist es notwendig, daß der Leser mit der Quantenmechanik vertraut ist, und zwar im Umfang der üblichen Universitätsvorlesungen oder des Buches von D. I. Blochinzev „Grundlagen der Quantenmechanik“[1]), auf das wir uns oft stützen werden. Eine Kenntnis der Gruppentheorie ist nicht erforderlich. Wir werden zwar an einigen wenigen Stellen Ergebnisse aus der Gruppentheorie verwenden, das wird jedoch in keiner Weise das Verständnis des physikalischen Inhaltes der dargelegten Theorie und die Anwendung der allgemeinen Formeln zur Analyse der experimentellen Daten erschweren. Diese Ergebnisse werden ohne Beweis gebracht. Diejenigen Leser, die an dieser Seite der Sache interessiert sind, verweisen wir auf entsprechende Abschnitte des Buches von L. Landau und E. Lifschiz „Quantenmechanik“ und auf die Übersichtsartikel in Zeitschriften.

Unserer Darlegung liegt der fundamentale Begriff der S-Matrix[2]) zugrunde, deren Bedeutung sowohl in der Theorie der Elementarteilchen wie auch in der Kernphysik ständig wächst. Für qualifizierte Experi-

---

[1]) Deutsche Übersetzung: D. I. Blochinzew, „Grundlagen der Quantenmechanik“. Deutscher Verlag der Wissenschaften, Berlin 1957.

[2]) Diese Methode der Untersuchung der formalen Theorie der Kernreaktionen wird in [23] und [24] benutzt.

mentalphysiker, für die das vorliegende Buch geschrieben wurde, ist es notwendig, mit diesem Begriff frei arbeiten zu können. Wir werden bei der Behandlung der S-Matrix eine Formulierung der Quantenmechanik benutzen, der die Termini der DIRACschen Darstellungstheorie[1]) zugrunde liegen. Das ist diejenige Terminologie und Bezeichnungsweise, die am besten dem Inhalt der Quantenmechanik entspricht und die immer mehr in theoretischen Arbeiten Verwendung findet. Ihr besonderer Vorteil liegt darin, daß in sehr kurzer Form der Sinn der verschiedenen Koeffizienten klargemacht werden kann, denen man in der Theorie der Winkelverteilungen, der Korrelationen und bei anderen Aufgaben begegnet, was ganz erheblich die Arbeit mit diesen Koeffizienten erleichtert.

---

[1]) Es wird vorausgesetzt, daß der Leser mit der Darstellungstheorie der Quantenmechanik im Umfang des Kapitels VII aus [1] bekannt ist.

KAPITEL VI

Die Streumatrix und ihre Eigenschaften

§ 18. Die S-Matrix

Bei der Untersuchung von Kernreaktionen hat man die Aufgabe zu lösen, wie die Zustandsparameter und die Eigenschaften der Teilchen vor der Reaktion mit den Zustandsparametern und den Eigenschaften der Reaktionsprodukte zusammenhängen. Wenn man die Wechselwirkung und die Bewegung der Teilchen mit den Methoden der klassischen Mechanik beschreibt, so spricht man vom Zusammenhang zwischen den Anfangs- und den Endwerten der Koordinaten, und der Impulse sowie von Variablen, die den inneren Zustand der Teilchen charakterisieren. In der Quantenmechanik müssen wir vom Zusammenhang zwischen dem Anfangs- und dem Endzustand des Systems sprechen. Ein Zustand wird jedoch bekanntlich durch einen Satz von Quantenzahlen vorgegeben. Folglich müssen wir eine Regel finden, aus der sich der Zusammenhang zwischen den Quantenzahlen, die den Anfangszustand beschreiben, und den Quantenzahlen des Endzustandes ergibt. Bei der Streuung eines spinlosen Teilchens an einem Kraftfeld z. B. können wir von der Regel sprechen, die uns den Bahndrehimpuls l, seine Projektion m auf eine ausgezeichnete Richtung und die Energie E von Anfangs- und Endzustand verknüpft. Es sei darauf hingewiesen, daß der Bewegungszustand eines Teilchens mit dem Spin Null z. B. auch durch seinen Impuls $\boldsymbol{p}$ beschrieben werden kann.

Bei der Wechselwirkung zweier spinloser Teilchen kann man folgende Sätze von Quantenzahlen vorgeben: $(l_1, l_2, m_1, m_2, E_1, E_2)$ oder $(\boldsymbol{p}_1, \boldsymbol{p}_2)$. Besitzen die Teilchen einen von Null verschiedenen Spin, so gehen in die entsprechenden Sätze von Quantenzahlen notwendigerweise auch die Zahlen s und μ ein, durch die der Spin und seine Projektion gekennzeichnet werden. Wenn im Ergebnis des Zusammenstoßes andere Teilchen entstehen können oder der innere Zustand der stoßenden Teilchen verändert wird (solche Stöße werden als unelastisch bezeichnet), so gehen in die Zahl der Variablen notwendigerweise auch noch Quantenzahlen ein, die zur Beschreibung der Teilchenstruktur, d. h. ihres inneren Zustandes, dienen. Da die Untersuchung der Teilchenstruktur nicht zu unserer Aufgabe gehört, werden wir alle entsprechenden Charakteristika unseres Systems mit dem einen Index α bezeichnen.

In der Quantenmechanik wird der Systemzustand durch die Wellenfunktion $\Psi_n(x)$ beschrieben, wobei n der Zustandsindex, d. h. eine Kurzbezeichnung des Satzes der eben eingeführten Quantenzahlen ist, die den Systemzustand beschreiben. Mit x wird der Darstellungsindex bezeichnet, d. h. derjenige Satz von Variablen, von denen die Wellenfunktion abhängt. Die Wellenfunktion gehorcht der SCHRÖDINGER-Gleichung[1])

$$i\frac{\partial \Psi}{\partial t} = \hat{H}\Psi. \tag{18.1}$$

[1]) Das Dach über den Buchstaben bedeutet, daß es sich um Operatoren handelt. Hier und im folgenden wird $\hbar = c = 1$ gesetzt.

Die Gl. (18.1), die den Zuwachs von Ψ in einem kleinen Zeitintervall Δt bestimmt, kann auch in folgender Weise geschrieben werden:

$$\Psi(t + \Delta t) = \Psi(t) - i \int_t^{t+\Delta t} \hat{H} \Psi(t)\, dt. \tag{18.2}$$

Auf Grundlage dieser Gleichung führen wir den Operator $\hat{U}(t + \Delta t, t) = 1 - i\hat{H}\Delta t$ ein, der den Wert der Wellenfunktion zum Zeitpunkt t in den Wert der Wellenfunktion zum Zeitpunkt $t + \Delta t$ überführt. Man kann auch den Integraloperator $\hat{U}(t, t_0)$ einführen, der $\Psi(t_0)$ in $\Psi(t)$ transformiert, wobei $t - t_0$ eine endliche Größe ist. Wie man leicht zeigen kann, gilt[1])

$$i \frac{\partial \hat{U}}{\partial t} = \hat{H} \hat{U}. \tag{18.3}$$

Nehmen wir an, daß eine Reaktion der Art

$$\mathrm{I} + \mathrm{II} \to 1 + 2 \tag{18.4}$$

vorliegt, d. h. daß als Ergebnis des Zusammenstoßes des Teilchens I mit dem Teilchen II die Teilchen 1 und 2 entstehen, die im allgemeinen ganz andere Charakteristika und sogar eine andere Natur besitzen.

Die Gl. (18.1) beschreibt den ganzen uns interessierenden Prozeß, d. h., es existiert eine Lösung Ψ, die bei $t \to -\infty$ in die Wellenfunktion $\Psi_i(x)$ übergeht, durch welche die beiden nicht wechselwirkenden Teilchen I und II mit vorgegebenen Bewegungscharakteristika und innerem Zustand beschrieben werden, und die bei $t \to +\infty$ in die Wellenfunktion Ψ_f übergeht, durch welche die beiden nicht wechselwirkenden Teilchen 1 und 2 beschrieben werden. Da im Experiment die Zustände der nicht wechselwirkenden Teilchen registriert werden, d. h. die Zustände vor und nach dem Stoß, das heißt also bei $t = -\infty$ und $t = +\infty$, so interessiert uns derjenige Operator, der $\Psi(-\infty)$ in $\Psi(+\infty)$ überführt:

$$\lim_{\substack{t_0 \to -\infty \\ t \to +\infty}} \hat{U}(t, t_0) = \hat{S},$$

$$\Psi_f(+\infty) = \hat{S} \Psi_i(-\infty). \tag{18.5}$$

Der Operator $\hat{S}$ wird S-Matrix genannt.

Wie aus unseren Überlegungen zu ersehen ist, muß man zur Bestimmung von $\hat{U}$ oder $\hat{S}$ nicht nur $\hat{H}$ kennen (in der Regel ist der Operator $\hat{H}$ für die Wechselwirkung von Kernteilchen unbekannt), sondern man muß auch mit diesem $\hat{H}$ die Schrödinger-Gleichung lösen können. Auf den ersten Blick scheint es, als hätten wir nicht die geringste Vereinfachung erreicht. Die Einführung des Operators $\hat{S}$ ist aber deshalb zweckmäßig, da einerseits die Matrixelemente von $\hat{S}$ sehr einfach

[1]) Siehe z. B. [3].

mit einer experimentell beobachtbaren Charakteristik des Prozesses, der Übergangswahrscheinlichkeit, zusammenhängen und da andererseits die Folgerungen aus den allgemeinen Naturgesetzen unmittelbar durch die Eigenschaften des Operators $\hat{S}$ ausgedrückt werden. Wir können also mit Hilfe der S-Matrix die in der Einführung formulierte Aufgabe lösen und aus der Gesamtheit der Reaktionseigenschaften diejenigen heraustrennen, die sich als Folge von bereits gesicherten Naturgesetzen ergeben.

Beginnen wir nun mit der Feststellung der allgemeinen Eigenschaften der S-Matrix.

Wir wollen zeigen, daß die Quadrate der Matrixelemente der S-Matrix die Wahrscheinlichkeit dafür liefern, daß diese oder jene Werte der dynamischen Variablen im Endzustand beobachtet werden, wenn sie im Anfangszustand vorgegeben sind.

Wir zerlegen $\Psi_i(-\infty)$ und $\Psi_f(+\infty)$ nach den Eigenfunktionen des Operators $\hat{Q}$, der uns irgendeine dynamische Variable (Drehimpuls, Spin und ähnliches) beschreibt:

$$\hat{Q}\Psi_q = q\Psi_q,$$

q sind dabei die Eigenwerte von $\hat{Q}$,

$$\Psi_i(-\infty) = \sum_q C_q^i \Psi_q; \qquad \Psi_f(+\infty) = \sum_q C_q^f \Psi_q.$$

Wird diese Zerlegung in Gl. (18.5) eingesetzt, so erhalten wir

$$C_{q'}^f = \sum_q S_{q'q} C_q^i.$$

Wenn im Anfangszustand die Größe q den Wert q_0 besitzt, d. h. wenn $C_q^i = \delta_{qq^0}$ gilt[1]), dann haben wir

$$C_{q'}^f = S_{q'q}.$$

Aus den allgemeinen Regeln der Quantenmechanik folgt jedoch, daß $|C_{q'}^f|^2$ die Wahrscheinlichkeit dafür ist, die Größe $q = q'$ im Zustand f zu beobachten; deshalb liefert uns $|S_{q'q_0}|^2$ die Wahrscheinlichkeit des Übergangs aus dem Zustand q_0 in den Zustand q'.

§ 19. Die Unitarität der S-Matrix

Eine Matrix wird unitär genannt, wenn sie folgende Eigenschaften besitzt:

$$\sum_n S_{n\alpha}^* S_{n\beta} = I_{\alpha\beta}; \qquad \sum_\alpha S_{m\alpha} S_{n\alpha}^* = I_{mn},$$

[1]) Wie üblich, wird mit δ_{qq_0} das Kronecker-Symbol bezeichnet:

$$\delta_{qq_0} = \begin{cases} 1 & \text{für } q = q_0 \\ 0 & \text{für } q \neq q_0 \end{cases}.$$

Der Einfachheit halber betrachten wir hier eine Größe mit diskretem Spektrum. Der Fall des kontinuierlichen Spektrums der Größe q stellt offensichtlich eine Verallgemeinerung dar.

oder kürzer, in der symbolischen Schreibweise,

$$\hat{S}^+\hat{S} = \hat{I} \text{ und } \hat{S}\hat{S}^+ = \hat{I}. \tag{19.1}$$

Mit dem Sternchen wird dabei die komplexe Konjugation bezeichnet, mit dem Kreuz die hermitesche Adjungation. $\hat{I}$ bedeutet hier und im weiteren die Einheitsmatrix. (19.1) folgt für die S-Matrix aus der Orthogonalität und der Normiertheit der Wellenfunktionen

$$(\Psi_m, \Psi_n) = I_{mn}. \tag{19.2}$$

Unter dem Skalarprodukt verstehen wir wie üblich die Summation und die Integration über alle Indizes x, von denen die Wellenfunktion abhängt (Darstellungsindizes); I_{mn} ist eine Kurzschreibweise für das Produkt der δ-Funktionen von den Quantenzahlen des Kontinuumspektrums und der KRONECKER-Symbole von den Quantenzahlen des diskreten Spektrums. Die Beziehung (19.2) ist zeitlich unveränderlich[1]):

$$\frac{\partial}{\partial t}(\Phi, \Psi) = \left(\frac{\partial \Phi}{\partial t}, \Psi\right) + \left(\Phi, \frac{\partial \Psi}{\partial t}\right) = i(\Phi, \hat{H}\Psi) - i(\Phi, \hat{H}\Psi) = 0.$$

Betrachten wir die Folgerungen, die sich aus (19.2) für den Operator $\hat{U}(t, t_0)$ ergeben:

$$\Psi_\alpha(t) = \sum_n U_{\alpha n}(t, t_0)\, \Psi_n(t_0),$$

$$\Psi_\beta^*(t) = \sum_m U_{\beta m}^*(t, t_0)\, \Psi_m^*(t_0),$$

$$(\Psi_\beta, \Psi_\alpha) = \delta_{\alpha\beta} = \sum_n U_{\beta n}^* U_{\alpha n} = \sum_n U_{n\beta}^+ U_{\alpha n} = (\hat{U}\hat{U}^+)_{\alpha\beta}.$$

Bei $t_0 \to -\infty$ und $t \to +\infty$ erhalten wir das sehr wichtige Ergebnis

$$\hat{S}\hat{S}^+ = \hat{I}.$$

Diese Gleichung besitzt einen einfachen physikalischen Sinn. Nimmt man nämlich die Diagonalelemente von beiden Seiten der Gleichung, so erhält man

$$\sum_n |S_{\alpha n}|^2 = 1. \tag{19.3}$$

Da $|S_{\alpha n}|^2$ die Wahrscheinlichkeit des Überganges aus dem Zustand n in den Zustand α charakterisiert, so sagt die Gl. (19.3) aus, daß die Summe der Wahrscheinlichkeiten aller Übergänge gleich Eins ist. Daraus wird klar, daß wir einen kleineren Wert für die Summe in (19.3) erhalten, wenn wir irgendeinen Zustand weglassen. Durch die Gleichung (19.1) werden der S-Matrix für die einzelnen Prozesse strenge Begrenzungen auferlegt. Aus diesen Begrenzungen ergeben sich eine Reihe von Beziehungen zwischen den Wirkungsquerschnitten verschiedener Prozesse. Mit der Untersuchung dieser Beziehungen werden wir uns im folgenden beschäftigen.

---

[1]) Wir benutzen den Umstand, daß der Operator $\hat{H}$ hermitesch ist.

§ 20. Die Bewegungsintegrale

Als Bewegungsintegrale werden in der Quantenmechanik diejenigen dynamischen Variablen bezeichnet, deren Operatoren $\hat{Q}$ der Gleichung

$$\frac{d\hat{Q}}{dt} = \frac{\partial \hat{Q}}{\partial t} + [\hat{H}\hat{Q}] = 0$$

genügen. Wenn $\hat{Q}$ nicht explizit von der Zeit abhängt, reduziert sich diese Gleichung auf die Bedingung, daß $\hat{Q}$ mit dem Hamilton-Operator kommutieren muß. Es ist leicht einzusehen, daß solche Operatoren $\hat{Q}$ auch mit dem Operator $\hat{S}$ kommutieren. Nach unserer Definition besteht nämlich der Operator $\hat{S}$ aus einer unendlich großen Zahl unendlich kleiner Operatoren, von denen jeder proportional zu $\hat{H}$ ist, d. h.

$$[\hat{S}\hat{Q}] = 0. \tag{20.1}$$

Kommutierende Operatoren können gleichzeitig auf Diagonalform[1]) gebracht werden. Wählen wir die Indizes α und n so, daß sie Bewegungsintegrale (Drehimpuls, Impuls, Energie, Isospin usw.) darstellen, so ist deshalb die S-Matrix in diesen Indizes diagonal:

$$(q'\gamma' \,|S|\, \gamma q) = (\gamma' \,|S^q|\, \gamma)\, \delta_{qq'}.^{2)} \tag{20.2}$$

Mit γ werden alle weiteren Quantenzahlen mit Ausnahme von q bezeichnet. Die Beziehung (20.2) liegt der Theorie der Winkelverteilung, der Korrelationen und anderer wichtiger Erscheinungen zugrunde. Der Index q bedeutet, daß $(\gamma' \,|S^q|\, \gamma)$ im allgemeinen von q abhängt.

Es muß unterstrichen werden, daß nicht alle Bewegungsintegrale untereinander kommutieren (z. B. Drehimpuls und Impuls oder die verschiedenen Projektionen des Drehimpulses untereinander). Das bedeutet einerseits, daß man als Indizes n nicht gleichzeitig alle Bewegungsintegrale auswählen kann, andererseits heißt das, daß $\hat{S}$ von einigen Quantenzahlen nicht abhängt. Als Beispiel wollen wir zeigen, daß die S-Matrix nicht von der Projektion des Gesamtdrehimpulses abhängt. $\hat{S}$ kommutiert mit allen Projektionen des Gesamtdrehimpulses:

$$[\hat{J}_x\hat{S}] = 0, \quad [\hat{J}_y\hat{S}] = 0, \quad [\hat{J}_z\hat{S}] = 0. \tag{20.3}$$

Wir bezeichnen die Projektion des Gesamtdrehimpulses auf die z-Achse mit M und schreiben die erste Gleichung (20.3) in Matrixform. Berücksichtigt man, daß $\hat{J}_x \Psi_M \neq \text{const}\ \Psi_M$ ist, so erhält man

$$\sum_{M''} (M' \,|J_x|\, M'')\,(M''\gamma' \,|S|\, \gamma M) = \sum_{M''} (M'\gamma' \,|S|\, \gamma M'')\,(M'' \,|J_x|\, M).$$

---

[1]) Siehe [1] S. 94.

[2]) Wir schreiben die Matrixelemente in der Diracschen Bezeichnungsweise:

$$S_{q'q} \equiv (q' \,|S|\, q).$$

Entsprechend zu (20.2) ist jedoch die S-Matrix diagonal bezüglich M

$$(M' \,|J_x|\, M)\,(\gamma' \,|S^M|\, \gamma) = (\gamma' \,|S^{M'}|\, \gamma)\,(M' \,|J_x|\, M), \quad \text{wobei} \quad M' \neq M.$$

Daraus folgt, daß $(\gamma' \,|S^M|\, \gamma)$ nicht von M abhängt. Dieses Resultat folgt unmittelbar aus der Isotropieeigenschaft des Raumes, deren Folge die Erhaltung des Drehimpulses ist. Tatsächlich, wie schon vorhin gezeigt wurde, charakterisiert $|S_{\alpha n}|^2$ die Übergangswahrscheinlichkeit und kann deshalb nicht von der Wahl des Bezugssystems abhängen, während die Quantenzahl M (die Projektion des Drehimpulses) durch Drehungen des Koordinatensystems verändert wird.

Ganz analog kann $(\gamma' \,|S^q|\, \gamma)$ nicht vom Gesamtimpuls des Systems, von der Projektion des Isospins des Systems usw. abhängen. Mit einem Wort, $\hat{S}$ ist von den Quantenzahlen unabhängig, die sich bei Transformationen verändern, gegen die der HAMILTON-Operator des Systems invariant ist. Man muß den tiefen Zusammenhang hervorheben, der zwischen den Bewegungsintegralen und den Transformationen besteht, gegen die der HAMILTON-Operator des Systems invariant ist. Eine eingehende Diskussion dieses Zusammenhanges geht über den Rahmen des vorliegenden Buches hinaus.[1]

Wir werden im weiteren die Beziehung (20.2) zur Betrachtung folgender Bewegungsintegrale anwenden: Energie, Impuls, Drehimpuls, Projektion des Drehimpulses und Parität. Es wird vorausgesetzt, daß die Haupteigenschaften dieser Bewegungsintegrale dem Leser bekannt sind.[2] Außerdem werden wir bei der Behandlung der Beispiele den Apparat der Drehimpulsaddition noch auf ein wichtiges Bewegungsintegral anwenden, nämlich auf den Isospin. Mit diesem Begriff kann sich der Leser anhand des Buches [9] bekanntmachen.[3] Es muß darauf hingewiesen werden, daß (20.2) in der Literatur auch auf andere Bewegungsintegrale angewendet wird (Ladungsparität, Strangeness u. a.), deren Betrachtung etwas abseits von unserem Hauptthema liegt. Wir behandeln auch nicht die schwachen Wechselwirkungen, deren Untersuchung zur Entdeckung der Nichterhaltung der Parität und der Ladungsparität führte.

§ 21. Die Zeitumkehrung[4]

Wenn kein äußeres Feld vorhanden ist, so sind alle Zeitpunkte für das System gleichwertig und ebenso alle Richtungen im Raum. In der klassischen Mechanik wie in der Quantenmechanik folgt daraus der Energieerhaltungssatz. Außerdem

---

[1]) Zum Zusammenhang zwischen Transformationen des Koordinatensystems, gegen die der HAMILTON-Operator des Systems invariant ist, und solchen Bewegungsintegralen wie Drehimpuls und Impuls siehe [2], § 13 und § 24.

[2]) Siehe [1], § 25 und § 103 sowie [2], § 24 bis § 28.

[3]) Siehe auch „Der Isospin von Atomkernen". Sammelband, herausgegeben von J. SCHINTLMEISTER, Akademie-Verlag, Berlin 1960.

[4]) Zum Verständnis dieses Paragraphen muß der Leser etwas besser vorbereitet sein als zum Verständnis der übrigen Teile dieses Buches. Vor dem Studium dieses Paragraphen sollte man sich zunächst mit § 22 und § 27 bekannt machen. Bei der ersten Durchsicht kann man § 21 zunächst auslassen, ohne daß besondere Schwierigkeiten für das Verständnis der weiteren Darlegungen auftreten.

sind in der klassischen Mechanik die Bewegungsgleichungen invariant gegen die Substitution $t \to -t$. Nehmen wir z. B. an, wir hätten die Lösung der NEWTONschen Gleichung für ein System von Massenpunkten vorliegen. Im Augenblick $t = t_1$ sind die Ortsvektoren der Punkte und ihre Geschwindigkeiten gleich $\boldsymbol{r}_i(t_1)$ und $\boldsymbol{v}_i(t_1)$; nach dem Ablauf eines bestimmten Zeitintervalls $\Delta t = t_2 - t_1$ besitzen diese Größen die Werte $\boldsymbol{r}_i(t_2)$ und $\boldsymbol{v}_i(t_2)$. Die Invarianz der Gleichungen gegenüber der Substitution $t \to -t$ bedeutet, daß noch eine Lösung existiert, bei der die Ortsvektoren und die Geschwindigkeiten $\boldsymbol{r}_i(t_2)$ und $-\boldsymbol{v}_i(t_2)$ im selben willkürlich gewählten Zeitintervall die Werte $\boldsymbol{r}_i(t_1)$ und $-\boldsymbol{v}_i(t_1)$ annehmen. Eine solche Symmetrie besitzen nicht alle Systeme. Als Beispiel dafür kann ein System von geladenen Teilchen im Magnetfeld dienen. In diesem Fall muß bekanntlich (s. z. B.[11]) in die Operation der Zeitumkehr die Richtungsumkehr des Magnetfeldes einbezogen werden. Führt man diese Richtungsumkehrung nicht durch, so ist das System zeitlich nicht umkehrbar. Da die klassische Mechanik der Grenzfall der Quantenmechanik ist, so kann man erwarten, daß die Umkehrbarkeit der Zeit auch ihre Widerspiegelung in der Quantenmechanik finden wird. Wir wollen annehmen, daß das betrachtete quantenmechanische System konservativ ist, d. h. daß der HAMILTON-Operator nicht von der Zeit abhängt. Die SCHRÖDINGER-Gleichung

$$i \frac{\partial \Psi(t)}{\partial t} = \hat{H} \Psi(t) \tag{21.1}$$

geht bei der Substitution $t \to -t$ über in

$$-i \frac{\partial \Psi(-t)}{\partial t} = \hat{H} \Psi(-t)\,. \tag{21.2}$$

(21.2) fällt nicht mit (21.1) zusammen. Deshalb kann man $\Psi(-t)$ nicht als die zeitlich gespiegelte Lösung der Gleichung (21.1) bezeichnen. Um festzustellen, welche Form die Wellenfunktion bei Zeitumkehrung erhält, betrachten wir die zu (21.2) komplex konjugierte Gleichung

$$i \frac{\partial \Psi^*(-t)}{\partial t} = \hat{H}^* \Psi^*(-t)\,. \tag{21.3}$$

Da $\hat{H}$ hermitesch ist, müssen $\hat{H}$ und $\hat{H}^*$ ein und dieselben Eigenwerte besitzen (im allgemeinen jedoch unterschiedliche Eigenfunktionen); das bedeutet, daß ein unitärer Operator $\hat{V}$ existiert, solcher Art, daß

$$\hat{V} \hat{H}^* \hat{V}^+ = \hat{H}\,. \tag{21.4}$$

Aus (21.3) erhalten wir mit Hilfe der Beziehung (21.4)

$$i \frac{\partial [\hat{V} \Psi^*(-t)]}{\partial t} = \hat{H} [\hat{V} \Psi^*(-t)]\,. \tag{21.5}$$

Wird (21.5) mit (21.1) verglichen, so ist zu sehen, daß man $\hat{V} \Psi^*(-t)$ zwanglos als die zeitlich gespiegelte Lösung bezeichnen kann. Die Zeitumkehr trägt somit einen für die Quantenmechanik ungewöhnlichen Charakter. Sie enthält die komplexe Konjugation

$$\hat{T}\Psi(t) = \hat{V}\hat{K}\Psi(-t). \tag{21.6}$$

Hierbei bedeuten $\hat{T}$ den Operator der Zeitumkehr und $\hat{K}$ den Operator der komplexen Konjugation.

Untersuchen wir nun, wie sich die Operatoren bei der Zeitumkehr transformieren. Dabei wollen wir annehmen, daß die Wellenfunktionen bei der Zeitumkehr ihre Form behalten und daß sich die Operatoren der dynamischen Größe verändern (vgl. den Übergang von der SCHRÖDINGER-Darstellung zur HEISENBERG-Darstellung [1]). Dieser Übergang folgt aus den allgemeinen Formeln der Quantenmechanik

$$\big(\hat{T}\Psi(t),\ \hat{Q}\hat{T}\Psi(t)\big) = \big(\Psi(-t),\ \tilde{\hat{Q}}\Psi(-t)\big),$$

wobei $\tilde{\hat{Q}}$ der transformierte (zeitlich umgekehrte) Operator ist. Für die Operatoren, die nicht von der Zeit abhängen, haben wir also

$$\hat{V}^{+}\hat{Q}\hat{V} = \tilde{\hat{Q}}^{T}. \tag{21.7}$$

Das Zeichen T bedeutet Transposition. Ist $\tilde{\hat{Q}} = \hat{Q}$, wie das für $\hat{H}$ wegen (21.4) und der Hermitezität von $\hat{H}$ gilt, so ist dieser Operator invariant gegen die Zeitumkehr $t \to -t$.

Man kann leicht zeigen, daß aus der Invarianz von $\hat{H}$ gegen die Operation $t \to -t$ auch die Invarianz der S-Matrix folgt:

$$\hat{V}^{+}\hat{S}\hat{V} = \hat{S}^{T}. \tag{21.8}$$

Die Beziehung (21.8) wird Reziprozitätssatz genannt. Sie gibt eine sehr allgemeine Eigenschaft der S-Matrix wieder. Die Beziehung (21.8) stellt jedoch eine wenig inhaltsreiche Behauptung dar, solange die explizite Form des Operators $\hat{V}$ nicht bekannt ist. Zur Bestimmung von $\hat{V}$ müssen die Transformationseigenschaften der Operatoren der dynamischen Variablen bekannt sein, die einen vollständigen Satz von Größen zur Charakterisierung des Systems darstellen. Das bestimmt dann die Transformationseigenschaften von beliebigen anderen dynamischen Variablen. Für unsere Kenntnisse über die Operatoren der Quantenmechanik stehen uns nur zwei Quellen zur Verfügung: das Korrespondenzprinzip und das Experiment. Wir fordern deshalb von $\hat{V}$, daß alle Größen, die sich bei der Transformation $t \to -t$ in der klassischen Mechanik nicht ändern (Koordinaten, Energie u. ä.), durch Operatoren dargestellt werden, die invariant gegen die Transformation (21.7) sind. Diejenigen Größen jedoch, die bei der Transformation $t \to -t$ in der klassischen Mechanik ihr Vorzeichen ändern (Geschwindigkeit, Impuls, Drehimpuls, Vektorpotential des elektromagnetischen Feldes u. ä.), müssen Operatoren besitzen, die der Bedingung genügen

$$\hat{V}^{+}\hat{Q}\hat{V} = -\hat{Q}^{T}. \tag{21.9}$$

Die Spinoperatoren, die ja analog den Drehimpulsen sind, müssen sich ebenfalls entsprechend (21.9) transformieren. Wenn ein Operator $\hat{V}$ existiert, der die aufgezählten Eigenschaften besitzt, so ist nach Definition die Bewegung des Systems in der Zeit umkehrbar.

Wir wollen jetzt die explizite Form der Matrix des Operators $\hat{V}$ für Zustände bestimmen, welche durch die Quantenzahlen eines Drehimpulses l und l' (z. B. des Drehimpulses eines der Teilchen des Systems) und seine Projektion m und m' charakterisiert werden:

$$(l' m' \alpha' \mid V \mid l m \alpha).$$

In dieser Gleichung bedeuten α und α' die übrigen Quantenzahlen.

Wir benutzten nun die Bedingungen, die dem Operator $\hat{V}$ dadurch auferlegt werden, daß die betrachteten Operatoren hermitesch und zeitlich umkehrbar sind:

$$\hat{V}^+ \hat{l}^2 \hat{V} = \hat{l}^2, \tag{21.10}$$

$$\hat{V}^+ \hat{\boldsymbol{l}} \hat{V} = -\hat{\boldsymbol{l}}^*. \tag{21.11}$$

Aus (21.10) folgt, daß $\hat{V}$ bezüglich der Quantenzahl l diagonal ist. Die Abhängigkeit des Operators $\hat{V}$ von den Quantenzahlen m und m' kann man feststellen, wenn man Gleichung (21.11) unter Benutzung des expliziten Ausdruckes für die Matrix der Drehimpulsprojektion (siehe [2], § 25) löst:

$$(l' m' \alpha' \mid \hat{V} \mid l m \alpha) = (\alpha' \mid \hat{V}^l \mid \alpha)\, \delta_{l' l} \delta_{-m' m} e^{i\pi m}. \tag{21.12}$$

Wird eine Darstellung benutzt, in der alle übrigen dynamischen Variablen gegenüber (21.7) invariant sind (Quadrate der Drehimpulse, der Spins, der Impulse u. ä.), so kann man, da V unitär ist, Gleichung (21.12) in der Form

$$(l' m' \alpha' \mid \hat{V} \mid l m \alpha) = \delta_{\alpha' \alpha} \delta_{l' l} \delta_{-m' m} e^{i\pi[\beta(\alpha, l) + m]}$$

schreiben. Mit α ist dabei eine beliebige Phase bezeichnet. Man kann sie so wählen, daß die Rechnungen möglichst einfach durchgeführt werden können. In der Regel legt man α folgendermaßen fest:

$$(l' m' \alpha' \mid \hat{V} \mid l m \alpha) = \delta_{\alpha' \alpha} \delta_{l' l} \delta_{m' m} e^{i\pi(l + m)}. \tag{21.13}$$

Der erste Vorteil dieser speziellen Wahl von β besteht darin, daß die Matrix $\hat{V}$ reell wird; der zweite Vorteil wird augenscheinlich, wenn man die Addition von Drehimpulsen betrachtet (siehe § 27):

$$\Psi_{AJM} = \sum_{\mu_1 \mu_2} (J M \mid j_1 \mu_1 j_2 \mu_2)\, \Psi_{\alpha_1 j_1 \mu_1} \Psi_{\alpha_2 j_2 \mu_2}.$$

Ψ_{AJM} bedeutet die Wellenfunktion des Gesamtdrehimpulses. In den Index A dieser Funktion gehen j_1, α_1, j_2, α_2 ein. Wenn jeder der Zustände $\Psi_{\alpha_1 j_1 \mu_1}$ und $\Psi_{\alpha_2 j_2 \mu_2}$ bei der Substitution $t \to -t$ gemäß (21.13) transformiert wird, so kann man unter Benutzung der Eigenschaft der Vektor-Additions-Koeffizienten (siehe § 27)

$$(J - M \mid j_1 - \mu_1 j_2 - \mu_2) = (-1)^{j_1 + j_2 - J} (J M \mid j_1 \mu_1 j_2 \mu_2)$$

zeigen, daß sich Ψ_{AJM} ebenfalls entsprechend (21.13) transformiert.

Bei unserer Wahl von β ist es also nicht notwendig, die Transformation der Phasen speziell zu beachten, da sich alle Funktionen der Drehimpulse und Spins in gleicher Weise transformieren.

Betrachten wir die S-Matrix in einer Darstellung, die durch den Gesamtdrehimpuls J, seine Projektion M und durch dynamische Variable, die invariant sind gegen die Transformation $t \to -t$, bestimmt wird. Für die Reaktion des Typs $a + X \to b + Y$ haben wir z. B., entsprechend den Ergebnissen des vorhergehenden Paragraphen,

$$(s'l'\alpha' \,|S^J|\, s l \alpha)\, \delta_{JJ'} \delta_{MM'},$$

wobei s' und s die Summe der Teilchenspins und l' sowie l die Bahndrehimpulse der Relativbewegung bedeuten. Wird dieser Ausdruck in (21.8) eingesetzt und die explizite Form (21.13) der Matrix des Operators $\hat{V}$ verwendet, so findet man, daß die S-Matrix in dieser Darstellung symmetrisch ist:

$$(B \,|S^J|\, A) = (A \,|S^J|\, B). \tag{21.14}$$

Dieses Ergebnis gibt eine der fundamentalen, für die Anwendung bedeutsamen Eigenschaften der S-Matrix wieder.

Ganz analog wird die ebenso wichtige Beziehung bewiesen;

$$\begin{aligned}(\boldsymbol{p}_f j_1 \mu_1 j_2 \mu_2 \alpha' \,|S|\, \boldsymbol{p}_i j_{\mathrm{I}} \mu_{\mathrm{I}} j_{\mathrm{II}} \mu_{\mathrm{II}} \alpha) &= (-1)^{j_{\mathrm{I}}+\mu_{\mathrm{I}}+j_{\mathrm{II}}+\mu_{\mathrm{II}}+j_1+\mu_1+j_2+\mu_2} \\ &\times (-\boldsymbol{p}_i j_{\mathrm{I}} - \mu_{\mathrm{I}} j_{\mathrm{II}} - \mu_{\mathrm{II}} \alpha \,|S|\, -\boldsymbol{p}_f j_1 - \mu_1 j_2 - \mu_2 \alpha').\end{aligned} \tag{21.15}$$

Hierbei bedeuten j_i und μ_i die Teilchenspins und ihre Projektionen, $\boldsymbol{p}_i$ und $\boldsymbol{p}_f$ die Impulse der Relativbewegung im Anfangs- und Endzustand.

Wird die unitäre Transformation $\hat{W}$

$$\Psi' = \hat{W}\Psi, \qquad (\hat{T}\Psi)' = \hat{W}\hat{T}\Psi$$

durchgeführt, so finden wir aus (21.6) und der Gleichung

$$(\hat{T}\Psi)' = \hat{V}'\Psi'^*$$

die Beziehung

$$\hat{V}' = \hat{W}\hat{V}\hat{W}^T, \tag{21.16}$$

d. h. $\hat{V}$ transformiert sich aus einer Darstellung in die andere nicht wie eine übliche unitäre Matrix, sondern mit Hilfe der transponierten Transformation.

Da es möglich ist, die Form von $\hat{V}'$ aus den Invarianzforderungen zu erhalten, so bedeutet die Phasenwahl von $\hat{V}$ eine eindeutige Festlegung der Phase der Transformationsmatrix $\hat{W}$.

Betrachten wir ein Beispiel. $\hat{V}$ möge durch (21.13) vorgegeben sein und $\hat{W}$ möge von der Darstellung lm in eine Darstellung transformieren, in welcher der Einheitsvektor $\boldsymbol{n}$ vorgegeben ist,

$$W = e^{i\gamma_l} Y_{lm}(\boldsymbol{n}). \tag{21.17}$$

γ_l ist hierin ein Phasenfaktor.

Der Vektor $\boldsymbol{n}$ kann entlang $\boldsymbol{r}$ (Ortsvektor des Teilchens) oder entlang $\boldsymbol{p}$ (Impuls des Teilchens) gerichtet sein. Aus der Forderung von Invarianz gegen Zeitumkehr, $\hat{V}^+\hat{\boldsymbol{p}}\hat{V} = -\hat{\boldsymbol{p}}^*$; $\hat{V}^+\hat{\boldsymbol{r}}\hat{V} = \hat{\boldsymbol{r}}$, folgt

$$(\boldsymbol{p}'\,|V|\,\boldsymbol{p}) = \delta(\boldsymbol{p}' + \boldsymbol{p}); \qquad (\boldsymbol{r}'\,|V|\,\boldsymbol{r}) = \delta(\boldsymbol{r}' - \boldsymbol{r}). \tag{21.18}$$

Führen wir entsprechend zu (21.16) die Transformation (21.17) mit einem V durch, das die Form (21.13) besitzt, so erhalten wir

$$(\boldsymbol{n}'\,|V|\,\boldsymbol{n}) = \sum_{lml'm'} e^{i\gamma_{l'}} Y_{l'm'}(\boldsymbol{n}')\,\delta_{l'l}\delta_{-m'm} e^{i\pi(l+m)} e^{i\gamma_l} Y_{lm}(\boldsymbol{n})$$

$$= \sum_{lm} e^{2i\gamma_l + i\pi l} Y^*_{lm}(\boldsymbol{n}') Y_{lm}(\boldsymbol{n}) = \begin{cases} \delta(\boldsymbol{n}' + \boldsymbol{n}) & \text{für} \quad \gamma_l = 0 \\ \delta(\boldsymbol{n}' - \boldsymbol{n}) & \text{für} \quad \gamma_l = \dfrac{\pi l}{2}. \end{cases}$$

Wird das mit (21.18) verglichen, so sieht man, daß unserer Phasenwahl in (21.13) folgende Wellenfunktionen des Bahndrehimpulses entsprechen: $Y_{lm}\left(\frac{\boldsymbol{p}}{p}\right)$ in der p-Darstellung und $-e^{-i\frac{\pi l}{2}} \times Y_{lm}\left(\frac{\boldsymbol{r}}{r}\right) = i^{-l} Y_{lm}\left(\frac{\boldsymbol{r}}{r}\right)$ in der r-Darstellung.

§ 22. Die Transformationsfunktionen

Die wichtigsten Eigenschaften der S-Matrix haben wir erläutert. Jetzt muß festgestellt werden, auf welche Weise diese Eigenschaften mit den experimentell beobachtbaren Größen zusammenhängen, z. B. mit den Wirkungsquerschnitten, den Winkelverteilungen u. ä.

Vorhin wurde gezeigt, daß die Quadrate der Matrixelemente der S-Matrix die Wahrscheinlichkeit des Überganges aus einem Anfangszustand mit den Quantenzahlen i in einen Endzustand mit den Quantenzahlen f bestimmen. Wählt man als Quantenzahlen die Winkel θ und φ, durch welche die Emissionsrichtung des Teilchens bestimmt wird, so bedeutet diese Aussage, daß das Quadrat der S-Matrix die Wahrscheinlichkeitsdichte für die Emission eines Teilchens in diese Richtung angibt. Wählen wir die Quantenzahlen l und m, so erhalten wir die Wahrscheinlichkeit dafür, ein Teilchen mit gegebenem Drehimpuls und gegebener Projektion des Drehimpulses zu beobachten.

Wir wollen uns jetzt mit der Aufgabe beschäftigen, eine S-Matrix, die durch einen bestimmten Satz von Quantenzahlen gegeben ist, in diejenige S-Matrix zu transformieren, die man bei Benutzung eines anderen Satzes von Quantenzahlen erhält. Diese Transformation wird uns im weiteren außerordentlich nützlich sein. Wir wollen ein Beispiel anführen. Durch die Erhaltungssätze werden der S-Matrix eine Reihe von Einschränkungen auferlegt. Wenn in die Quantenzahlensätze α und n die Quantenzahlen von Bewegungsintegralen eingehen, so ist die S-Matrix in bezug auf diese Quantenzahlen diagonal. Interessieren uns nun die Einschränkungen, die durch die Erhaltungssätze z. B. der Winkelverteilung auferlegt werden, so müssen wir die S-Matrix aus der Darstellung, in der die Quantenzahlen der Bewegungsintegrale vorgegeben sind, in eine Darstellung überführen, in der die Winkel vorgegeben sind.

Um die Wahrscheinlichkeit dafür zu finden, daß in einem gegebenen Zustand die Größe q beobachtet wird, muß man nach den allgemeinen Prinzipien der Quantenmechanik [1, 2, 3] die Funktion $\Psi_n(x)$ in Eigenfunktionen des Operators $\hat{Q}$ dieser Größe zerlegen,

$$\Psi_n(x) = \sum_q C_q^n \Psi_q(x), \tag{22.1}$$

und das Modulquadrat des Zerlegungskoeffizienten C_q^n nehmen. Der Satz von Koeffizienten C_q^n gibt die Wellenfunktion in der „q-Darstellung".

Mit den DIRACschen Bezeichnungen kann man für den Ausdruck (22.1) schreiben

$$(x|n) = \sum_q (x|q)\,(q|n). \tag{22.2}$$

Daraus folgt, daß die Eigenfunktion des Operators $\hat{Q}$ die Transformationsfunktion für den Übergang aus der Darstellung q in die Darstellung x ist: $\Psi_q(x) \equiv (x\,|\,q)$.

Der Vorteil der DIRACschen Bezeichnungsweise besteht darin, daß sie am genauesten und in der allgemeinsten Form die Grundgesetze der Quantenmechanik widerspiegelt. So unterstreicht die Bezeichnung der Transformationsfunktion $(x|q)$ die Symmetrie, die zwischen den Darstellungsindizes x und den Zustandsindizes q besteht. Dieses Bezeichnungssystem gestattet uns außerdem, in einfacher Form den Sinn der verschiedenen Koeffizienten, die uns in der Theorie der Winkelverteilung, der Korrelationen und bei anderen Aufgaben begegnen, zu erklären.

Es ist leicht zu zeigen, daß $(x|q)^*$ gleich $(q|x)$, d. h. gleich der Funktion für die umgekehrte Transformation ist. Wird nämlich $(x|n)$ mit $(x|q')^*$ multipliziert und über x integriert, so erhalten wir wegen der Orthogonalität und der Normiertheit der Funktionen $(x|q)$

$$\int (x|q')^*\,(x|n)\,dx = (q'|n),$$

woraus nach der Definition der Transformationsfunktion die Beziehung $(x|q')^* = (q'|x)$ folgt. Aus dem Dargelegten wird klar, daß z. B. in dem Fall, wenn die Größen x und q ein diskretes Spektrum besitzen, der Ausdruck $|(x|q)|^2$ sowohl die Wahrscheinlichkeit dafür gibt, die Größe q im Zustand x zu finden, als auch die Wahrscheinlichkeit dafür, die Größe x im Zustand q zu beobachten.

Wir führen nun einige gut bekannte Wellenfunktionen aus der Quantenmechanik an, die eine große Rolle als Transformationsfunktionen spielen. Die Eigenfunktion des Impulsoperators ist in der Koordinatendarstellung eine ebene Welle:

$$\Psi_p(\boldsymbol{r}) = \frac{1}{(2\pi)^{3/2}} e^{i\boldsymbol{p}\boldsymbol{r}} \equiv (\boldsymbol{r}|\boldsymbol{p}).$$

Die komplex konjugierte Funktion $(\boldsymbol{r}|\boldsymbol{p})^* = (\boldsymbol{p}|\boldsymbol{r})$ ist die Eigenfunktion von $\boldsymbol{r}$ in der $\boldsymbol{p}$-Darstellung.

Die Eigenfunktion des Drehimpulsoperators besitzt in der Impulsdarstellung die Form

$$Y_{lm}(\vartheta, \varphi) \equiv (\vartheta\varphi|lm),$$

wobei ϑ und φ die Polarwinkel des Impulses sind.

Bekanntlich gilt folgende Zerlegung:

$$\frac{1}{(2\pi)^{3/2}} e^{ipr} = \sum_{l=0}^{\infty} \sum_{m=-l}^{m=l} \frac{J_{l+1/2}(pr)}{\sqrt{pr}} i^l Y^*_{lm}(\Theta, \Phi) Y_{lm}(\vartheta, \varphi),$$

wobei Θ und Φ die Polarwinkel des Vektors $\boldsymbol{r}$ und $J_{l+1/2}$ die BESSEL-Funktionen sind. Man kann die Zerlegung auch folgendermaßen schreiben:

$$(\boldsymbol{r}|\boldsymbol{p}) = \sum_{l,m} (\Theta\Phi|lm)\,(r|p)_l\,(lm|\vartheta\varphi).$$

Hierbei setzen wir entsprechend zu § 21

$$(lm|\Theta\Phi) = i^l Y^*_{lm}(\Theta, \Phi),$$

$$(r|p)_l = \frac{J_{l+1/2}(pr)}{\sqrt{pr}}.$$

Diese Funktionen sind orthogonal und normiert und dienen als wichtige Beispiele für Transformationsfunktionen:

$$\sum_{l,m} (\boldsymbol{n}'|lm)\,(lm|\boldsymbol{n}) = (\boldsymbol{n}'|\boldsymbol{n}) = \delta(\boldsymbol{n} - \boldsymbol{n}').$$

Hierbei sind $\boldsymbol{n}$ und $\boldsymbol{n}'$ Einheitsvektoren, deren Richtungen durch die Werte der Winkel $\vartheta\varphi$ und $\vartheta'\varphi'$ bestimmt werden:

$$\int (l'm'|\boldsymbol{n})\,d\Omega_n\,(\boldsymbol{n}|lm) = \delta_{l'l}\delta_{m'm},$$

$$\int (p'|r)_l\,r^2\,dr\,(r|p)_l = \frac{1}{p^2}\delta(p' - p).$$

Es sei darauf hingewiesen, daß $\delta(\boldsymbol{p}' - \boldsymbol{p}) = \delta(\boldsymbol{n}' - \boldsymbol{n})\frac{1}{p^2}\delta(p' - p)$ ist.

Die Transformation der Matrixelemente von Operatoren aus einer Darstellung in eine andere folgt sofort aus dem Dargelegten:

$$(\eta'|P|\eta) = \sum_{\xi,\xi'} (\eta'|\xi')\,(\xi|P|\xi)\,(\xi|\eta),$$

d. h., der Übergang wird mit den gleichen Transformationsfunktionen vorgenommen. Das bezieht sich offensichtlich auch auf den Operator $\hat{S}$.

Kennt man die Form der S-Matrix in einer Darstellung, in der als Variable ξ und ξ' die Bewegungungsintegrale gewählt sind, und kennt man die Transformationsfunktion für den Übergang aus dieser Darstellung in eine Darstellung, die den Versuchsbedingungen entspricht, d. h. die Funktionen $(\xi|\eta)$, so kann man leicht die S-Matrix in der erforderlichen Darstellung erhalten und folglich auch die mit ihr verbundenen experimentell beobachtbaren Größen.

§ 23. Der Zusammenhang der S-Matrix mit den Wirkungsquerschnitten

Wie schon ausgeführt wurde, bestimmt das Quadrat eines Matrixelementes der S-Matrix die Wahrscheinlichkeit dafür, daß am Ende des Prozesses dieser oder jener Systemzustand beobachtet wird. Kennt man diese Wahrscheinlichkeit, so kann man den Wirkungsquerschnitt des Prozesses berechnen. Bisher betrachteten wir den Stoß von Teilchen in sehr allgemeiner Form, d. h., wir verstanden unter dem Anfangszustand i und dem Endzustand f vielfältige Zustände vieler Teilchen.

Betrachten wir nunmehr den Stoß von zwei Teilchen. Das Teilchen I möge vor dem Stoß (bei $t \to -\infty$) den Spin j_{I} und die Spinprojektion μ_{I} besitzen, das Teilchen II den Spin j_{II} und die Spinprojektion μ_{II}. Die Teilchen bewegen sich, ohne in Wechselwirkung zu stehen, mit dem Impuls $\boldsymbol{p}$ im Schwerpunktsystem. Außerdem geben wir den sogenannten Kanalindex[1]) α vor, eine Größe, die uns den Typ der Teilchen I und II bestimmt (Mesonen, Neutronen, Protonen u. ä.). Unter dem Zustand f kann man zunächst einen beliebigen Zustand einer beliebigen Zahl von Teilchen verstehen, die im Ergebnis des Zusammenstoßes der Teilchen I und II entstehen können. Der Wirkungsquerschnitt wird als Verhältnis der Zahl von Ereignissen einer gegebenen Art in der Zeiteinheit und pro Targetteilchen zum Strom der einfallenden Teilchen pro Flächeneinheit definiert. Entsprechend dieser Definition genügt es nicht, einfach die Wahrscheinlichkeit dafür zu bestimmen, daß im Ergebnis der Wechselwirkung der Zustand f erzeugt wird, sondern es muß die Wahrscheinlichkeit für die Erzeugung dieses Zustandes in der Zeiteinheit gefunden werden.

Wir heben zu diesem Zweck von den Indizes der S-Matrix die Energie des Anfangszustandes explizit hervor und benutzen die Tatsache, daß die Energie ein Bewegungsintegral darstellt:

$$(f\,|\,S\,|\,i) = (f_0\,|\,S^E\,|\,i_0)\,\delta(E_f - E_i). \tag{23.1}$$

Mit f_0 und i_0 sind dabei die restlichen Quantenzahlen bezeichnet, durch die Anfangs- und Endzustand charakterisiert werden, ausgenommen die Energie E.

Wird (23.1) quadriert, so erhalten wir

$$\begin{aligned} |(f\,|\,S\,|\,i)|^2 &= |(f_0\,|\,S^E\,|\,i_0)|^2 \cdot |\delta(E_f - E_i)|^2 \\ &= \lim_{t\to\infty} |(f_0\,|\,S^E\,|\,i_0)|^2\,\delta(E_t - E_i)\int_{-t}^{t}\frac{1}{2\pi}\,e^{i(E_f - E_i)t}\,dt. \end{aligned}$$

Wird dieser Ausdruck über alle E_f integriert, so finden wir

$$\lim_{\Delta t\to\infty}\frac{1}{2\pi}\,|(f_0\,|\,S^E\,|\,i_0)|^2\,\Delta t.$$

---

[1]) Wir benutzen die in der Kernphysik übliche Terminologie. Als Reaktionskanäle werden die verschiedenen Wege (im Sinne der Eigenschaften der Reaktionsprodukte) bezeichnet, auf denen die Reaktion verlaufen kann. In den Kanalbegriff werden oft nicht nur diejenigen Quantenzahlen einbezogen, die den inneren Zustand der Teilchen charakterisieren, sondern auch der Gesamtspin der Teilchen und der Bahndrehimpuls.

Daraus folgt, daß die Wahrscheinlichkeit des Übergangs in der Zeiteinheit gleich ist:

$$\frac{1}{2\pi}\,|(f_0|S^E|\,i_0)|^2. \tag{23.2}$$

Von der Matrix $(f_0|S^E|\,i_0)$ sagt man oft, sie sei auf der Energiefläche vorgegeben. Bestimmen wir nun den Teilchenfluß im Zustand $|i_0)$. Der Anfangszustand wurde durch den Satz $|\alpha j_{\mathrm{I}}\,\mu_{\mathrm{I}} j_{\mathrm{II}}\,\mu_{\mathrm{II}}\,\boldsymbol{p})$ vorgegeben. Da in diesem Zustand der Impuls einen bestimmten Wert besitzt, so ist der Fluß, wie bekannt [1], gleich $v/(2\pi)^3$. Der Zustand $|i_0)$ wird jedoch nicht durch die Quantenzahl $\boldsymbol{p}$, sondern durch die Quantenzahl der Energie E der Relativbewegung der Teilchen vorgegeben.

Es ist leicht zu zeigen, daß die Wellenfunktionen $|\alpha j_{\mathrm{I}}\mu_{\mathrm{I}}\, j_{\mathrm{II}}\mu_{\mathrm{II}}\boldsymbol{p})|$ und $|i_0)$ dieser Zustände über die einfache Beziehung

$$|i_0) = |\alpha j_{\mathrm{I}}\mu_{\mathrm{I}}\, j_{\mathrm{II}}\mu_{\mathrm{II}}\boldsymbol{p})\,\frac{p}{\sqrt{v}}\;{}^{1)} \tag{23.3}$$

verknüpft sind. Daraus finden wir einen Ausdruck für den Fluß im Zustand $|i_0)$:

$$\frac{p^2}{(2\pi)^3}. \tag{23.4}$$

Der Ausdruck für den Wirkungsquerschnitt nimmt deshalb folgende Form an:

$$\sigma_{f_0} = \frac{4\pi^2}{p^2}\,|(f_0|S^E|\,\alpha j_{\mathrm{I}}\mu_{\mathrm{I}} j_{\mathrm{II}}\mu_{\mathrm{II}}\,\boldsymbol{n})|^2. \tag{23.5}$$

---

[1]) Wir wollen diese Beziehung beweisen. Es möge $\Psi_{\boldsymbol{p}} \equiv \Psi_{pn}$ eine Wellenfunktion sein, die folgendermaßen normiert ist:

$$\int \Psi^*_{pn}\Psi_{p'n'}\,d\tau = \delta(\boldsymbol{p}-\boldsymbol{p}') = \frac{1}{p^2}\,\delta(p-p')\,\delta(\boldsymbol{n}-\boldsymbol{n}')$$

$$= \frac{1}{p^2\left(\dfrac{dp}{dE}\right)}\,\delta(E-E')\,\delta(\boldsymbol{n}-\boldsymbol{n}').$$

Hierbei ist $\boldsymbol{n}$ der Einheitsvektor in Richtung von $\boldsymbol{p}$. Wird das mit der Normierungsbedingung für die Ψ_{En} verglichen,

$$\int \Psi^*_{En}\Psi_{E'n'}\,d\tau = \delta(E-E')\,\delta(\boldsymbol{n}'-\boldsymbol{n}),$$

so finden wir

$$\Psi_{En} = p\sqrt{\frac{dp}{dE}}\,\Psi_{pn}.$$

Unter Berücksichtigung von $\dfrac{dE}{dp} = v$ erhalten wir die Formel (23.3).

Die Größe σ_{f_0} kann man auch durch die Matrixelemente der S-Matrix in einer Darstellung ausdrücken, in der anstelle von $\boldsymbol{n}$ als Variable die Quantenzahlen l und m benutzt werden:

$$\sigma_{f_0} = \frac{4\pi^2}{p^2}\left|\sum_{lm}(f_0|S^E|\,\alpha j_{\rm I}\mu_{\rm I}\, j_{\rm II}\mu_{\rm II}\, l m)\,(lm|\boldsymbol{n})\right|^2. \tag{23.6}$$

Nach den vorhergehenden Paragraphen ist $(lm|\boldsymbol{n}) = Y^*_{lm}(\boldsymbol{n})$. Legen wir die z-Achse in Richtung des einfallenden Bündels, so ist

$$Y^*_{lm}(0, 0) = \sqrt{\frac{2l+1}{4\pi}}\,\delta_{-m\,0},$$

und der Ausdruck (23.6) nimmt die Form

$$\sigma_{f_0} = \pi\lambda^2\left|\sum_{l}\sqrt{2l+1}\,(f_0|S^E|\,\alpha j_{\rm I}\,\mu_{\rm I} j_{\rm II}\mu_{\rm II}\, l0)\right|^2 \tag{23.7}$$

an, wobei λ die DE BROGLIEsche Wellenlänge bedeutet.

Wir zeigen nun, daß der von uns gefundene Ausdruck für den Wirkungsquerschnitt im Grenzfall mit dem Ausdruck zusammenfällt, den man aus der klassischen Mechanik erhält. Das System möge solche Eigenschaften besitzen, daß die Reaktion nur durch Teilchen mit dem Bahndrehimpuls $l = l'$ hervorgerufen wird. Die Reaktion möge außerdem mit maximaler Intensität vor sich gehen, d. h., das entsprechende Quadrat des Matrixelements des S-Matrix soll gleich Eins sein.

In diesem Falle erhalten wir aus (23.7)

$$\sigma_{l'} = \pi\lambda^2(2l'+1).$$

Wir leiten nun dieses Resultat aus quasiklassischen Überlegungen ab. Auf das Target möge ein paralleles Teilchenbündel einfallen. Der Drehimpuls eines Teilchens bezüglich des Targetzentrums sei gleich $p\varrho$, wobei p den Impuls und ϱ den Zielabstand bedeuten. Der Drehimpuls kann nur die diskreten Werte $\sqrt{l(l+1)}$ annehmen. Deshalb gilt für $l \gg 1$ angenähert die Gleichung

$$p\varrho \approx l$$

oder $\varrho \approx l\lambda$, d. h., Teilchen mit vorgegebener Wellenlänge und vorgegebenem Bahndrehimpuls l bewegen sich in einem ausreichend erfaßbaren Abstand vom Koordinatenursprung. Die Fläche des Ringes, auf den die Teilchen mit vorgegebenem l einfallen, beträgt

$$\sigma_l = \pi\varrho_{l+1}^2 - \pi\varrho_l^2 = \pi\lambda^2[(l+1)^2 - l^2] = \pi\lambda^2(2l+1).$$

Daraus ist zu ersehen, daß der vorhin bestimmte Wirkungsquerschnitt bei großem l in den Wirkungsquerschnitt übergeht, der sich in der klassischen Mechanik als Fläche des Ringes in der zum Teilchenfluß senkrechten Ebene ergibt.

Gleichung (23.7) ist nicht der allgemeinste Ausdruck für den Wirkungsquerschnitt der Prozesse, die beim Zusammenstoß zweier Teilchen vor sich gehen. Der Wirkungsquerschnitt σ_f eines Überganges aus dem Zustand Ψ_i in den Zustand Ψ_f

wird durch das Quadrat des Matrixelementes des Operators $\hat{S}$ bestimmt. Im Falle der elastischen Streuung der Teilchen interessiert uns nun nicht die Wahrscheinlichkeit, mit welcher das System im Eingangskanal verbleibt, sondern die Wahrscheinlichkeit dafür, daß im Ergebnis der Wechselwirkung das System in den Eingangskanal zurückkehrt. Deshalb muß von der Wellenfunktion Ψ_f die Wellenfunktion Ψ_i abgezogen werden:

$$\Psi'_f = \Psi_f - \Psi_i = (\hat{S} - \hat{I})\,\Psi_i.$$

Hierbei wird mit $\hat{I}$ die Einheitsmatrix bezeichnet. Zur Berechnung des Wirkungsquerschnittes der elastischen Streuung ist das Quadrat des Matrixelementes des Operators $\hat{S} - \hat{I}$ zu nehmen. Die Matrix $\hat{I}$ bleibt, wie bekannt (siehe [1]), in allen Darstellungen Einheitsmatrix. Deshalb hat der allgemeine Ausdruck für den Wirkungsquerschnitt (einschließlich der elastischen Prozesse) die Form

$$\varrho_{f_0} = \pi \lambda^2 \left| \sum_l \sqrt{2\,l + 1}\; [(f_0\,|\hat{S} - \hat{I}|\,\alpha j_{\mathrm{I}} \mu_{\mathrm{I}}\, j_{\mathrm{II}} \mu_{\mathrm{II}}\, l 0)] \right|^2. \tag{23.8}$$

Wenn die Bündel von stoßenden Teilchen nicht polarisiert sind, so muß dieser Ausdruck über die Projektionen der Spins der Anfangsteilchen gemittelt werden. Das liefert

$$\bar{\sigma}_{f_0} = \frac{1}{(2\,j_{\mathrm{I}} + 1)\,(2\,j_{\mathrm{II}} + 1)} \sum_{\mu_{\mathrm{I}} \mu_{\mathrm{II}}} \sigma_{f_0}. \tag{23.9}$$

Wird für die $\hat{S}$-Matrix eine Darstellung gewählt, in der wir anstelle der Variablen l und m den Einheitsvektor $\boldsymbol{n}$ zugrunde legen, so erhalten wir folgenden allgemeinen Ausdruck für den Wirkungsquerschnitt:

$$\sigma_{f_0} = \frac{4\,\pi^2}{p^2}\,|(f_0\,|\hat{S} - \hat{I}|\,\alpha j_{\mathrm{I}} \mu_{\mathrm{I}}\, j_{\mathrm{II}} \mu_{\mathrm{II}}\, \boldsymbol{n})|^2. \tag{23.10}$$

KAPITEL VII

Die Anwendung der allgemeinen S-Matrix-Theorie

§ 24. Der Zusammenhang der Wirkungsquerschnitte von elastischen und unelastischen Prozessen

Auf der Grundlage der Formel (23.8) kann man folgende allgemeinen Schlüsse über die Eigenschaften der Wirkungsquerschnitte ziehen.

1. Wir wollen annehmen, daß nur dann eine Wechselwirkung zwischen den Teilchen vorhanden ist, wenn sie sich in einem Zustand mit einem bestimmten Bahndrehimpuls l_1 befinden. Das heißt, daß die Wechselwirkung dargestellt ist, daß nur die Matrixelemente der S-Matrix mit $l = l_1$ verschieden von Null sind. Es gilt dann

$$\sigma_{f_0}^{l_1} = \pi \lambda^2 (2 l_1 + 1) \, |(f_0 | S | \alpha j_{\mathrm{I}} \mu_{\mathrm{I}} \, j_{\mathrm{II}} \mu_{\mathrm{II}} \, l_1 0)|^2 .$$

Diese Größe nennen wir Partialquerschnitt.

Aus (19.1) folgt, daß $|(f_0 | S | i_0)|^2 \leq 1$ ist, d. h. daß der Partialquerschnitt eines beliebigen unelastischen Prozesses den Wert $\pi \lambda^2 (2l + 1)$ nicht überschreiten kann. Das steht in guter Übereinstimmung mit dem vorhin diskutierten Ergebnis aus der klassischen Mechanik. Die Unitarität der S-Matrix (19.1) drückt dabei den Umstand aus, daß die Zahl der Fälle, in denen der Zustand f_0 entsteht, nicht die Zahl der auf das Target einfallenden Teilchen überschreiten kann.

2. Es existieren keine unelastischen Prozesse, die nicht gleichzeitig von einer elastischen Streuung begleitet wären. Wenn nämlich wenigstens ein Element der S-Matrix $(f_0 | S | i_0)$ verschieden von Null ist, so sind infolge der Unitarität die Diagonalelemente der S-Matrix dem Modul nach kleiner als Eins, und das bedeutet gemäß Gleichung (23.8), daß der Wirkungsquerschnitt der elastischen Streuung verschieden von Null ist.

3. *Der Stoß von spinlosen Teilchen.* Aus den Ergebnissen, die wir vorstehend erhielten, lassen sich sehr leicht die bekannten Ausdrücke für die Wirkungsquerschnitte der Streuung von spinlosen Teilchen ableiten. Wir schreiben die S-Matrix unter Benutzung von (20.1) und (20.2) in der Form

$$S^l \delta_{ll'} \delta_{mm'} \delta(E' - E) . \tag{24.1}$$

Da die S-Matrix unitär sein muß, folgt bei Abwesenheit von unelastischen Prozessen

$$S^l S^{l*} = 1$$

oder

$$S^l = e^{2 i \delta_l} . \tag{24.2}$$

Wird dieser Ausdruck in Formel (23.8) eingesetzt, in welcher der Endzustand jetzt durch einen bestimmten Drehimpuls l charakterisiert wird, so erhalten wir den Partialquerschnitt

$$\sigma^l = \pi\lambda^2 \left|\sqrt{2l+1}\,(e^{2i\delta_l} - 1)\right|^2 = 4\pi\lambda^2(2l+1)\sin^2\delta_l.$$

Den Gesamtquerschnitt finden wir durch Summation über alle l:

$$\sigma = 4\pi\lambda^2 \sum_l (2l+1)\sin^2\delta_l. \tag{24.3}$$

Hierbei bedeutet δ_l die Streuphase.

Um den differentiellen Wirkungsquerschnitt zu erhalten, müssen wir die S-Matrix in eine Darstellung überführen, in der die Winkel θ und φ explizit eingehen:

$$d\sigma = \frac{\lambda^2}{4}\left|\sum_l (2l+1)\,(e^{2i\delta_l} - 1)P_l(\cos\theta)\right|^2 d\Omega.\ ^{1)} \tag{24.4}$$

Integriert man (24.4) über die Winkel, so erhält man bekanntlich (24.3). Aus der Ableitung der Formeln (24.3) und (24.4) ist zu ersehen, daß wir nur die allgemeinen Eigenschaften der S-Matrix benutzten.[2])

Sind beim Stoß von spinlosen Teilchen auch unelastische Prozesse möglich, so kann man aus der Unitaritätsbedingung keinen einfachen Ausdruck für die S-Matrix erhalten. Unter l in der Formel (24.1) muß der Gesamtdrehimpuls aller Teilchen, die sich als Ergebnis des Stoßes bilden, verstanden werden.

Für die elastische Streuung bedeutet l nach wie vor den Bahndrehimpuls. Man erhält deshalb den Wirkungsquerschnitt der elastischen Streuung aus (24.4), wenn $e^{i\delta_l}$ durch eine komplexe Zahl S^l ersetzt wird, deren Modul kleiner als Eins ist:

$$d\sigma_s = \frac{\lambda^2}{4}\left|\sum_l (2l+1)\,(S^l - 1)P_l(\cos\theta)\right|^2 d\Omega.$$

Wird über die Winkel integriert, erhalten wir den Gesamtwirkungsquerschnitt

$$\sigma_s = \pi\lambda^2 \sum_l (2l+1)\,|S^l - 1|^2. \tag{24.5}$$

---

[1]) Das Element des Raumwinkels kommt wie üblich zustande, d. h. wie in allen Ausdrücken, die mit Quantenzahlen zusammenhängen, deren Spektrum kontinuierlich ist. Sind die Wellenfunktionen auf eine δ-Funktion normiert, so bestimmt das Modulquadrat der Wellenfunktion die Wahrscheinlichkeitsdichte. Die Wahrscheinlichkeit selbst erhält man durch Multiplikation des Modulquadrats der Wellenfunktion mit dem Differential des Spektrums. Ist z. B. $\Psi(x)$ die Wellenfunktion in der Koordinatendarstellung, so ist die Wahrscheinlichkeit, die Koordinate x zu beobachten, gleich $|\Psi(x)|^2\,dx$. Haben wir eine Funktion für n Teilchen in der Impulsdarstellung, so muß das Modulquadrat der Funktion mit dem Produkt der Differentiale der Teilchenimpulse $dp_1\,dp_2 \ldots dp_n$ multipliziert werden, damit man die Wahrscheinlichkeit erhält. Dieses Produkt wird gewöhnlich „Element des Phasenraumes" genannt.

[2]) Außerdem wird hier natürlich die Voraussetzung benutzt, daß man bei $t \to \pm\infty$ die Teilchen als freie Teilchen betrachten kann. Für Wechselwirkungspotentiale, die im Unendlichen wie $1/r$ oder langsamer abnehmen, muß im allgemeinen eine besondere Betrachtung durchgeführt werden.

Den Gesamtquerschnitt aller unelastischen Prozesse können wir mit Hilfe von Formel (23.8) bestimmen, wenn ein Satz von Quantenzahlen f_0 verwendet wird, der den Gesamtdrehimpuls der emittierten Teilchen enthält:

$$\sigma_r = \pi \lambda^2 \sum_{n,l} (2l + 1) \, |(n \, | S^l | \, 0)|^2.$$

Die Summation über n bedeutet wie üblich Summation über alle diskreten Variablen, einschließlich der Aufzählung aller Reaktionstypen und der Integration über alle stetigen Variablen.

Wir benutzen die Unitaritätsbedingung

$$\sum_n |(n \, | S^l | \, 0)|^2 + |(0 \, | S^l | \, 0)|^2 = 1; \quad (0 \, | S^l | \, 0) \equiv S^l,$$

woraus folgt:

$$\sigma_r = \pi \lambda^2 \sum_{n,l} (2l + 1) \, (1 - |S^l|^2). \tag{24.6}$$

Es möge $S^l = B_l e^{i\delta l}$ sein. Dann kann man den partiellen Streuquerschnitt in der Form

$$\frac{\sigma_s^l}{\pi \lambda^2 (2l + 1)} = 1 - 2B_l \cos \delta_l + B_l^2$$

schreiben und den Partialquerschnitt der unelastischen Prozesse in der Form

$$\frac{\sigma_r^l}{\pi \lambda^2 (2l + 1)} = 1 - B_l^2.$$

Aus diesen Ausdrücken ist besonders klar zu sehen, daß die unelastischen Prozesse immer von elastischen Prozessen begleitet sind. Bei vorgegebener Größe des Wirkungsquerschnittes der elastischen Streuung existiert ein maximal möglicher Wert des Wirkungsquerschnittes der unelastischen Prozesse $\sigma_r^{\max}$. Bei $\sigma_r = \sigma_r^{\max}$ ist σ_s ebenfalls gleich $\sigma_r^{\max}$. Der maximal mögliche Wert der elastischen Streuung beträgt $\sigma_s^{\max} = 4\sigma_r^{\max}$.

4. Betrachten wir jetzt den Grenzfall, daß die unelastischen Prozesse eine sehr große Rolle spielen. Das heißt, es möge eine große Zahl offener Kanäle geben, und alle Elemente der S-Matrix sollen angenähert von derselben Größenordnung sein. Da nun $\sum_{f_0} |(f_0 \, | S | \, i_0)|^2 = 1$ ist, so gilt für jedes Element $|(f_0 \, | S | \, i_0)| \ll 1$. Als mögliches reales Beispiel[1]) dafür kann der Stoß von Mesonen und Nukleonen bei hohen Energien dienen.

$$\pi + N \rightarrow \begin{cases} \pi + N' \\ 2\pi + N' \\ 3\pi + N' \\ \cdot \;\; \cdot \;\; \cdot \end{cases}$$

[1]) In etwas anderer Form wird diese Darstellung sehr oft in der Kernphysik angewendet.

Der Wirkungsquerschnitt jedes einzelnen unelastischen Prozesses ist sehr klein. Entsprechend zu (24.6) ist jedoch die Summe der Wirkungsquerschnitte aller unelastischen Prozesse angenähert gleich

$$\sigma_r \approx \sum_l \pi \lambda^2 (2l + 1) .$$

Bei der Summation über die Zustände f_0 benutzten wir die Beziehung

$$\sum_{f_0 \neq i_0} |(f_0|S|i_0)|^2 = 1 - |(i_0|S|i_0)|^2$$

und vernachlässigten $|(i_0|S|i_0)|^2$ gegen Eins. Führen wir eine analoge Vernachlässigung auch für den Wirkungsquerschnitt der elastischen Streuung (24.5) durch, so erhalten wir

$$\sigma_s = \sum_l \pi \lambda^2 (2l + 1) .$$

Der von uns benutzte Ausdruck für die Matrix des Operators $\hat{S} - \hat{I}$ ist nicht für alle l gültig. Wie schon bemerkt wurde, kann man bei großen Werten von l die Aufgabe quasiklassisch betrachten. Diesen Werten von l entsprechen große Zielabstände $\varrho = \lambda l$. Wenn der Wechselwirkungsradius der stoßenden Teilchen gleich R ist (das ist selbstverständlich eine gewisse effektive Größe, die nicht unbedingt streng definiert ist), so ist der größte Wert von l, bei dem noch eine Wechselwirkung auftritt, etwa gleich $l_0 \approx \frac{R}{\lambda}$. Das bedeutet, daß die Teilchen bei $l > l_0 \approx \frac{R}{\lambda}$ nicht wechselwirken und daß $\hat{S} = \hat{I}$ ist. Das heißt, die Summation über l läuft von Null bis l_0. Daraus erhält man leicht $\sigma_r = \sigma_s = \pi R^2$. Mit anderen Worten, der Wirkungsquerschnitt der elastischen Streuung ist sehr groß, und zwar gleich dem Gesamtwirkungsquerschnitt aller unelastischen Prozesse. Unser Ergebnis klingt im ersten Augenblick paradox, denn als Gesamtwirkungsquerschnitt der Wechselwirkung erhält man $2\pi R^2$, während in der klassischen Mechanik der maximale Querschnitt der Wechselwirkung nur die Hälfte dieses Wertes beträgt, nämlich πR^2. Dieses Paradoxon löst sich, wird die Winkelverteilung der elastisch gestreuten Teilchen betrachtet. Dazu muß der Operator $\hat{S} - \hat{I} \sim - \hat{I}$ in die Darstellung der Streuwinkel übergeführt werden. Wie schon vorhin bemerkt wurde, besitzt die dazu notwendige Transformation die Form

$$Y_{lm}(\theta, \varphi) - (\theta\varphi | lm),$$

$$\sum_{l'm'} I_{l'lm'm} (l'm' | \theta\varphi) = Y_{lm}(\theta, \varphi) . \tag{24.7}$$

Wird (24.7) in die allgemeine Formel (23.8) für den Streuquerschnitt eingesetzt, so erhält man

$$d\sigma = \pi \lambda^2 \left| \sum_{l=0}^{l_0 = \frac{R}{\lambda}} \frac{2l+1}{\sqrt{4\pi}} P_l \cos \theta) \right|^2 d\Omega . \tag{24.8}$$

Man kann zeigen (siehe [2], S. 495), daß die Summe in (24.8) gleich

$$\frac{J_1\left(\frac{R}{\lambda}\theta\right)}{\left(\frac{\lambda}{R}\right)\theta}$$

ist, wobei J_1 die Bessel-Funktion erster Ordnung bedeutet. Wenn die unelastischen Prozesse intensiv sind, geht also ein intensives Herausschlagen der Teilchen aus dem Bündel vor sich, so besitzt die Winkelverteilung der elastisch gestreuten Teilchen die Form

$$\frac{d\sigma}{d\Omega} = \pi R^2 \left|\frac{J_1\left(\frac{R}{\lambda}\theta\right)}{\theta}\right|^2. \tag{24.9}$$

$J_1\left(\frac{R}{\lambda}\theta\right)$ ist jedoch nur bei $\frac{R}{\lambda}\theta \approx 1$ oder bei $\theta \approx \frac{\lambda}{R}$ wesentlich von Null verschieden. Daraus folgt die Lösung des Paradoxons: Beim Übergang zur klassischen Mechanik behält die Beziehung $\sigma_t = \sigma_r + \sigma_s = 2\pi R^2$ ihre Gültigkeit, die Streuung der Teilchen erfolgt jedoch nur um sehr kleine Winkel $\sim \frac{\lambda}{R}$, deren Betrachtung die Anwendung der Quantenmechanik voraussetzt. Das Kriterium für die Anwendbarkeit der klassischen Mechanik besteht eben gerade darin, daß man die Wellenlänge der Teilchen im Vergleich zu den Abmessungen des Systems vernachlässigen kann. Aber das bedeutet, daß man überhaupt σ_s vernachlässigt und daß man für σ_t folgenden Ausdruck erhält:

$$\sigma_t = \pi\lambda^2 \sum_l (2l + 1) = \pi R^2.$$

Der Ausdruck (24.9) fällt genau mit dem Fraunhoferschen Ausdruck für die Diffraktion an einer absolut schwarzen Kugel zusammen. Diese Übereinstimmung trägt offensichtlich keinen zufälligen Charakter, sondern ist eine Folge der Wellennatur der Teilchen. Im Zusammenhang mit dieser optischen Analogie nennt man die elastische Streuung von Teilchen, die durch starke unelastische Prozesse hervorgerufen wird, Diffraktionsstreuung. Wie aus dem Dargelegten entnommen werden kann, ist für diese Streuung ein stark ausgeprägtes Vorwärtsmaximum charakteristisch. Die Halbwertsbreite der Winkelverteilung in der Vorwärtsrichtung ergibt sich aus dem Verhältnis zwischen der de Broglieschen Wellenlänge und dem effektiven Wechselwirkungsradius der stoßenden Teilchen.

5. *Optisches Theorem.* In dem angeführten Beispiel benutzten wir die Unitarität der S-Matrix zum Beweis des engen Zusammenhanges zwischen elastischen und unelastischen Prozessen. Wir zeigen jetzt, daß zwischen diesen Prozessen eine exakte Beziehung existiert, die nicht von den Voraussetzungen abhängt, unter denen wir unser Beispiel betrachteten. Diese Beziehung ist ebenfalls eine Folge der fundamentalen Eigenschaft, daß die S-Matrix unitär ist.

Wir sahen bereits, daß die Quadrate der Matrixelemente des Operators $\hat{S} - \hat{I}$ die Querschnitte der verschiedenen Prozesse bestimmen. Anstelle des Operators $\hat{S} - \hat{I}$ führt man oft den Operator $\hat{R}$ ein, der folgendermaßen definiert ist: $i\hat{R} = \hat{S} - \hat{I}$. Die Operatoren $\hat{R}$ und $\hat{S} - \hat{I}$ unterscheiden sich nur durch einen unwesentlichen Phasenfaktor. Schreiben wir jetzt die Unitarität der S-Matrix durch den Operator $\hat{R}$ auf,

$$\hat{S}\hat{S}^{+} = (\hat{I} + i\hat{R})(\hat{I} - i\hat{R}^{+}) = \hat{I}, \tag{24.10}$$

so folgt daraus

$$i\hat{R} - i\hat{R}^{+} + \hat{R}\hat{R}^{+} = 0. \tag{24.11}$$

Betrachten wir das Matrixelement der Operatorgleichung (24.11), wobei wir als Wellenfunktionen die Funktionen $\Psi = |\alpha\mu_1\mu_2\boldsymbol{n}E)\,\frac{2\pi}{p}$ benutzen. Wir haben dann

$$(\Psi', \hat{R}\Psi) = \frac{2\pi}{p'}(\boldsymbol{n}'\mu_1\mu_2\alpha'|\hat{R}|\boldsymbol{n}\mu_{\mathrm{I}}\mu_{\mathrm{II}}\alpha)\,\frac{2\pi}{p}\,\delta(E' - E). \tag{24.12}$$

Wie man aus Formel (23.10) sieht, liefert das Modulquadrat des Ausdruckes

$$\frac{2\pi}{p'}(\boldsymbol{n}'\mu_1\mu_2\alpha'|\hat{R}|\,\boldsymbol{n}\mu_{\mathrm{I}}\mu_{\mathrm{II}}\alpha), \tag{24.12'}$$

der in (24.12) eingeht, den differentiellen Wirkungsquerschnitt der elastischen Streuung. Man nennt diese Größe Amplitude der elastischen Streuung. Das Matrixelement des dritten Gliedes in (24.11) kann man folgendermaßen schreiben:

$$(\Psi', \hat{R}\hat{R}^{+}\Psi) = \sum_N (\boldsymbol{n}'\mu_1\mu_2\alpha'|\hat{R}|N)(N|\hat{R}^{+}|\boldsymbol{n}\mu_{\mathrm{I}}\mu_{\mathrm{II}}\alpha)\,\frac{(2\pi)^2}{p'p}\,\delta(E' - E). \tag{24.13}$$

Mit $\sum_N$ wird wie gewöhnlich die Summation über alle diskreten und die Integration über alle stetigen Indizes der Zustände verstanden, die im Ergebnis des Stoßes der Teilchen I und II entstehen können. Werden (24.12) und (24.13) in (24.11) eingesetzt, so erhält man ein System von Integralgleichungen für die Amplituden der Prozesse. Wie aus der Ableitung zu ersehen ist, folgt die Existenz dieses Systems allein schon aus der Forderung, daß die S-Matrix unitär sein soll. Die Integralgleichungen nehmen eine besonders einfache Form an, wenn wegen der Energieerhaltung nur die elastische Streuung möglich ist. Es läßt sich leicht zeigen, daß man mit dem System von Integralgleichungen die Phasen der Streuamplituden bestimmen kann, wenn ihre Moduli bekannt sind. Aus der Messung der Wirkungsquerschnitte kann man somit die Modulquadrate der Streuamplitude bestimmen und danach mit Hilfe der Integralgleichungen die Phasen der Streuamplituden. Für die Streuung von spinlosen Teilchen ergibt sich z. B.

$$i\left[(\boldsymbol{n}'|\hat{R}^{+}|\boldsymbol{n})\frac{2\pi}{p} - (\boldsymbol{n}'|\hat{R}|\boldsymbol{n})\frac{2\pi}{p}\right]\frac{2\pi}{p'} = \int \frac{(2\pi)^2}{pp'}(\boldsymbol{n}'|\hat{R}|\boldsymbol{n}'')\,d\Omega''(\boldsymbol{n}''|\hat{R}^{+}|\boldsymbol{n}).$$

Führt man die Bezeichnung f für die Streuamplitude ein, so erhält man daraus

$$\frac{4\pi}{p}\,\mathrm{Im}\, f[(\boldsymbol{n}', \boldsymbol{n})] = \int f[(\boldsymbol{n}', \boldsymbol{n}'')]\, d\Omega''\, f^*[(\boldsymbol{n}'', \boldsymbol{n})], \tag{24.14}$$

wobei $(\boldsymbol{n}', \boldsymbol{n})$ das Skalarprodukt der Einheitsvektoren bedeutet.

Beziehungen der Art (24.14) wurden z. B. in [8] benutzt, um den vollständigen Satz[1]) von Experimenten für die elastische Nukleon-Nukleon-Streuung zu bestimmen. Wir betrachten nur den speziellen Fall, in dem sich die Integralgleichungen auf eine einfache Beziehung reduzieren. Es möge $\boldsymbol{n}' = \boldsymbol{n}$; $\mu_1 = \mu_{\mathrm{I}}$; $\mu_2 = \mu_{\mathrm{II}}$ und $\alpha' = \alpha$ sein. Dann stellt der Ausdruck (24.12′) die Amplitude für Vorwärtsstreuung ohne Änderung der Spinprojektionen dar, wir bezeichnen sie mit $f(0)$, während (24.13) in folgende einfache Ausdrücke übergeht:

$$\delta(E' - E)\,\sigma.$$

Hierbei ist σ der Gesamtwirkungsquerschnitt aller Prozesse, die beim Stoß zweier Teilchen mit den vorgegebenen Spinprojektionen μ_1 und μ_2 auftreten können. Auf der Grundlage von (24.14) erhalten wir

$$\frac{4\pi}{p}\,\mathrm{Im}\, f(0) = \sigma. \tag{24.15}$$

In Worten ausgedrückt bedeutet dies, daß der Imaginärteil der Amplitude für Vorwärtsstreuung proportional dem totalen Wirkungsquerschnitt ist.

Wir summieren nun den linken und den rechten Teil von (24.14) über die Spinprojektionen der stoßenden Teilchen und erhalten

$$\frac{4\pi}{p}\,\mathrm{Sp}\,\mathrm{Im}\, f(0) = (2j_{\mathrm{I}} + 1)\,(2j_{\mathrm{II}} + 1)\,\bar{\sigma}, \tag{24.16}$$

wobei $\bar{\sigma}$ nach (23.9) der totale Stoßquerschnitt für unpolarisierte Teilchen ist. Die Beziehungen (24.15) und (24.16) drücken den Inhalt des sogenannten optischen Theorems aus. Sie werden oft bei der theoretischen Betrachtung der verschiedenen Stoßprozesse und bei der Analyse von experimentellen Daten verwendet. Als Beispiel kann man auf die Streuung von Gammaquanten in einem Coulomb-Feld hinweisen. Vom Gesichtspunkt der Quantenelektrodynamik aus ist das ein Prozeß von sehr hoher Ordnung in e^2. Da jedoch im Coulomb-Feld eine recht intensive Paarbildung auftritt (unelastischer Prozeß), geht eine merkliche Streuung der Gammaquanten vor sich, die sogenannte Delbrück-Streuung. Kennt man den Wirkungsquerschnitt für die Paarbildung, so kann man über Beziehung (24.14) leicht die untere Grenze des Wirkungsquerschnittes für die Vorwärtsstreuung abschätzen. Eine wichtige Anwendung findet das optische Theorem bei der Analyse von Dispersionsrelationen [7]. Man kann es auch zur Präzisierung der Phasenanalyse von verschiedenen Streuprozessen verwenden, besonders dann, wenn die Messung des Streuquerschnittes unter kleinen Winkeln schwierig ist.

---

[1]) Siehe dazu die nachfolgenden Ausführungen.

Aus dem optischen Theorem kann man ohne Zuhilfenahme der vorhin benutzten Modellvorstellungen die Grundzüge der Winkelverteilung von elastisch gestreuten Teilchen hoher Energie streng erhalten.

Der Einfachheit halber betrachten wir den Fall spinloser Teilchen; dann folgt aus (24.14) gemäß [34]

$$|f(0)|^2 \geq \left(\frac{p\sigma_t}{4\pi}\right)^2.$$

Das bedeutet jedoch, daß die Winkelverteilung von elastisch gestreuten Teilchen bei großen Werten von p ein stark ausgeprägtes Vorwärtsmaximum aufweist und im wesentlichen auf den Raumwinkel

$$\Delta\Omega = \pi\theta^2 \leq \left(\frac{4\pi}{p\sigma_t}\right)^2 \sigma_s$$

konzentriert ist.

§ 25. Der Zusammenhang der Wirkungsquerschnitte von direkten und umgekehrten Reaktionen

Wir betrachten die beiden Reaktionen

$$\mathrm{I} + \mathrm{II} \rightleftarrows 1 + 2.$$

Der Wirkungsquerschnitt der direkten Reaktion besitzt nach (23.10) die Gestalt

$$\frac{d\sigma_{if}}{d\Omega_f} = \frac{4\pi^2}{p_i^2} |(-\boldsymbol{n}_f \mu_1 \mu_2 | S^E | \boldsymbol{n}_i \mu_{\mathrm{I}} \mu_{\mathrm{II}})|^2. \tag{25.1}$$

Das Minuszeichen vor dem Einheitsvektor $\boldsymbol{n}_f$ bedeutet, daß sich das Teilchen im Zustand f vom Koordinatenursprung wegbewegt. Der Wirkungsquerschnitt der umgekehrten Reaktion besitzt die Form

$$\frac{d\sigma_{fi}}{d\Omega_i} = \frac{4\pi^2}{p_f^2} |(-\boldsymbol{n}_i \mu_{\mathrm{I}} \mu_{\mathrm{II}} | S^E | \boldsymbol{n}_f \mu_1 \mu_2)|^2. \tag{25.2}$$

Werden (25.1) und (25.2) mit (21.15) verglichen, so sieht man, daß es keinen simplen Zusammenhang zwischen den Wirkungsquerschnitten der direkten und der umgekehrten Reaktion gibt. Es existiert nur ein Zusammenhang zwischen dem Wirkungsquerschnitt der direkten Reaktion und derjenigen umgekehrten Reaktion, bei der die Spins vom Anfangs- und Endzustand gerade entgegengesetzt zum Fall der direkten Reaktion gerichtet sind. Wenn das Teilchenbündel nicht polarisiert ist, so müssen wir den Wirkungsquerschnitt über die Spinprojektionen des Endzustandes summieren und über die Projektionen des Anfangszustandes mitteln; das liefert

$$\overline{\frac{d\sigma_{if}}{d\Omega_f}} = \frac{4\pi^2}{p_i^2} \frac{1}{(2j_{\mathrm{I}}+1)(2j_{\mathrm{II}}+1)} \sum_{\mu_{\mathrm{I}}\mu_{\mathrm{II}}\mu_1\mu_2} |(-\boldsymbol{n}_f \mu_1 \mu_2 | S^E | \boldsymbol{n}_i \mu_{\mathrm{I}} \mu_{\mathrm{II}})|^2,$$

$$\overline{\frac{d\sigma_{fi}}{d\Omega_i}} = \frac{4\pi^2}{p_f^2} \frac{1}{(2j_1+1)(2j_2+1)} \sum_{\mu_{\mathrm{I}}\mu_{\mathrm{II}}\mu_1\mu_2} |(-\boldsymbol{n}_i \mu_{\mathrm{I}} \mu_{\mathrm{II}} | S^E | \boldsymbol{n}_f \mu_1 \mu_2)|^2.$$

Benutzen wir nun die Beziehung (21.15) und beachten wir, daß die Summation über alle Spinprojektionen auszuführen ist, so erhalten wir die Gleichung

$$\frac{\overline{d\sigma_{if}}}{p_f^2\, d\Omega_f}(2j_{\mathrm{I}}+1)(2j_{\mathrm{II}}+1)=\frac{\overline{d\sigma_{fi}}}{p_i^2\, d\Omega_i}(2j_1+1)(2j_2+1). \tag{25.3}$$

Wie aus der Ableitung dieser Gleichung zu ersehen ist, muß der Vergleich der Wirkungsquerschnitte des direkten und des umgekehrten Prozesses bei ein und derselben Energie E durchgeführt werden. Man muß sich außerdem daran erinnern, daß (25.3) nur dann gültig ist, wenn die stoßenden Teilchen nicht polarisiert sind. Im allgemeinen Falle gilt der komplizierte Zusammenhang zwischen den direkten und den umgekehrten Prozessen, der durch Formel (21.15) bestimmt wird. Für Reaktionen mit polarisierten Teilchenbündeln kann man ebenfalls eine Reihe nützlicher Beziehungen zwischen den Wirkungsquerschnitten der direkten und umgekehrten Prozesse ableiten.

Die Gleichung (25.3) nennt man oft den *Satz vom detaillierten Gleichgewicht*. Diese Bezeichnung ist nicht exakt, da man in der klassischen Physik unter detailliertem Gleichgewicht gewöhnlich die Gleichheit der Wahrscheinlichkeiten von direktem und umgekehrtem Prozeß versteht und diese Gleichheit, wie schon bemerkt wurde, auch nicht annähernd gilt. (Zum Unterschied zwischen Reziprozität und detailliertem Gleichgewicht siehe [6].)

Wir führen nun Beispiele für die Benutzung der Beziehung (25.3) an.

1. Die Bestimmung des Spins der π-Mesonen. Der Spin der π-Mesonen wurde mit großer Zuverlässigkeit aus der Untersuchung der Reaktion

$$p+p \rightleftarrows d+\pi^+ \tag{25.4}$$

bestimmt. Wird hierfür die Beziehung (25.3) angewendet, so erhält man

$$\frac{\overline{d\sigma_{if}}/d\Omega_f}{\overline{d\sigma_{fi}}/d\Omega_i}=\frac{3}{2}\,\frac{p_f^2}{p_i^2}(2s+1). \tag{25.5}$$

Es wurde dabei der Faktor $\frac{1}{2}$ eingeführt, der die Identität der beiden Protonen berücksichtigt; s ist der Spin des π-Mesons.

Aus Formel (25.5) ist zu ersehen, daß die Fälle $s=0$ und $s=1$ Verhältnisse zwischen den Wirkungsquerschnitten ergeben, die sich um den Faktor drei unterscheiden. Recht grobe Messungen der differentiellen Wirkungsquerschnitte, die nur unter einem einzigen Winkel ausgeführt zu werden brauchten, gaben somit schon die Möglichkeit zu der Feststellung, daß die π-Mesonen den Spin 0 besitzen.

Die Beziehung (25.3) gilt ganz allgemein. Sie kann deshalb auch zur Bestimmung der Spins von anderen Teilchen dienen. Die Beziehungen zwischen den Wirkungsquerschnitten von direkten und umgekehrten Reaktionen werden oft auch für Reaktionen verwendet, an denen Photonen teilnehmen. Man muß in diesen Fällen jedoch ihre Form etwas verändern.[1]) Obwohl der Spin des Photons gleich 1 ist, so besitzt er doch nicht $2j + 1 = 3$ Projektionen, sondern nur 2; es gibt nur zwei Polarisationen des Photons. Daraus folgt eine triviale Änderung von (25.3). Der Faktor $(2j + 1)$ wird für Photonen durch 2 ersetzt.

2. Von großer prinzipieller Bedeutung ist die Messung des Wirkungsquerschnittes der Photoerzeugung von π^--Mesonen an Neutronen:

$$\gamma + n \to p + \pi^-. \tag{25.6}$$

Neutronen-Targets gibt es jedoch nicht. Man muß diesen Prozeß deshalb auf dem Umweg der Interpretation des Prozesses $\gamma + d \to 2p + \pi^\circ$ untersuchen. Es ist jedoch offensichtlich, daß man anstelle von (25.6) den dazu umgekehrten Prozeß studieren kann. Zur Bestimmung des Wirkungsquerschnittes des direkten Prozesses verwendet man dann Beziehung (25.3), wobei die vorhin gemachte Bemerkung zu berücksichtigen ist, so daß man erhält:

$$\frac{\overline{d\sigma_{\gamma\pi}}}{d\Omega_\pi} = \frac{\overline{d\sigma_{\pi\gamma}}}{d\Omega_\gamma}\frac{p_\pi^2}{p_\gamma^2}\frac{1}{2}.$$

3. Bei der theoretischen Berechnung der Photospaltung des Deuterons

$$\gamma + d \to p + n \tag{25.7}$$

ist es oft zweckmäßig, zunächst den Wirkungsquerschnitt des umgekehrten Prozesses zu bestimmen und daraus mit (25.3) den Wirkungsquerschnitt des Prozesses (25.7).

In diesem Fall besitzt (25.3) die Form

$$\frac{\overline{d\sigma_{d,pn}}}{d\Omega_p} = \frac{\overline{d\sigma_{pn,d}}}{d\Omega_\gamma}\frac{2}{3}\frac{p_p^2}{p_\gamma^2}.$$

[1]) Die Reaktionen, an denen Photonen teilnehmen, werden später noch eingehender behandelt.

KAPITEL VIII

Stöße zwischen Teilchen, die einen Spin besitzen

§ 26. Aufgabenstellung. Beispiele. Die Parametrisierung der S-Matrix

Wie schon vorhin gezeigt wurde, kann man aus den allgemeinen Eigenschaften der Streumatrix recht viel Informationen über die Wechselwirkungsquerschnitte von spinlosen Teilchen erhalten. Unter anderem folgt aus der Unitarität der S-Matrix und aus den Erhaltungssätzen, daß es möglich ist, den Prozeß durch einen Satz von reellen Parametern, nämlich durch die Phasen, zu beschreiben. Die spezifischen Besonderheiten der Wechselwirkung spiegeln sich in der Größe der Phasen und ihrer Energieabhängigkeit wider. Ist z. B. der Wechselwirkungsradius vergleichbar mit der Wellenlänge der Teilchen, so wird der Querschnitt mit großer Genauigkeit durch eine geringe Zahl von Phasen beschrieben. Diese Behauptung folgte unmittelbar aus dem Übergang zur klassischen Mechanik.

Bei der Betrachtung der Eigenschaften von Teilchen und ihrer Wechselwirkungen werden somit theoretisch und experimentell gerade diese Parameter untersucht. Diese Methode vereinfacht die ganze Sache wesentlich. Wird eine Phasenanalyse der experimentellen Daten durchgeführt, so trennt man die Eigenschaften der Prozesse, die mit allgemeinen, gut bekannten Naturgesetzen verknüpft sind, von den Eigenschaften ab, die mit den spezifischen Besonderheiten des Stoßes von Teilchen der gegebenen Sorte zusammenhängen.

Ist es nun immer möglich, eine Phasenanalyse durchzuführen? Welcher Art sind die Besonderheiten, die beim Stoß von Teilchen mit Spin auftreten? Diese Fragen werden wir im vorliegenden Kapitel behandeln. Wir betrachten zunächst den elastischen Stoß von Teilchen, deren Spin verschieden von Null ist:

$$\mathrm{I} + \mathrm{II} \to 1 + 2. \tag{26.1}$$

Dieser Prozeß unterscheidet sich von der elastischen Streuung spinloser Teilchen dadurch, daß der Zustand des Systems nicht nur durch die Flugrichtungen der Teilchen (durch die Winkel θ und φ) bestimmt wird, sondern auch durch die Werte der Spinprojektionen μ. Die S-Matrix ist jetzt von der Gestalt

$$(\theta'\varphi'\mu_1\mu_2\,|S^E|\,\theta\varphi\mu_{\mathrm{I}}\mu_{\mathrm{II}})\,\delta(E'-E), \tag{26.2}$$

während sie für die spinlosen Teilchen die Form

$$(\theta'\varphi'\,|S^E|\,\theta\varphi)\,\delta(E'-E) \tag{26.3}$$

besitzt. Im Falle der spinlosen Teilchen führten wir anstelle der Variablen θ und φ die Veränderlichen l und m ein und benutzten die Erhaltungssätze (20.2). Das führte zu folgender Form der S-Matrix:

$$S^l \delta_{l'l} \delta_{m'm} \delta(E' - E). \tag{26.4}$$

Der Zusammenhang zwischen (26.3) und (26.4) wird durch die Transformationsfunktion

$$(\theta'\varphi' \,|S^E|\, \theta\varphi) = \sum_{lm} Y_{lm}(\theta', \varphi') S^l Y_{lm}(\theta, \varphi)$$
$$= \sum_l \frac{2l+1}{4\pi} P_l(\cos\omega) S^l$$

gegeben. Mit ω wird der Winkel zwischen den Richtungen (θ, φ) und (θ', φ') bezeichnet, S_l sind energieabhängige komplexe Parameter. Die Benutzung der Unitarität ermöglichte die Einführung eines reellen Parameters, der Phase.

Für Teilchen, deren Spin verschieden von Null ist, ergeben die Erhaltungssätze

$$S^J \delta_{J'J} \delta_{M'M} \delta(E' - E). \tag{26.5}$$

S^J ist jedoch keine Zahl mehr, sondern eine Matrix. In Wirklichkeit gaben wir den Zustand durch die vier Quantenzahlen θ, φ, μ_1, μ_2 vor (die Energie wird nicht berücksichtigt). Die Erhaltungssätze lassen aber nur Rückschlüsse auf die beiden Quantenzahlen J und M zu. In bezug auf die restlichen beiden Quantenzahlen stellt S folglich eine Matrix dar, und ihre Abhängigkeit von diesen Zahlen wird durch die spezifischen Eigenheiten der Wechselwirkung bestimmt.[1]) Daraus ist bereits klar, daß man bei der Streuung von Teilchen mit Spin den Ausdruck für den Wirkungsquerschnitt im allgemeinen nicht mehr so stark vereinfachen kann, wie das bei der Streuung von spinlosen Teilchen durch Einführung der Phasen möglich war. In speziellen Fällen können jedoch die Phasen trotzdem eingeführt werden. Betrachten wir die Streuung von spinlosen Teilchen an Teilchen mit dem Spin 1/2, z. B. die Streuung von π-Mesonen an Nukleonen oder von Neutronen am He^4. Der Zustand wird durch die Vorgabe der Zahlen (E, l, m, μ) charakterisiert, wobei μ die beiden Werte $\pm 1/2$ annehmen kann. Wenn wir den Bahndrehimpuls l und den Spin des Teilchens addieren und den Gesamtdrehimpuls J des Systems und seine Projektion M anstelle der Quantenzahlen m und μ einführen, so wird unser System durch die Zahlen (E, l, J, M) charakterisiert. Aus der Addition der Drehimpulse ergibt sich dabei $J = l \pm 1/2$. Bei Berücksichtigung der Erhaltungssätze für den Impuls und die Energie besitzt die S-Matrix die Form

$$S^J \delta_{J'J} \delta_{M'M} \delta(E' - E),$$

---

[1]) Die Anzahl von Quantenzahlen, die den Satz bilden, der den Zustand beschreibt, wird durch die Zahl der Freiheitsgrade des Systems bestimmt und hängt offensichtlich nicht von der Darstellung ab. So wird z. B. der Satz für spinlose Teilchen aus den drei Zahlen (E, θ, φ) oder (E, l, m) usw. gebildet, für zwei Teilchen mit Spin aus den fünf Zahlen $(E, \theta, \varphi, \mu_1, \mu_2)$ oder (E, l, m, μ_1, μ_2). Addiert man die Teilchenspins zu einem Gesamtspin, so gehen anstelle von μ_1 und μ_2 zwei neue Quantenzahlen ein: der Gesamtspin s und seine Projektion μ. Der Zustand wird dabei durch die Zahlen (E, l, m, s, μ) gegeben. Man kann den Gesamtspin der Teilchen und deren Bahndrehimpuls addieren und anstelle der Projektionen m und μ die Quantenzahlen J und M einführen, d. h. den Gesamtdrehimpuls und seine Projektion. (E, J, M, l, s) stellt dann den neuen Satz der fünf Quantenzahlen dar. Im Text ist z. B. die Rede von den Quantenzahlen l und s.

wobei S^J eine zweireihige Matrix darstellt:

$$\begin{pmatrix} \left(J+\frac{1}{2}\,|S^J|\,J+\frac{1}{2}\right) & \left(J+\frac{1}{2}\,|S^J|\,J-\frac{1}{2}\right) \\ \left(J-\frac{1}{2}\,|S^J|\,J+\frac{1}{2}\right) & \left(J-\frac{1}{2}\,|S^J|\,J-\frac{1}{2}\right) \end{pmatrix}. \tag{26.6}$$

Wir berücksichtigen nun noch ein Gesetz, und zwar die Paritätserhaltung (siehe [2], § 29):

$$\pi_i = (-1)^l \Pi_{\mathrm{I}} \Pi_{\mathrm{II}} = (-1)^{l'} \Pi_1 \Pi_2 = \pi_f.$$

Hierbei sind π_i die Gesamtparität des Anfangszustandes und π_f die Gesamtparität des Endzustandes, mit $\Pi_{\mathrm{I,II}}$ und $\Pi_{1,2}$ werden die inneren Paritäten der Teilchen bezeichnet.[1]) In unserem Falle ist somit $l' = l + 2n$, wobei $2n = 0, 1, 2 \ldots$ beträgt. Wie jedoch aus dem Erhaltungssatz für den Gesamtdrehimpuls folgt, kann sich l' höchstens um Eins von l unterscheiden. Die nichtdiagonalen Glieder in (26.6) sind folglich gleich Null und die S-Matrix ist diagonal:

$$S_l^J \delta_{J'J} \delta_{M'M} \delta_{l'l} \delta(E' - E).$$

Die Forderung, daß die S-Matrix unitär sein soll, liefert

$$S_l^{J*} S_l^J = 1 \quad \text{und} \quad S_l^J = e^{2i\delta_l^J}.$$

Ist also das eine Teilchen spinlos und besitzt das andere den Spin 1/2, so behält der Phasenbegriff seinen bekannten Sinn. Die Phase hängt jedoch nicht nur von l, sondern auch noch von J ab.

Betrachten wir ein anderes wichtiges Beispiel: Die elastische Streuung von Teilchen mit dem Spin 1/2, z. B. die Streuung von Neutronen an Protonen. Das System wird durch die Quantenzahlen (E, l, m, μ_1, μ_2) charakterisiert. Wir führen die Quantenzahlen der Bewegungsintegrale J und M und die Quantenzahl s des Gesamtspins, welche die Werte 0 und 1 annehmen kann, ein:

$$(J'M'E's'l'\,|S|\,JMEsl) = (s'l'\,|S^J|\,sl)\,\delta_{J'J}\,\delta_{M'M}\,\delta(E' - E).$$

Wegen der Drehimpulserhaltung sind bei $s = 1$ die Werte

$$l = \begin{cases} J - 1 \\ J \\ J + 1 \end{cases} \text{möglich, und } l = J \text{ bei } s = 0.$$

Die Paritätserhaltung liefert die Auswahlregel $l' = l + 2n$, wobei n eine ganze Zahl ist. Das bedeutet, daß Übergänge nur zwischen $l = J + 1$ und $l = J - 1$

[1]) Wir beschäftigen uns hier mit Kernreaktionen und haben es hauptsächlich mit starken Wechselwirkungen zu tun. Die Verletzung der Paritätserhaltung wird nur bei schwachen Wechselwirkungen beobachtet. Bei den starken Wechselwirkungen bleibt die Parität erhalten.

sowie Übergänge ohne Veränderung von l möglich sind. Bei vorgegebenem Gesamtdrehimpuls und vorgegebener Parität des Zustandes besitzt die S-Matrix die Form

$$\begin{pmatrix} S_{11} & S_{12} \\ S_{21} & S_{22} \end{pmatrix},$$

wobei durch die Indizes 1 und 2 die Zustände $(l = J - 1;\ s = 1)$ und $(l = J + 1;\ s = 1)$ oder die Zustände $(l = J;\ s = 0)$ und $(l = J;\ s = 1)$ bezeichnet werden. Die Matrixelemente $S_{\mu\nu}$ sind offensichtlich komplexe Parameter und können durch die reellen Parameter $r_{\mu\nu}$ und $\delta_{\mu\nu}$ ausgedrückt werden:

$$S_{\mu\nu} = r_{\mu\nu} e^{i\delta_{\mu\nu}}.$$

Die Unitaritätsbedingung kann man unter Berücksichtigung des Reziprozitätssatzes $(S_{\mu\nu} = S_{\nu\mu})$ als Matrixgleichung aufschreiben:

$$S S^+ = \begin{pmatrix} r_{11} e^{i\delta_{11}} & r_{12} e^{i\delta_{12}} \\ r_{12} e^{i\delta_{12}} & r_{22} e^{i\delta_{22}} \end{pmatrix} \begin{pmatrix} r_{11} e^{-i\delta_{11}} & r_{12} e^{-i\delta_{12}} \\ r_{12} e^{-i\delta_{12}} & r_{22} e^{-i\delta_{22}} \end{pmatrix} = \begin{pmatrix} 1 & 0 \\ 0 & 1 \end{pmatrix}. \tag{26.7}$$

Diese Gleichung stellt eine Kurzschreibweise für das Gleichungssystem dar, mit dessen Hilfe man die einen Parameter durch die anderen ausdrücken kann. Die Lösung dieses Systems liefert

$$S = \begin{pmatrix} \sqrt{1 - r^2}\, e^{2i\delta} & i r e^{i(\delta+\eta)} \\ i r e^{i(\delta+\eta)} & \sqrt{1 - r^2}\, e^{2i\eta} \end{pmatrix}. \tag{26.8}$$

Wir führten hier die drei neuen Parameter δ, η und r ein; ihr Zusammenhang mit den alten Parametern ergibt sich aus dem Vergleich der Formeln (26.7) und (26.8).

In dem betrachteten Fall ist es somit nicht möglich, die Phasen im gewöhnlichen Sinne des Wortes einzuführen. Die Benutzung der allgemeinen Eigenschaften der S-Matrix schränkte jedoch die Zahl der Parameter stark ein, die im Experiment bestimmt werden müssen. Nach Benutzung der Erhaltungssätze für Drehimpuls und Parität erhielten wir nämlich die S-Matrix bei vorgegebenem J und vorgegebener Parität immer noch als Tabelle mit vier komplexen Parametern, d. h., wir hatten noch acht unabhängige reelle Parameter. Durch die Ausnutzung der Unitarität und des Reziprozitätssatzes gelang es, die S-Matrix bei vorgegebenem J und vorgegebener Parität durch insgesamt drei reelle Parameter auszudrücken.

Werden die vorstehend erhaltenen Resultate auf die elastische Streuung von Nukleonen angewendet, so müssen bei der nn- und pp-Streuung die Identität der Teilchen und bei der np-Streuung die Isospin-Invarianz berücksichtigt werden. Wie man leicht sieht, führt das zum Verbot von Singulett-Triplett-Übergängen $(s = 1 \rightleftarrows s = 0)$ und zu einer zusätzlichen Vereinfachung der Struktur der Streumatrix. Aus den dargelegten Beispielen ist zu ersehen, daß die Struktur der Streumatrix desto komplizierter wird, je größer die Spins der stoßenden Teilchen sind. Das ist eine natürliche Folge davon, daß uns nur wenige Begrenzungen für die S-Matrix zur Verfügung stehen und daß andererseits jedoch mit wachsendem Spin die Zahl der Quantenzahlen zunimmt, von denen die S-Matrix abhängt.

Die Untersuchung der Struktur der S-Matrix besitzt große praktische Bedeutung. Bei der Parametrisierung der S-Matrix wird eine kleine Zahl reeller Parameter abgetrennt, deren Werte durch die spezifischen Eigenheiten der Wechselwirkung zwischen den Teilchen bestimmt werden. Danach untersucht man die möglichen experimentellen Aufgabenstellungen, mit deren Hilfe man vollständige Informationen über die Parameter der S-Matrix erhalten kann. Es zeigt sich dabei, daß sehr viele Experimente überflüssig sind. Sie liefern Informationen, die man bereits aus den Angaben anderer Experimente erhalten kann.

Als Beispiel für eine solche Untersuchung kann man die Arbeit [8] anführen, in der alle möglichen Polarisationsexperimente bei der elastischen Streuung von Nukleonen betrachtet und die zweckmäßigsten und unabhängigen hervorgehoben werden. In der genannten Arbeit wurde übrigens eine andere Methode der Parametrisierung der S-Matrix als in diesem Paragraphen verwendet.

Es muß darauf hingewiesen werden, daß alle dargestellten Überlegungen offensichtlich nicht nur auf die elastische Streuung anwendbar sind, sondern daß sie höchst allgemeine Gültigkeit besitzen. In § 34 werden wir die im Vorstehenden dargelegte Theorie dazu verwenden, einen Zusammenhang zwischen den Streuprozessen, der Photoerzeugung von π-Mesonen und dem COMPTON-Effekt am Nukleon aufzustellen. Dieser Zusammenhang ergibt sich aus denselben Überlegungen, wie sie vorhin angestellt wurden. Man hat nur in die Gesamtheit der Variablen, die durch die Indizes μ und ν der S-Matrix symbolisiert werden, die Indizes der offenen Kanäle als unabhängige Variable einzubeziehen.

Es läßt sich zeigen [14, 6], daß die Benutzung der fundamentalen Eigenschaften der S-Matrix, d. h. der Unitarität und des Reziprozitätssatzes, die Zahl der unabhängigen reellen Parameter von $2N^2$ auf $\frac{1}{2}N(N+1)$ Parameter reduziert, wenn die S-Matrix als quadratische Tabelle mit N Zeilen und Spalten geschrieben wird.

§ 27. Die Vektor-Additions-Koeffizienten

Aus den angeführten Beispielen ist zu ersehen, daß man beim Stoß von Teilchen mit Spin, ebenso wie beim Stoß von spinlosen Teilchen, eine ganze Reihe von Schlußfolgerungen über die Struktur der S-Matrix ziehen kann, wenn man von den allgemeinsten Eigenschaften von Raum und Zeit und den Gesetzen der Quantenmechanik ausgeht.

Wir müssen nun aufklären, welche Einschränkungen diese Eigenschaften der Streumatrix den beobachtbaren Größen, also den Wirkungsquerschnitten, auferlegen. Dazu muß man in der Lage sein, die S-Matrix aus einer Darstellung in andere Darstellungen überführen zu können, unter anderem auch in diejenige, welche dem konkreten Experiment entspricht.

Bei der Streuung von spinlosen Teilchen genügt die eine Transformationsfunktion $(\theta\varphi|lm)$, d. h. die Kugelfunktion. Wie aus den angeführten Beispielen zu ersehen ist, benötigen wir Transformationsfunktionen, die folgende Darstellungen miteinander verknüpfen: Die Darstellung, in welcher der Gesamtdrehimpuls und seine Projektion explizit auftreten, und die Darstellung, in der die Projektionen der Drehimpulse oder Spins der Teilsysteme explizit enthalten sind. Ausgehend davon läßt sich die Winkeldarstellung gewinnen. Unter Benutzung der allgemeinen Formel (23.8) für die Wirkungsquerschnitte lassen sich dann die Winkelverteilungen und andere Charakteristika berechnen.

Es mögen uns die Eigenfunktionen $\Psi_{j_1\mu_1}$ und $\Psi_{j_2\mu_2}$ der Drehimpulsoperatoren $\boldsymbol{j}_1$ und $\boldsymbol{j}_2$ bekannt sein. Gesucht sind die Eigenfunktionen Ψ_{JM} des Drehimpulsoperators, der sich additiv aus den beiden Drehimpulsen zusammensetzt. Die Funktion Ψ_{JM} kann man offensichtlich nach dem vollständigen System der Produkte aus $\Psi_{j_1m_1}$ und $\Psi_{j_2m_2}$ darstellen:

$$\Psi_{JM} = \sum_{m_1m_2} C^{JM}_{j_1m_1j_2m_2} \Psi_{j_1m_1} \Psi_{j_2m_2}. \tag{27.1}$$

Wenn uns Ψ_{JM} bekannt wäre, so könnte man die $C^{JM}_{j_1m_1j_2m_2}$ wegen der Orthogonalität der Funktion bestimmen. In den von uns benutzten DIRACschen Bezeichnungen kann man Gleichung (27.1) folgendermaßen schreiben:

$$(x_1x_2|j_1j_2JM) = \sum_{m_1m_2} (j_1m_1j_2m_2|j_1j_2JM)\,(x_1|j_1m_1)\,(x_2|j_2m_2).$$

Aus dieser Schreibweise ist zu ersehen, daß die $(j_1m_1j_2m_2|j_1j_2JM)$ gerade die von uns gesuchten Transformationsfunktionen sind. Sie vollziehen den Übergang von der Komponentendarstellung zur Gesamtdrehimpulsdarstellung. Die Eigenart dieser Funktionen besteht darin, daß sie sowohl einen diskreten Zustandsindex als auch einen diskreten Darstellungsindex besitzen, die beide eine endliche Zahl von Werten annehmen. Die Koeffizienten $(j_1m_1j_2m_2|j_1j_2JM)$ sind deshalb die Elemente endlicher Matrizen. Obwohl diese Koeffizienten einen einfachen physikalischen Sinn besitzen, hängt ihre explizite Form doch mit komplizierten mathematischen Rechnungen zusammen. Ein allgemeiner Ausdruck für diese Koeffizienten wurde zuerst von WIGNER [12] gegeben. Zur Ableitung benutzte WIGNER den mathematischen Apparat der Gruppentheorie. Später wurde in einer wichtigen Arbeit von RACAH [13] gezeigt, daß man die Koeffizienten auch algebraisch ohne Verwendung der Gruppentheorie erhalten kann. Die Koeffizienten $C^{JM}_{j_1m_1j_2m_2}$ spielen eine große Rolle in den verschiedenen Anwendungen der Quantenmechanik. Ihre Bedeutung wächst ständig. Es existieren verschiedenartige Namen und Bezeichnungen für diese Koeffizienten. Am gebräuchlichsten ist die Bezeichnung „CLEBSCH-GORDAN-Koeffizienten" (nach den Namen der Autoren eines wichtigen Satzes aus der Theorie der irreduziblen Darstellung der Drehgruppe). Man nennt sie auch WIGNER-Koeffizienten und Vektor-Additions-Koeffizienten. Wir werden die letzte Bezeichnung benutzen. An dieser Stelle sei noch auf die in der Literatur gebräuchlichen Symbole für die Vektor-Additions-Koeffizienten hingewiesen:

$$(j_1m_1j_2m_2|JM); \quad (j_1j_2m_1m_2|j_1j_2JM); \quad C^{JM}_{j_1m_1j_2m_2};$$

$$C^J_{m_1m_2}; \quad C^{j_1m_1j_2m_2}_{JM}; \quad (-1)^{J+M}\sqrt{2J+1}\, S_{j_1m_1j_2m_2J-M}.$$

Die ersten drei sind die gebräuchlichsten. Wir werden davon das erste Symbol benutzen.

Der Leser, der sich für die Ableitung der allgemeinen Ausdrücke für $(j_1m_1j_2m_2|JM)$ interessiert, muß sich mit den entsprechenden Abschnitten der Arbeiten [2] und [12] bekannt machen. Dort ist die Theorie der irreduziblen Darstellungen der Drehgruppe dargelegt. Für die praktischen Ziele, die Berechnung der Winkelverteilungen, die Untersuchung der Eigenschaften der Streumatrix, für die Korrelationsprobleme und die Polarisationserscheinungen bei Kernreaktionen usw. reicht es aus, wenn man den physikalischen Sinn der Koeffizienten $(j_1 m_1 j_2 m_2 | JM)$ als DIRACsche Transformationsfunktionen versteht, ihre allgemeinen Eigenschaften kennt und die Tabellen dieser Koeffizienten zu handhaben weiß. Wir gehen nun zur Erörterung dieser Fragen über.

Die Formeln der direkten $(JM | j_1 m_1 j_2 m_2)$ und der umgekehrten $(j_1 m_1 j_2 m_2 | JM)$ Transformationen sind durch die einfache Beziehung

$$(JM | j_1 m_1 j_2 m_2)^* = (j_1 m_1 j_2 m_2 | JM)$$

verknüpft. In der Literatur wird gewöhnlich eine Darstellung benutzt, in der die Koeffizienten $(JM | j_1 m_1 j_2 m_2)$ reell sind. Das bedeutet, daß die Koeffizienten der direkten und der inversen Transformation einander gleich sind. Es ist offensichtlich, daß die physikalischen Ergebnisse nicht davon abhängen dürfen, in welcher Reihenfolge wir die Drehimpulse j_1 und j_2 addieren, d. h., die Koeffizienten $(JM | j_1 m_1 j_2 m_2)$ und $(JM | j_2 m_2 j_1 m_1)$ unterscheiden sich nur durch einen Phasenfaktor. Die Transformationskoeffizienten, oder was das gleiche ist, die Wellenfunktionen, die ein und denselben physikalischen Zustand beschreiben, können sich ja nur durch Phasenfaktoren unterscheiden.

Es läßt sich folgende Beziehung beweisen:

$$(JM | j_1 m_1 j_2 m_2) = (-1)^{j_1 + j_2 - J} (JM | j_2 m_2 j_1 m_1). \tag{27.2}$$

In den Lehrbüchern der Quantenmechanik wird gezeigt, daß die Quantenzahlen J und M bei der Addition zweier Drehimpulse folgende Werte annehmen können:

$$J = |j_1 - j_2|, \quad |j_1 - j_2 + 1|, \ldots, j_1 + j_2, \quad M = m_1 + m_2. \tag{27.3}$$

Aus der Gleichung (27.3) folgt, daß die Summation über einen der Indizes m_1, m_2 in (27.1) formalen Charakter trägt, da bei vorgegebenen Werten von m_1 und m_2 die Größe M bereits durch Gleichung (27.3) bestimmt ist.

Aus der Schreibweise $(j_1 M - m_2 j_2 m_2 | JM)$ ist zu ersehen, daß sich die Vektor-Additions-Koeffizienten als Matrizen darstellen lassen, deren Zeilen durch J und deren Spalten durch m_2 numeriert werden. Die Zahl der Zeilen ist gleich $2j + 1$, wobei j der kleinere der beiden Werte j_1 und j_2 ist. Es ist leicht zu sehen, daß die Zahl der Spalten ebenfalls gleich $2j + 1$ ist. Die Zahl der Vektor-Additions-Koeffizienten ist somit gleich $(2j + 1)^2$. Im Anhang II werden Tabellen der Vektor-Additions-Koeffizienten gebracht. Die Operatoren $\hat{\boldsymbol{J}}$, $\hat{\boldsymbol{j}}_1$ und $\hat{\boldsymbol{j}}_2$ sind durch die Beziehung $\hat{\boldsymbol{J}} = \hat{\boldsymbol{j}}_1 + \hat{\boldsymbol{j}}_2$ verknüpft, diese Beziehung kann man jedoch auch folgendermaßen schreiben:

$$\hat{\boldsymbol{j}}_1 = \hat{\boldsymbol{J}} - \hat{\boldsymbol{j}}_2; \quad \hat{\boldsymbol{j}}_2 = \hat{\boldsymbol{J}} - \hat{\boldsymbol{j}}_1,$$

d. h., jeden der Vektoren des Tripels $(\hat{\boldsymbol{J}}, \hat{\boldsymbol{j}}_1, \hat{\boldsymbol{j}}_2)$ (man bezeichnet ein Vektorentripel auch oft als Triade) kann man als resultierenden Vektor darstellen. Diesen Beziehungen entsprechen folgende Eigenschaften der Vektor-Additions-Koeffizienten:

$$\frac{(-1)^{J-M}}{\sqrt{2J+1}} \cdot (JM|j_1m_1j_2m_2) = \frac{(-1)^{j_1-m_1}}{\sqrt{2j_1+1}} (j_1m_1|JMj_2-m_2)$$
$$= \frac{(-1)^{2j_1}(-1)^{j_2-m_2}}{\sqrt{2j_2+1}} (j_2m_2|j_1-m_1JM). \tag{27.4}$$

Außerdem gelten die Beziehungen

$$\begin{aligned}(j_1m_1j_2m_2|JM) &= (-1)^{j_1+j_2-J}(j_1-m_1j_2-m_2|J-M)\\ &= (-1)^{j_1+j_2-J}(j_2m_2j_1m_1|JM)\\ &= (j_2-m_2j_1-m_1|J-M).\end{aligned} \tag{27.5}$$

Neben den aufgezählten Eigenschaften sind die Vektor-Additions-Koeffizienten, wie auch beliebige andere Transformationsfunktionen, orthogonal und normiert:

$$\left.\begin{aligned}\sum_{m_1m_2}(J'M'|j_1m_1j_2m_2)(j_1m_1j_2m_2|JM) &= \delta_{J'J}\delta_{M'M},\\ \sum_{JM}(j_1m'_1j_2m'_2|JM)(JM|j_1m_1j_2m_2) &= \delta_{m'_1m_1}\delta_{m'_2m_2}\end{aligned}\right\}, \tag{27.6}$$

und wegen der Symmetrieeigenschaft gilt

$$\sum_{m_1M}(JM|j_1m_1j_2m_2)(JM|j_1m_1j'_2m'_2) = \frac{2J+1}{2j_2+1}\delta_{j_2j'_2}\delta_{m_2m'_2}. \tag{27.7}$$

Zum Abschluß führen wir noch den von WIGNER [12] abgeleiteten expliziten Ausdruck für die Vektor-Additions-Koeffizienten für beliebiges j_1 und j_2 an:

$$\begin{aligned}&(JM|j_1m_1j_2m_2)\\ &= \sqrt{\frac{(J+j_1-j_2)!\,(J-j_1+j_2)!\,(j_1+j_2-J)!\,(J+M)!\,(J-M)!\,(2J+1)}{(J+j_1+j_2+1)!\,(j_1-m_1)!\,(j_1+m_1)!\,(j_2-m_2)!\,(j_2+m_2)!}}\\ &\times \sum_k \frac{(-1)^{k+j_2+m_2}(J+j_2+m_1-k)!\,(j_1-m_1+k)!}{(J-j_1+j_2-k)!\,(J+M-k)!\,k!\,(k+j_1+j_2-M)!}.\end{aligned} \tag{27.8}$$

§ 28. Einige Beispiele

Als Anwendungsbeispiel für die Tabellen im Anhang II und die Eigenschaften der Vektor-Additions-Koeffizienten betrachten wir den einfachen, aber wichtigen Fall der Streuung von Teilchen mit dem Spin $^1/_2$ an Teilchen mit dem Spin 0.

Nach den allgemeinen Eigenschaften der S-Matrix, (19.1) und (10.1), besitzt sie im betrachteten Fall die Form

$$e^{2i\delta_l^J}\delta_{J'J}\delta_{M'M}\delta_{l'l}\delta(E'-E). \tag{28.1}$$

Damit man die Beziehung (28.3) benutzen und den Wirkungsquerschnitt berechnen kann, muß man die S-Matrix aus der Darstellung $JMlE$ in die Darstellung μmlE überführen. Die entsprechende Transformationsfunktion $(JMsl/ls\mu m)$ stellt nichts anderes dar, als den Vektor-Additions-Koeffizienten für die Addition des Spins $\boldsymbol{s}$ und des Bahndrehimpulses $\boldsymbol{l}$ zum Gesamtdrehimpuls $\boldsymbol{J}$. Wird diese Transformation an (28.1) ausgeführt, so erhalten wir

$$\sum_{J'M'} e^{2i\delta_l^J} \delta_{J'J}\delta_{M'M}\delta_{l'l}\delta(E'-E)(J'M'|s\mu lm) = e^{2i\delta_l^J}\delta_{ll'}\delta(E'-E)(JM|s\mu lm). \tag{28.2}$$

Wird der Endzustand nicht auf andere Variable transformiert und (28.2) in (23.8) eingesetzt, so erhalten wir den Wirkungsquerschnitt für den Stoß von Teilchen mit bestimmtem Bahndrehimpuls, bestimmtem Gesamtdrehimpuls und bestimmter Projektion im Endzustand sowie mit bestimmter Spinprojektion im Anfangszustand.

Diesen Wirkungsquerschnitt kann man folgendermaßen schreiben:

$$\sigma_{l'\mu_I}^{JM} = \pi\lambda^2(2l'+1)|1-e^{2i\delta_{l'}^J}|^2|(JM|s\mu_I l'0)|^2. \tag{28.3}$$

Wir summieren (28.3) über $l'M$ und mitteln über die Anfangspolarisation der Teilchen. Das Letztgenannte bedeutet Durchführung der Operation $\frac{1}{2}\sum_{\mu_I}$. Wegen der Eigenschaft (27.7) erhalten wir als Ergebnis

$$\sigma^J = \sum_l \pi\lambda^2 4\sin^2\delta_l^J(2J+1)\tfrac{1}{2}.$$

Der totale Wirkungsquerschnitt ist von der Form

$$\sigma = \sum_J \sigma^J = 4\pi\lambda^2\sum_l[(l+1)\sin^2\delta_l^{l+1/2} + l\sin^2\delta_l^{l-1/2}]. \tag{28.4}$$

Wenn die Phase nicht vom Spin abhängt, so ist $\delta_l^{l+1/2} = \delta_l^{l-1/2}$, und (28.4) geht in den totalen Wirkungsquerschnitt für die Streuung spinloser Teilchen über.

Wir wollen annehmen, daß die Phase des Zustandes $J=\dfrac{3}{2}$, $l=1$ durch $\dfrac{\pi}{2}$ läuft. Dies bedeutet mit anderen Worten, daß dieser Zustand bei den Energien, bei denen wir die Streuung betrachten, Resonanzcharakter trägt. Die ausgewählten Quantenzahlen entsprechen dem Resonanzzustand oder, wie man ihn auch manchmal nennt, dem isobaren Zustand der Wechselwirkung von π-Mesonen mit Nukleonen. In diesem Falle erreicht der Partialquerschnitt seinen Maximalwert, nämlich den geometrischen Grenzwert

$$8\pi\lambda^2.$$

Wenn wir die Winkelverteilung finden wollen, so muß die Funktion des Endzustandes in die Winkeldarstellung übergeführt werden. Dazu muß man zunächst zur Darstellung $lms\mu$ im linken Teil der Streumatrix übergehen. Dazu kann man die Transformationsfunktion $(lms\mu\,|\,JM)$ benutzen. Danach findet man mit Hilfe der Funktion $(\vartheta\varphi|lm)$ die S-Matrix in der Darstellung $\vartheta\varphi$.

Wir werden hier die Rechnung nicht durchführen, da wir später eine allgemeine Formel für die Winkelverteilungen bei Kernreaktionen ableiten.

Interessiert man sich für die Anwendung der erhaltenen Beziehung auf die Streuung von π-Mesonen, so muß man zu den Variablen noch den Isospin hinzunehmen. Die Additionsgesetze für die Isospins fallen jedoch bekanntlich vollständig mit den Additionsregeln der üblichen Drehimpulse zusammen. Die dargelegte Theorie kann deshalb ohne besondere Schwierigkeiten auf die Streuung von Teilchen verallgemeinert werden, die einen bestimmten Isospin besitzen.

Wir benutzen die Tatsache, daß der Isospin ein Bewegungsintegral darstellt und daß folglich die S-Matrix die Gestalt

$$S_l^{JT}\,\delta_{J'J}\,\delta_{l'l}\,\delta_{M'M}\,\delta_{T'T}\,\delta_{T_3'T_3}\,\delta(E'-E)$$

besitzt. T und T_3 sind der Isospin und seine Projektion. Die Unitaritätsforderung gibt

$$S_l^{JT} = e^{2i\delta_l^{JT}}.$$

Bei $l = 0$ ist nur der eine Wert $J = \frac{1}{2}$ möglich, bei $l \neq 0$ gibt es zwei Werte: $J = l \pm \frac{1}{2}$. Der Isospin des Systems aus einem π-Meson und einem Nukleon kann die Werte $\frac{3}{2}$ und $\frac{1}{2}$ annehmen. Daraus ist klar zu ersehen, daß die s-Streuung von π-Mesonen aller drei Vorzeichen am Neutron wie auch am Proton durch insgesamt zwei Phasen beschrieben wird: $\delta_0^{1/2\,1/2}$ und $\delta_0^{1/2\,3/2}$. Die Streuung in Zuständen mit $l = 0$ wird durch vier Phasen beschrieben:

$$\delta_l^{l+1/2\,3/2},\quad \delta_l^{l+1/2\,1/2},\quad \delta_l^{l-1/2\,3/2},\quad \delta_l^{l-1/2\,1/2}.$$

Alle vorstehend durchgeführten Transformationen behalten ihre Gültigkeit. Es muß aber noch eine zusätzliche Transformation der S-Matrix in die Darstellung, die dem Experiment entspricht, durchgeführt werden. Im Experiment wird vorgegeben, daß man ein π-Meson mit bestimmter Ladung (positiv, negativ, Null) an einem Nukleon mit bestimmtem Isospin (Proton oder Neutron) streut. Im Experiment haben wir also einen Zustand, in dem die Isospins der beiden Teilchen $t = 1$ und $\tau = \frac{1}{2}$ sowie ihre Projektionen $t_3 = \pm 1$ und 0, $\tau_3 = \pm \frac{1}{2}$ bekannt sind. Die Eigenschaften der S-Matrix kennen wir in einer Darstellung, in welcher der Gesamtisospin und seine Projektion vorgegeben sind. Die Transformationsfunktionen $(T\,T_3|\,l\,t_3\,\frac{1}{2}\,\tau_3)$ werden offensichtlich wieder durch die Vektor-Additions-Koeffizienten gegeben, da $\boldsymbol{T} = \boldsymbol{t} \pm \boldsymbol{\tau}$ ist und die Gesetze für die Addition der Isospins mit den Gesetzen für die Addition der gewöhnlichen Spins zusammenfallen.

Bei der Streuung von π^+-Mesonen an Protonen ist $(T\,T_3|1\;1\;\frac{1}{2}\;\frac{1}{2})$ nach der Tabelle in Anhang II gleich

$$\begin{cases} 1 \text{ bei } T = T_3 = \frac{3}{2} \\ 0 \text{ bei allen übrigen } T \text{ und } T_3. \end{cases}$$

Daraus ist zu ersehen, daß das vorhin betrachtete Beispiel ohne Berücksichtigung des Isospins vollständig zu diesem Fall gehört. Die Streuamplitude des Prozesses

$\pi^- + p \to \pi^- + p$ läßt sich folgendermaßen durch die Streuamplituden in Zuständen mit den Isospins $T = \frac{3}{2}$ und $\frac{1}{2}$ ausdrücken:

$$(\pi^- p\alpha' \,|R|\, \pi^- p\alpha) = \sum_{T'TT_3'T} (1 \; -1 \; \tfrac{1}{2} \; \tfrac{1}{2} \,|\, T'T_3')\,(\alpha' \,|R|\, \alpha)\, \delta_{T'T}\delta_{T_3'T_3} (TT_3 \,|\, 1 \; -1 \; \tfrac{1}{2} \; \tfrac{1}{2}).$$

Hierbei werden mit α' und α die übrigen Variablen, außer der Isospinvariablen, bezeichnet. Wird die Tabelle im Anhang II für die Koeffizienten der Vektoraddition benutzt, findet man

$$(\pi^- p\alpha' \,|R|\, \pi^- p\alpha) = \tfrac{1}{3}\,(\alpha' \,|R^{3/2}|\, \alpha) + \tfrac{2}{3}\,(\alpha' \,|R^{1/2}|\, \alpha).$$

Als Übung schlagen wir dem Leser vor, die totalen Wirkungsquerschnitte und die Winkelverteilungen der Reaktionen

$$\pi^- + p \to \begin{cases} \pi^- + p \\ \pi^0 + n \end{cases} \quad \text{durch die Streuphasen auszudrücken.}$$

Für die totalen Wirkungsquerschnitte muß man folgende Ausdrücke erhalten:

$$\sigma(\pi^- \to \pi^-) = \frac{3\pi}{4k^2} \sum_{l=0}^{\infty} \{(l+1)\,[\sin^2 \delta_{l+}^{3/2} + 2\sin^2 \delta_{l+}^{1/2} - \tfrac{2}{3}\sin^2(\delta_{l+}^{3/2} - \delta_{l+}^{1/2})]$$

$$+ l\,[\sin^2 \delta_{l-}^{3/2} + 2\sin^2 \delta_{l-}^{1/2} - \tfrac{2}{3}\sin^2(\delta_{l-}^{3/2} - \delta_{l-}^{1/2})]\},$$

$$\sigma(\pi^- \to \pi^0) = \frac{8\pi}{9k^2} \sum_{l=0}^{\infty} \{(l+1)\sin^2(\delta_{l+}^{3/2} - \delta_{l+}^{1/2}) + l\sin^2(\delta_{l-}^{3/2} - \delta_{l-}^{1/2})\}.$$

Hier geben die oberen Indizes an den Phasen den Isospin an, während δ_{l+} und δ_{l-} Phasen sind, die zu einem gegebenen l und den entsprechenden Gesamtdrehimpulsen $l + \frac{1}{2}$ und $l - \frac{1}{2}$ gehören. Die Formeln für die Winkelverteilungen sind etwas umfangreich, so daß wir sie hier nicht anführen.

§ 29. Die Koeffizienten W, Z, Z_γ, X[1])

In der Theorie der Spektren komplizierter Atome, der Winkelkorrelation von Teilchen beim Zerfall und in der Theorie der Winkelverteilung bei Kernreaktionen treten umfangreiche Summen von Produkten mehrerer Vektor-Additions-Koeffizienten auf. Wir werden das unmittelbar sehen, wenn wir allgemeine Ausdrücke für die totalen und differentiellen Wirkungsquerschnitte von Reaktionen der Art $\mathrm{I} + \mathrm{II} \to 1 + 2$ ableiten. Damit die Rechnungen einfacher werden und damit man kompaktere Ausdrücke erhält, wurden in einer der RACAHschen Arbeiten [13] über die Theorie der Spektren die Koeffizienten W eingeführt. Sie erhielten später den Namen RACAH-Koeffizienten. Diese Koeffizienten werden auch bei einer ganzen Reihe anderer Aufgaben benutzt. In späteren Arbeiten von RACAH und anderen Autoren [13, 19, 27] wurden zum gleichen Zweck auch noch andere Koeffizienten eingeführt.

---

[1]) Diesen Paragraphen verfaßte W. A. PETRUNKIN.

Die Koeffizienten W können ähnlich wie die Vektor-Additions-Koeffizienten bis auf einen Faktor als Transformationsfunktionen definiert werden, die den Übergang von einer Darstellung zur anderen ermöglichen. Während die Vektor-Additions-Koeffizienten in Aufgaben vorkommen, in denen zwei Drehimpulsoperatoren $\hat{\boldsymbol{j}}_1$ und $\hat{\boldsymbol{j}}_2$ zu addieren sind, treten die Koeffizienten W bei der Addition von drei Operatoren $\hat{\boldsymbol{j}}_1, \hat{\boldsymbol{j}}_2$ und $\hat{\boldsymbol{j}}_3$ auf. Wir bestimmen die Wellenfunktion, die Eigenfunktion der Operatoren $\hat{\boldsymbol{J}}^2 = (\hat{\boldsymbol{j}}_1 + \hat{\boldsymbol{j}}_2 + \hat{\boldsymbol{j}}_3)^2$ und $\hat{J}_z$ ist. Diese Aufgabe läßt sich mit Hilfe der Vektor-Additions-Koeffizienten leicht lösen, wenn die Funktionen $(x_1 \mid j_1 m_1)$ sowie $(x_2 \mid j_2 m_2)$ und $(x_3 \mid j_3 m_3)$ bekannt sind. Die Eigenfunktion der Operatoren $\hat{\boldsymbol{J}}_{12} = (\hat{\boldsymbol{j}}_1 + \hat{\boldsymbol{j}}_2)^2$ und $\hat{J}_{12z}$ kann man folgendermaßen schreiben:

$$(x_1 x_2 | J_{12} M_{12}) = \sum_{m_1 m_2} (x_1 | j_1 m_1)\,(x_2 | j_2 m_2)\,(j_1 m_1 j_2 m_2 | J_{12} M_{12}), \tag{29.1}$$

während man die Eigenfunktion der Operatoren $\hat{\boldsymbol{J}}^2$ und $\hat{J}_z$ durch Anwendung einer analogen Formel auf die Funktionen $(x_1 x_2 | J_{12} M_{12})$ und $(x_3 | j_3 m_3)$ erhält. Wir finden dann

$$(x_1 x_2 x_3 | J_{12} j_3 J M) = \sum_{M_{12} m_3} (x_1 x_2 | J_{12} M_{12})\,(x_3 | j_3 m_3)\,(J_{12} M_{12} j_3 m_3 | J M)$$

oder

$$\begin{aligned}(x_1 x_2 x_3 | J_{12} j_3 J M) = \sum_{m_1 m_3} &(x_1 | j_1 m_1)\,(x_2 | j_2 M - m_1 - m_3)\,(x_3 | j_3 m_3) \\ &\times (j_1 m_1 j_2 M - m_1 - m_3 | J_{12} M - m_3)\,(J_{12} M - m_3 j_3 m_3 | J M).\end{aligned} \tag{29.2}$$

Wir ersetzen hier $(x_1 x_2 | J_{12} M_{12})$ durch den Ausdruck (29.1) und benutzten es, daß der Koeffizient $(a \alpha b \beta \mid c \gamma)$ nur dann verschieden von Null ist, wenn $\alpha + \beta = \gamma$ ist. Man könnte die Eigenfunktion der Operatoren $\hat{\boldsymbol{J}}^2$ und $\hat{J}_z$ auch dann erhalten, wenn man die Funktionen $(x_i \mid j_i m_i)$ in einer anderen Reihenfolge zusammensetzt, z. B. zuerst die zweite und die dritte und dann das Ergebnis mit der ersten. In diesem Falle würden wir folgendes Ergebnis erhalten:

$$\begin{aligned}(x_1 x_2 x_3 | j_1 J_{23} J M) = \sum_{m_1 m_2} &(x_1 | j_1 m_1)\,(x_2 | j_2 m_2)\,(x_3 | j_3 M - m_1 - m_2) \\ &\times (j_2 m_2 j_3 M - m_1 - m_2 | J_{23} M - m_1)\,(j_1 m_1 J_{23} M - m_1 | J M).\end{aligned} \tag{29.3}$$

Da die Funktionen $(x_i | j_i m_i)$ orthogonal und normal sind sowie ein vollständiges System bilden, so sind auch die Funktionen $(x_1 x_2 x_3 | J_{12} j_3 J M)$ und $(x_1 x_2 x_3 | j_1 J_{23} J M)$ orthonormal und bilden ebenfalls ein vollständiges System. Das folgt aus einer Betrachtung der Vektor-Additions-Koeffizienten als Transformationsfunktionen, die den Übergang von einer Darstellung in eine andere geben. Im Fall (29.2) wird der Zustand durch die folgenden sechs Quantenzahlen charakterisiert: $j_1, j_2, j_3, J_{12}, J, M$; im Fall (29.3) haben wir: $j_1, j_2, j_3, J_{23}, J, M$. Schreiben wir nun die Zerlegung der Funktion (29.3) nach den Funktionen (29.2) auf:

$$(x_1 x_2 x_3 | j_1 J_{23} J M) = \sum_{J_{12}} (x_1 x_2 x_3 | J_{12} j_3 J M)\,(J_{12} j_3 J | j_1 J_{23} J). \tag{29.4}$$

Um die explizite Form des Koeffizienten $(J_{12}j_3J|j_1J_{23}J)$ zu finden, gehen wir davon aus, daß die Funktionen (29.2) orthonormal sind. Wir multiplizieren beide Seiten von (29.4) mit der Funktion $(x_1x_2x_3|J_{12}j_3JM)$ und integrieren über $x_1x_2x_3$. Dann erhalten wir einen Ausdruck für den gesuchten Koeffizienten:

$$
\begin{aligned}
(J_{12}j_3J|j_1J_{23}J) = \sum_{mm_2} & (j_1M-mj_2m_2|J_{12}M-m+m_2) \\
& \times (j_2m_2j_3m-m_2|J_{23}m)(j_1M-mJ_{23}m|JM) \\
& \times (J_{12}M-m+m_2j_3m-m_2|JM) .
\end{aligned} \tag{29.5}
$$

Aus (29.4) ist leicht zu ersehen, daß der Ausdruck $(J_{12}j_3J|j_1J_{23}J)$ nichts anderes ist als die Wellenfunktion des Zustandes $|j_1J_{23}J)$ in der Darstellung $(J_{12}j_3J|$. Man kann sie folglich nach Dirac zum Übergang von der Darstellung $(j_1J_{23}J|$ zur Darstellung $(J_{12}j_3J|$ benutzen. Die Beziehung (29.4) wurde von Racah zur Definition der Koeffizienten W benutzt. In seinen Bezeichnungen haben wir

$$
(2e+1)^{1/2}(2f+1)^{1/2}\,W(abcd;ef) = (e_{ab}dc|af_{bd}c) . \tag{29.6}
$$

Racah berechnete die Summe über m, m_2 in (29.5) und erhielt einen allgemeinen Ausdruck für W. Er ist jedoch so umfangreich, daß wir ihn hier nicht anführen. Es ist nur darauf hinzuweisen, daß nach der Summation die Abhängigkeit von M verschwindet. Dieser Umstand wurde von uns bereits früher bei der Zerlegung (29.4) verwendet. Aus der Definition der W ist zu ersehen, daß sie nur für ganzzahlige und halbzahlige Werte von a, b, c, d, e, f Sinn haben, wobei folgende Einschränkungen gelten:

a) Die Summe jeder der nachstehend aufgeführten Zahlentripel muß eine ganze Zahl sein:

$$
(abe), \quad (edc), \quad (bdf), \quad (afc) . \tag{29.7}
$$

b) Damit der Koeffizient W verschieden von Null ist, muß jedes der Zahlentripel der Dreiecksregel genügen, d. h., die Länge jeder der Dreieckseiten muß kleiner oder gleich der Summe der anderen beiden Seiten sein.

Die Entstehung der beiden Einschränkungen wird aus der Definition von W klar. Die Racah-Koeffizienten besitzen eine hohe Symmetrie gegen Vertauschung ihrer Argumente. Die nachstehend angeführten Beziehungen charakterisieren die Grund-Symmetrieeigenschaften der Racah-Koeffizienten:

$$
\begin{aligned}
W(abcd;ef) &= W(badc;ef) = W(cdab;ef) = W(acbd;fe) \\
&= (-1)^{e+f-a-d}W(ebcf;ad) = (-1)^{e+f-b-c}W(aefd;bc) .
\end{aligned} \tag{29.8}
$$

Man erhält diese Eigenschaften leicht, wenn man von dem allgemeinen Ausdruck für W ausgeht, den wir nicht angeführt haben.

Man kann auch ohne große Mühe eine Reihe anderer Eigenschaften der W-Koeffizienten erhalten. Da die Koeffizienten $(e_{ab}dc\,|\,af_{bd}c)$ die Transformationsfunktionen für den Übergang von einer Darstellung zur anderen sind, so müssen die ihnen entsprechenden Transformationen unitär sein. Man kann diese Eigenschaft folgendermaßen schreiben:

$$\sum_e (e_{ab}dc|af_{bd}c)(e_{ab}dc|ag_{bd}c) = \sum_e (2e+1)(2f+1)^{1/2}(2g+1)^{1/2} \times W(abcd;ef)\,W(abcd;eg) = \delta_{fg}.$$

Wird die Orthonormiertheit der Funktionen $(x_i|j_i m_i)$ benutzt und (29.2) sowie (29.3) in (29.4) eingesetzt, so kann man folgenden Ausdruck erhalten:

$$(a\alpha b\beta|e\alpha+\beta)(e\alpha+\beta d\delta|c\alpha+\beta+\delta) = \sum_f (2e+1)^{1/2}(2f+1)^{1/2} \times (b\beta d\delta|f\beta+\delta)(a\alpha f\beta+\delta|c\alpha+\beta+\delta)\,W(abcd;ef). \quad (29.9)$$

Diese Beziehung kann zur Ableitung einer Formel für die Summation von Produkten dreier Vektor-Additions-Koeffizienten über einen Index benutzt werden:

$$\sum_\beta (a\alpha b\beta|e\alpha+\beta)(e\alpha+\beta d\gamma-\alpha-\beta|c\gamma)(b\beta d\gamma-\alpha-\beta|f\gamma-\alpha) = (2e+1)^{1/2}(2f+1)^{1/2}(a\alpha f\gamma-\alpha|c\gamma)\,W(abcd;ef). \quad (29.9')$$

Die Formel (29.9′) ergibt sich aus dem Ausdruck (29.9), wenn berücksichtigt wird, daß die Vektor-Additions-Koeffizienten unitär sind. (29.9′) ist die Grundformel zur Vereinfachung von Summen aus Produkten der Vektor-Additions-Koeffizienten. In dem speziellen Fall $e=0$ berechnet sich der Wert der Racah-Koeffizienten aus dem einfacheren Ausdruck

$$W(abcd;0f) = (-1)^{b+c-f}(2b+1)^{-1/2}(2c+1)^{-1/2}\delta_{ab}\delta_{cd}. \quad (29.10)$$

Diese Formel erhält man aus dem allgemeinen Ausdruck für die W-Koeffizienten, den wir nicht angeführt haben. Die Methoden zur Ableitung von Rekursionsformeln und von Tabellen der Racah-Koeffizienten werden wir hier nicht besprechen. Im Anhang II werden Zahlentafeln von W für verschiedene Werte von a, b, c, d, e, f gebracht.

In einer späteren Arbeit, die von Racah gemeinsam mit Fano [16] verfaßt wurde, sind die X-Koeffizienten eingeführt worden (siehe auch [17]). Diese Koeffizienten werden in voller Analogie zu den W-Koeffizienten definiert. Wir haben es in diesem Falle lediglich mit der Addition von vier Drehimpulsoperatoren zu tun. Die X-Koeffizienten hängen ebenso wie die W-Koeffizienten mit einer Funktion zusammen, welche die Transformation von einer Darstellung zur anderen ermöglicht. Sie lautet

$$[(2J_{12}+1)(2J_{34}+1)(2J_{13}+1)(2J_{24}+1)]^{1/2} X \begin{pmatrix} j_1 & j_2 & J_{12} \\ j_3 & j_4 & J_{34} \\ J_{13} & J_{24} & J \end{pmatrix} = (J_{12}J_{34}J|J_{13}J_{24}J) \quad (29.11)$$

Hierbei sind $\hat{J}_{12}=\hat{j}_1+\hat{j}_2$, $\hat{J}_{34}=\hat{j}_3+\hat{j}_4$, $\hat{J}_{13}=\hat{j}_1+\hat{j}_3$, $\hat{J}_{24}=\hat{j}_2+\hat{j}_4$ und $\hat{J}_{12}+\hat{J}_{34}=\hat{J}$ oder $\hat{J}_{13}+\hat{J}_{24}=\hat{J}$. Die Koeffizienten X sind Funktionen von neun Argumenten, die nur ganzzahlige oder halbzahlige Werte annehmen können. Jedem der Zahlentripel

$$(j_1 j_2 J_{12}),\quad (j_3 j_4 J_{34}),\quad (j_1 j_3 J_{13}),\quad (j_2 j_4 J_{24}),\quad (J_{12} J_{34} J),\quad (J_{13} J_{24} J)$$

werden die gleichen Einschränkungen auferlegt wie den Zahlentripeln (29.7). Schreibt man die entsprechenden Wellenfunktionen auf, wie das im vorhergehenden Falle gemacht wurde, so läßt sich ohne Schwierigkeit ein expliziter Ausdruck für die X-Koeffizienten finden. Er stellt eine Summe über die magnetischen Quantenzahlen von Produkten aus sechs Vektor-Additions-Koeffizienten dar. Nachstehend wird ein Teil der Eigenschaften und der Beziehungen für die X-Koeffizienten ohne Beweis angeführt. Wenn man sich für Einzelheiten interessiert, so kann man diese in der Arbeit [17] finden. Den vorhin erwähnten Ausdruck für die X-Koeffizienten kann man auf eine einfachere Form bringen, wenn man die RACAH-Koeffizienten benutzt. Man erhält zum Schluß

$$X\begin{pmatrix} a & b & e \\ c & d & e' \\ f & f' & g \end{pmatrix} = \sum_{\lambda} (2\lambda + 1)\, W(fgbd; f'\lambda)\, W(egcd; e'\lambda)\, W(fcbe; a\lambda). \tag{29.12}$$

Es ist leicht zu zeigen, daß die RACAH-Koeffizienten einen speziellen Fall der X-Koeffizienten darstellen. Wenn wir nämlich eines der sechs Argumente b, c, d, e, f oder g, die uns auf der rechten Seite von (29.12) je zweimal begegnen, gleich Null setzen und wenn wir außerdem die Symmetrieeigenschaften (29.8) für die W sowie Formel (29.10) benutzen, so erhält man einen einfachen Zusammenhang zwischen X und W. Wird z. B. $g = 0$ und entsprechend $e = e'$ und $f = f'$ gesetzt, so wird

$$X\begin{pmatrix} a & b & e \\ c & d & e \\ f & f & 0 \end{pmatrix} = (-1)^{e+f-a-d} (2e + 1)^{-1/2} (2f + 1)^{-1/2} W(abcd; ef). \tag{29.13}$$

Auf Grund dieser Beziehung werden die X auch manchmal als verallgemeinerte RACAH-Koeffizienten bezeichnet. Eine für die Anwendungen sehr nützliche Verallgemeinerung der RACAHschen Grundformel (29.9′) besitzt die Form

$$\begin{aligned}\sum_{m_1 m_2 \mu_1 \mu_2} & (j_1 m_1 l_1 \mu_1 | s_1 \sigma_1)(j_2 m_2 l_2 \mu_2 | s_2 \sigma_2)(j_1 m_1 j_2 - m_2 | j m_j)(l_1 \mu_1 l_2 - \mu_2 | l m_l) \\ &= (-1)^{s_2 - j_2 - l_2} [(2s_1 + 1)(2s_2 + 1)(2j + 1)(2l + 1)]^{1/2} \\ &\times \sum_{g m_g} (s_1 \sigma_1 s_2 - \sigma_2 | g m_g (j m_j l m_l | g m_g) X \begin{pmatrix} j_1 & j & j_2 \\ s_1 & g & s_2 \\ l_1 & l & l_2 \end{pmatrix}. \end{aligned} \tag{29.14}$$

Wir wollen nun noch einige Eigenschaften der X-Koeffizienten angeben, die man aus den Eigenschaften der W-Koeffizienten erhalten kann:

1. Die Transposition von Zeilen und Spalten

$$X\begin{pmatrix} a & b & e \\ c & d & e' \\ f & f' & g \end{pmatrix} = X\begin{pmatrix} a & c & f \\ b & d & f' \\ e & e' & g \end{pmatrix}. \tag{29.15}$$

2. Die Vertauschung zweier Zeilen oder zweier Spalten

$$X\begin{pmatrix} a & b & e \\ c & d & e' \\ f & f' & g \end{pmatrix} = (-1)^\sigma X\begin{pmatrix} c & d & e' \\ a & b & e \\ f & f' & g \end{pmatrix} = (-1)^\sigma X\begin{pmatrix} f & f' & g \\ c & d & e' \\ a & b & e \end{pmatrix}, \tag{29.15'}$$

wobei $\sigma = a + b + c + d + e + e' + f + f' + g$ eine ganze Zahl ist. Werden (29.15) und (29.15′) kombiniert, so kann man 72 verschiedene Vertauschungen der neuen Argumente von X erhalten. Die Formel (29.12) läßt sich z. B. symmetrischer schreiben

$$X\begin{pmatrix} a & b & e \\ c & d & e' \\ f & f' & g \end{pmatrix} = (-1)^\sigma \sum_\lambda (2\lambda + 1)\, W(bcef; \lambda a)\, W(bcf'e'; \lambda d)\, W(efe'f'; \lambda g), \tag{29.16}$$

wobei die Diagonalelemente von X die letzten Argumente der drei W-Koeffizienten sind. Diese Beziehung wird gewöhnlich als Standardformel für den Zusammenhang zwischen X und W benutzt. Man kann noch zwei brauchbare Beziehungen aufschreiben:

$$\sum_{ff'} (2f + 1)(2f' + 1)\, X\begin{pmatrix} a & b & e \\ c & d & e' \\ f & f' & g \end{pmatrix} X\begin{pmatrix} a & b & e_1 \\ c & d & e_1' \\ f & f' & g \end{pmatrix} = [(2e + 1)(2e' + 1)]^{-1} \delta_{ee_1} \delta_{e'e_1'}$$

und

$$\sum_{ff'} (-1)^{e'-f'-2c-h'} (2f + 1)(2f' + 1) X\begin{pmatrix} a & b & e \\ c & d & e' \\ f & f' & g \end{pmatrix} X\begin{pmatrix} a & c & f \\ d & b & f' \\ h & h' & g \end{pmatrix} = X\begin{pmatrix} a & b & e \\ d & c & e' \\ h & h' & g \end{pmatrix}.$$

Wie in den Arbeiten [18] und [19] gezeigt wurde, führt man bei Kernreaktionen zweckmäßigerweise anstelle von W die Koeffizienten Z und Z_γ ein. Die Koeffizienten Z werden folgendermaßen definiert:

$$Z(abcd; ef) = i^{f-a+c} [(2a + 1)(2b + 1)(2c + 1)(2d + 1)]^{1/2} \times W(abcd; ef)\,(a0c0|f0). \tag{29.17}$$

Es gilt eine einfache Formel zur Berechnung des Koeffizienten $(a0c0|f0)$, die im Anhang II angeführt wird. Die Berechnung des Z-Koeffizienten reduziert sich somit auf die Berechnung des entsprechenden W-Koeffizienten. Der Koeffizient $(a0c0|f0)$ ist gleich Null, wenn $a + c + f$ gleich einer ungeraden Zahl ist. Wir haben deshalb für Z die zusätzliche Beziehung

$$Z = 0, \quad \text{wenn} \quad a + c + f \quad \text{ungerade ist.}$$

Werden die Formel (29.10) und die Symmetrieeigenschaft (29.8) benutzt, so kann man leicht einen Ausdruck für zwei Spezialfälle erhalten:

$$Z(abcd; 0f) = \delta_{ab}\delta_{cd}(-1)^{2f} i^{f-a+c} [(2a+1)(2c+1)]^{1/2} (a0c0|f0) \tag{29.18}$$

und

$$Z(abcd\,;\,e0) = \delta_{ac}\delta_{bd}(-1)^{b-e}(2b+1)^{1/2}. \tag{29.18'}$$

Wir machten hier von der Formel für den Koeffizienten $(a0b0|00)$ Gebrauch:

$$(a0b0|00) = \delta_{ab}(-1)^a(2a+1)^{-1/2}. \tag{29.19}$$

Wie in den §§ 30 und 33 gezeigt wird, definiert man zweckmäßig die Koeffizienten Z ohne den Faktor i^{f-a+c}. Da jedoch in älteren Arbeiten und Tabellen der Z-Koeffizienten die Definition (29.17) gebraucht wird, erachten wir eine Veränderung als nicht vorteilhaft.

Die Koeffizienten Z_γ definieren wir folgendermaßen:

$$\begin{aligned} Z_\gamma(abcd; ef) = {} & [(2a+1)(2b+1)(2c+1)(2d+1)]^{1/2} \\ & \times W(abcd; ef)(a-1c1|f0). \end{aligned} \tag{29.20}$$

Im Fall $e = 0$ wird die Formel beträchtlich einfacher:

$$Z_\gamma(abcd; 0f) = (-1)^{b+c-f}[(2a+1)(2c+1)]^{1/2}(a-1c1|f0)\,\delta_{ab}\delta_{cd}. \tag{29.21}$$

Unsere Definition der Z_γ unterscheidet sich etwas von der Definition, die in analogen Fällen von anderen Autoren angewendet wird.

§ 30. Die Winkelverteilungen bei Kernreaktionen, wenn alle Teilchen eine von Null verschiedene Ruhmasse besitzen

Der vorhin dargelegte mathematische Apparat gestattet die Ableitung eines allgemeinen Ausdrucks für den differentiellen Wirkungsquerschnitt beliebiger Reaktionen der Art[1])

$$\mathrm{I} + \mathrm{II} \to 1 + 2. \tag{30.1}$$

Entsprechend dem vorhin Gesagten lassen sich in diesem Ausdruck sowohl diejenigen Eigenschaften des Wirkungsquerschnitts explizit heraustrennen, die mit allgemeinen Gesetzen wie Erhaltungssätzen oder allgemeinen Gesetzen der Quantenmechanik zusammenhängen, wie auch diejenigen Eigenschaften, die mit

[1]) Siehe die Arbeiten [19, 22, 27].

den spezifischen Eigenheiten der Reaktion zusammenhängen. Diese Eigenschaften werden durch Parameter von der Art der Streuphasen ausgedrückt.

Im § 28 behandelten wir einfachste Beispiele. Wir gehen nun zum allgemeinen Fall über.

Aus (20.2) folgt, daß die S-Matrix in der Darstellung der Bewegungsintegrale im Schwerpunktsystem folgende Form besitzt:

$$(s' l' \alpha' \,|S^J|\, s l \alpha)\, \delta_{J'J}\, \delta_{M'M}\, \delta\,(E' - E)\,. \tag{30.2}$$

Mit α und α' werden die Quantenzahlen bezeichnet, welche die Natur und die innere Struktur der stoßenden und auseinanderfliegenden Teilchen charakterisieren. Würden wir z. B. unsere Theorie auf Stöße zwischen Wasserstoffatome anwenden, so gingen in (30.2) die Quantenzahlen ein, die den Elektronenzustand in diesen Atomen charakterisieren. Im weiteren werden wir keine konkreten Aussagen über die α und α' machen, sondern nur diejenigen Variablen der S-Matrix festlegen, über deren Verhalten wir bestimmte Schlüsse ziehen können. In die α werden ebenfalls die Spinquantenzahlen der Teilchen einbezogen, die Spinprojektionen jedoch nicht. s und s' bedeuten in (30.2) die Kanalspins, d. h. die Vektorsumme der Spins der stoßenden Teilchen $\hat{\mathbf{s}} = \hat{\boldsymbol{i}}_{\rm I} + \hat{\boldsymbol{i}}_{\rm II}$ und der auseinanderfliegenden Teilchen $\hat{\mathbf{s}}' = \hat{\boldsymbol{i}}_1 + \hat{\boldsymbol{i}}_2$. Die Bahndrehimpulse der stoßenden und auseinanderfliegenden Teilchen im Schwerpunktsystem sind in (30.2) mit l und l' bezeichnet.

Unsere Aufgabe besteht darin, den differentiellen Wirkungsquerschnitt der Reaktion (30.1) zu finden. Der Zusammenhang der S-Matrix mit dem Wirkungsquerschnitt wird durch die allgemeine Formel (23.8) gegeben. Den differentiellen Wirkungsquerschnitt $\frac{d\sigma}{d\Omega}$ erhalten wir, wenn in der Variablengesamtheit f_0 auch die Streuwinkel θ und φ enthalten sind. Wir transformieren (30.2) auf diese Variablen. Dazu führen wir zunächst eine Transformation zu den Variablen $s' l' m_s' m'$ durch. m_s' ist dabei die Projektion von $\hat{\mathbf{s}}'$, und m' die Projektion von $\boldsymbol{l}'$. Die notwendigen Transformationsfunktionen sind offensichtlich die Vektor-Additions-Koeffizienten $(J'M' \,|s' m' l' m')$. Danach gehen wir mit Hilfe der Transformationsfunktionen $(\theta\varphi \,|l' m') = Y_{l'm'}\,(\theta, \varphi)$ zu den Variablen θ und φ über.

Als Variable müssen wir im Anfangszustand nach (23.8) die Größen $l m \mu_{\rm I} \mu_{\rm II}$ wählen. Wir formen deshalb (30.2) mit Hilfe von $(J M \,|s m_s l m)$ um und führen danach eine Transformation mit $(s m_s \,|i_{\rm I} \mu_{\rm I} i_{\rm II} \mu_{\rm II})$ durch.

Als Ergebnis erhalten wir, daß in (23.8) anstelle von $[(f_0 \,|S|\, l 0 i_{\rm I} \mu_{\rm I} i_{\rm II} M_{\rm II}) - I]$ der Ausdruck

$$\sum_{J M l' m' s m_s} Y_{l'm'}\,(\theta, \varphi)\,(s' l' m_s' m \,|J M)\,(s' l' \alpha' \,|R^J|\, s l \alpha) \times (J M \,|s m_s l 0)\,(s m_s \,|i_{\rm I} \mu_{\rm I} i_{\rm II} \mu_{\rm II}) \tag{30.3}$$

eingesetzt werden muß. Im Prinzip ist damit unsere Aufgabe gelöst, wir müssen das Ergebnis nur noch etwas umformen und vereinfachen.

Unsere Formel bezieht sich erstens auf den praktisch kaum realisierbaren Fall, daß die einfallenden Teilchen und die Targetteilchen eine streng bestimmte Spinorientierung im Raum besitzen; für den Endzustand fixierten wir ebenfalls bestimmte Werte der Größen s' und m_s'. Am häufigsten kommen Aufgaben vor, in denen weder die einfallenden Teilchen noch die Targetteilchen polarisiert sind und bei denen man sich nicht für die Polarisation der Teilchen im Endzustand interessiert. Hat man also (30.3) in (23.8) eingesetzt, so muß man über die Anfangszustände mitteln und über alle Endzustände bezüglich des Spins summieren. Benutzt man die Orthogonalität der Koeffizienten $(s m_s \mid j_{\mathrm{I}} \mu_{\mathrm{I}} j_{\mathrm{II}} \mu_{\mathrm{II}})$, so erhält man

$$\frac{d\sigma_{\alpha'\alpha}}{d\Omega} = \frac{\lambda_\alpha^2}{(2j_{\mathrm{I}}+1)(2j_{\mathrm{II}}+1)} \sum (l_1' s' \alpha' \mid R^{J_1} \mid l_1 s \alpha)^* (l_2' s' \alpha' \mid R^{J_2} \mid l_2 s \alpha) K$$

$$\times (J_1 l_1' l_1;\; J_2 l_2' l_2;\; s' s;\; \theta). \tag{30.4}$$

Die Summation wird über $J_1 l_1 l_1' J_2 l_2 l_2' s s'$ durchgeführt.

In die Größe K wurden alle Faktoren einbezogen, die allein durch die Kinematik des Stoßes bestimmt werden. Die Matrixelemente des Operators $\hat{R}$ werden durch die spezifischen Eigenheiten des Stoßes, d. h. durch die Natur der Kanäle, bestimmt.

Der Ausdruck für K

$$K(J_1 l_1' l_1;\; J_2 l_2' l_2;\; s' s;\; \theta) = (2l_1+1)^{1/2} (2l_2+1)^{1/2} \pi \sum_{m_1 m_2 m_s m_s'} (l_1 0 s m_s \mid J_1 M_1)$$

$$\times (l_2 0 s m_s \mid J_2 M_2)(l_1 m_1 s' m_s' \mid J_1 M_1)(l_2' m_2' s' m_s' \mid J_2 M_2)\, Y^*_{l_1 m_1}(\theta, \varphi)\, Y_{l_2 m_2}(\theta, \varphi)$$

kann weiterhin erheblich vereinfacht werden, indem man ihn auf eine Kombination von Z-Koeffizienten und LEGENDRE-Polynomen reduziert. Benutzt man die Formel

$$Y^*_{l_1 m_1}(\theta, \varphi)\, Y_{l_2 m_2}(\theta, \varphi) = \sum_{LM} \left[\frac{(2l_1+1)(2l_2+1)}{4\pi(2L+1)}\right]^{1/2} (\mathrm{L}0 \mid l_1 0 l_2 0)$$

$$\times (LM \mid l_1 - m_1 l_2 m_2)(-1)^{m_1}\, Y_{LM}(\theta, \varphi), \tag{30.5}$$

so erhält man K als Summe von Produkten aus Vektor-Additions-Koeffizienten. Diese Summe läßt sich mit Hilfe der Formel (29.9a) umformen. Die Summen über m_s', m_1' und m_2' werden zu einer RACAH-Summe vereinigt. Danach lassen sich auch die Summen über m_s, M_1 und M_2 zu einer RACAH-Summe zusammenfassen. Diese RACAH-Summe ist den Koeffizienten $(LM \mid l_1 0 l_2 0)$ proportional. Daraus folgt $M = 0$. Nach einfachen Umformungen erhält man das endgültige Resultat in der Form

$$\frac{d\sigma}{d\Omega} = \frac{\lambda^2}{(2j_{\mathrm{I}}+1)(2j_{\mathrm{II}}+1)} \sum_{L=0}^{\infty} B_L P_L(\cos\theta), \tag{30.6}$$

wobei die $P_L(\cos\theta)$ LEGENDREsche Polynome sind. Für B_L gilt

$$B_L = \sum \frac{(-1)^{s'-s}}{4} Z(l_1 J_1 l_2 J_2;\; sL)\, Z(l_1' J_1 l_2' J_2;\; sL)$$

$$\times \{i^{l_2'-l_1'+l_1-l_2} \operatorname{Re}[(l_1' s' \alpha' \mid R^{J_1} \mid l_1 s \alpha)^* (l_2' s' \alpha' \mid R^{J_2} \mid l_2 s \alpha)]\}. \tag{30.7}$$

Die Summation ist über $J_1 J_2 l_1 l_2 l'_1 l'_2 s$ und s' auszuführen. Man sieht leicht, daß der Ausdruck (30.7) dem Reziprozitätssatz genügt.[1])

Die Summation über alle Quantenzahlen wird formal über den unbegrenzten Bereich von 0 bis ∞ durchgeführt. Tatsächlich ist jedoch nur eine Summe über eine der Zahlen (z. B. über J_1) unbegrenzt. Die restlichen Summen werden durch die Auswahlregeln für die W-Koeffizienten eingeschränkt. Durch die W-Koeffizienten werden ja die Z-Koeffizienten ausgedrückt. Wir wollen noch darauf hinweisen, daß alle Glieder der Summe (30.7) offensichtlich reell sind.

Für praktische Rechnungen ist folgender Ausdruck für B_L zweckmäßiger:

$$
\begin{aligned}
B_L = {} & \sum_{ss'} \frac{(-1)^{s'-s}}{4} \sum_{J=0}^{\infty} \sum_{l=|J-s|}^{J+s} \sum_{l'=|J-s'|}^{J+s'} Z(lJlJ;\, sL)\, Z(l'Jl'J;\, s'L)\, |(l's'\alpha'|R^J|ls\alpha)|^2 \\
& + \sum_{s=|j_1-j_2|}^{j_1+j_2} \sum_{s'=|j_{\mathrm{I}}-j_{\mathrm{II}}|}^{j_{\mathrm{I}}+j_{\mathrm{II}}} \frac{(-1)^{s'-s}}{4} \\
& \times \sum_{J_1=0}^{\infty} \sum_{l_1=|J_1-s|}^{J_1+s} \sum_{l'_1=|J_1-s'|}^{J_1+s'} \Bigg\{ \sum_{J_2=J_1+1}^{\infty} \sum_{l_2=|J_2-s|}^{J_2+s} \sum_{l'_2=|J_2-s'|}^{J_2+s'} Z(l_1 J_1 l_2 J_2;\, sL) \\
& \times Z(l'_1 J_1 l'_2 J_2;\, s'L)\, \mathrm{Re}\,[\ ] \\
& + \sum_{l_2=l_1+1}^{J_1+s} \sum_{l'_2=|J_1-s'|}^{J_1+s} Z(l_1 J_1 l_2 J_1;\, sL)\, Z(l'_1 J_1 l'_2 J_1;\, s'L)\, \mathrm{Re}\,[J_2 = J_1] \\
& + \sum_{l'_2=l'_1+1}^{J_1+s'} Z(l_1 J_1 l_1 J_1;\, sL)\, Z(l'_1 J_1 l'_2 J_1;\, s'L)\, \mathrm{Re}\,[J_2 = J_1,\, l_2 = l_1)] \Bigg\}.
\end{aligned}
$$

In die eckigen Klammern muß der Ausdruck eingesetzt werden, der in der Formel (30.7) in geschweiften Klammern steht. In diesem Ausdruck tritt jedes Glied nur einmal auf. Neben den Einschränkungen für die Summationsgrenzen wird die Zahl der Glieder in (30.7) auch noch durch folgende Bedingungen verringert: $(l_1 + l_2 - L)$ und $(l'_1 + l'_2 - L)$ müssen gerade Zahlen sein; $(l_1 + l'_1)$ und $(l_2 + l'_2)$ müssen gerade (ungerade) Zahlen sein, wenn die Kanäle α und α' gleiche (entgegengesetzte) Paritäten besitzen. Die Parität eines Kanals erhält man als Produkt der inneren Parität der stoßenden oder auseinanderfliegenden Teilchen. Außerdem gibt es gewisse Begrenzungen für die L [28]. Man erhält sie leicht aus den Eigenschaften der Racah-Koeffizienten (siehe § 29): $L \leq 2l^{\max}$, $2J^{\max}$, $2l'^{\max}$. In den rechten Teilen dieser Ungleichungen, die alle zugleich erfüllt sein müssen, steht jeweils der größte Wert der beim Prozeß auftretenden Drehimpulse.

Die Formel (30.6) wird in der Regel für Fälle gebraucht, bei denen entweder nur kleine Werte der Bahndrehimpulse auftreten, oder bei denen die Reaktion über einen Zustand mit bestimmtem Gesamtdrehimpuls verläuft, oder wenn die Spins der stoßenden Teilchen klein sind, z. B. 0, $\frac{1}{2}$ oder 1. In diesen Fällen werden die angeführten Formeln stark vereinfacht. Die wenigen Z-Koeffizienten, die in den letztlich noch übrig gebliebenen Ausdruck eingehen, werden aus den Tabellen des Anhanges II entnommen.

---

[1]) Die Formel (30.7) unterscheidet sich von der analogen Formel aus der Arbeit [19] durch den Phasenfaktor $i^{l'_2 - l'_1 + l_1 - l_2}$. Der Unterschied hängt damit zusammen, daß die in der Arbeit [19] benutzte S-Matrix nicht invariant gegen Zeitumkehr ist (siehe § 21 und die Arbeit [21]).

Die Formel (30.6) findet ihre wichtigste Anwendung bei der Durchführung der verallgemeinerten Phasenanalyse von experimentellen Daten. Diese Analyse besteht in folgendem: Die experimentell gemessene Winkelverteilung wird nach LEGENDREschen Polynomen zerlegt. Aus dem Vergleich des Ergebnisses der Zerlegung mit der Formel (30.6) werden die Elemente $(l's'\alpha'\,|S|\,ls\alpha)$ der S-Matrix bestimmt. Man sucht also diejenigen Parameter, die nicht durch die Kinematik, sondern durch die spezifischen Besonderheiten des Prozesses bedingt sind.

Im allgemeinen Falle ist eine solche Analyse nicht eindeutig. Wie schon gezeigt wurde, sind die Größen $(l's'\alpha'\,|S|\,ls\alpha)$ Matrizen, die eine große Zahl reeller Parameter enthalten. Die Untersuchung der Winkelverteilung ergibt jedoch weniger Gleichungen, als unbekannte Parameter vorhanden sind. Zur vollständigen Bestimmung der Parameter ist es im allgemeinen notwendig, Stöße mit polarisierten Teilchen zu untersuchen. Man erhält dadurch zusätzliche Gleichungen für die Bestimmung der Parameter.

Nicht einmal im Fall der elastischen Streuung von Teilchen mit dem Spin $\frac{1}{2}$ an spinlosen Teilchen gibt die Analyse der Winkelverteilung vollständige Informationen über die Parameter der S-Matrix, d. h. über die Phasen. Wie in § 26 gezeigt wurde, besitzt in diesem Fall die S-Matrix die Form

$$e^{2i\delta_l^J}\,\delta_{l'l}\,\delta_{s's}\,, \tag{30.8}$$

wobei $l = J \pm \frac{1}{2}$ ist. Daraus folgt, daß bei vorgegebenem J_1, J_2 und L folgende vier Z-Koeffizienten in die Koeffizienten B_L eingehen:

$$\begin{aligned}
Z(J_1 - \tfrac{1}{2}\,J_1 J_2 - \tfrac{1}{2}\,J_2;\,\tfrac{1}{2}\,L) &= Z_{11},\\
Z(J_1 + \tfrac{1}{2}\,J_1 J_2 - \tfrac{1}{2}\,J_2;\,\tfrac{1}{2}\,L) &= Z_{12},\\
Z(J_1 - \tfrac{1}{2}\,J_1 J_2 + \tfrac{1}{2}\,J_2;\,\tfrac{1}{2}\,L) &= Z_{21},\\
Z(J_1 + \tfrac{1}{2}\,J_1 J_2 + \tfrac{1}{2}\,J_2;\,\tfrac{1}{2}\,L) &= Z_{22}.
\end{aligned}$$

Nach § 29 sind Z_{11} und Z_{22} dann verschieden von Null, wenn $J_1 + J_2 - L$ gerade ist; Z_{12} und Z_{21} sind dann von Null verschieden, wenn $J_1 + J_2 - L$ ungerade ist. Daraus folgt, daß in die Formel für die Winkelverteilungen nur die Kombinationen $Z_{11}Z_{11}$, $Z_{22}Z_{22}$, $Z_{11}Z_{22}$ und $Z_{12}Z_{21}$ eingehen. Diese Koeffizienten besitzen jedoch die beiden Symmetrieeigenschaften $Z_{11} = Z_{22}$ und $Z_{12} = -Z_{21}$.

Aus diesen Ergebnissen sieht man leicht, daß sich B_L nicht verändert, wenn man für alle J zugleich die Substitution $\delta^J_{J+1/2} \rightleftarrows \delta^J_{J-1/2}$ durchführt. Mit anderen Worten, bei der Bestimmung der Koeffizienten B_L aus der Analyse der experimentellen Daten erhält man keine eindeutigen Aussagen über die Größe der Phase. Diese Mehrdeutigkeit [32] ist bei der Analyse der Streuung von π-Mesonen an Nukleonen wesentlich. Sie besitzt einen physikalischen Sinn [33].

Mit Hilfe von (30.6) und (30.8) läßt sich leicht zeigen, daß bei der Streuung von π-Mesonen an Nukleonen noch eine Mehrdeutigkeit in der Phasenanalyse auftritt, die mit der Auswahl des Vorzeichens der Phase zusammenhängt: Die Veränderung der Vorzeichen aller Phasen läßt die Koeffizienten B_L ungeändert. Diese Vieldeutigkeiten lassen sich beseitigen, wenn man die Polarisation der Nukleonen nach der Streuung der π-Mesonen analysiert. Man kann auch von einer Analyse der Interferenz zwischen COULOMB- und Kernstreuung ausgehen.

Wir überlassen es dem Leser als Übungsaufgabe, aus der allgemeinen Formel (30.6) den differentiellen Wirkungsquerschnitt für die Streuung von spinlosen Teilchen und den Wirkungsquerschnitt für die Streuung von Teilchen mit dem Spin $\frac{1}{2}$ an spinlosen Teilchen abzuleiten und diese Wirkungsquerschnitte durch die Streuphasen für die niedrigsten Werte des Bahndrehimpulses $l = 0$ und $l = 1$ auszudrücken. Das Ergebnis der letztgenannten Aufgabe ist für die Phasenanalyse der Streuung von π-Mesonen an Nukleonen wichtig. Wir schlagen dem Leser noch vor, er möge die Kugelsymmetrie der Winkelverteilung für Reaktionen beweisen, bei denen nur der Gesamtdrehimpuls 0 oder $\frac{1}{2}$ auftritt.

KAPITEL IX

Die Polarisation von Teilchen bei Kernreaktionen

§ 31. Die allgemeinen Formeln

Im Zusammenhang mit der Entwicklung der experimentellen Technik werden Versuche mit polarisierten Teilchen immer wichtiger. Dem Wesen der Sache nach bestimmt man bei solchen Versuchen die Abhängigkeit der Streumatrix von Variablen, die neue Freiheitsgrade charakterisieren. Wird nur die Winkelverteilung gemessen, so erhält man Ergebnisse, die über diese Variablen gemittelt sind. Eine Reihe von Gesetzmäßigkeiten für die Entstehung der Polarisation und für Besonderheiten von Kernreaktionen mit polarisierten Teilchen kann man bereits aus den allgemeinen Eigenschaften der S-Matrix erhalten. Sie wurden von uns im ersten Kapitel behandelt. Die nachstehend diskutierten Gesetzmäßigkeiten sind deshalb völlig allgemein. Sie hängen nicht von der Natur der an der Reaktion teilnehmenden Teilchen und von den Details ihrer Wechselwirkung ab. Wir beschränken uns auf die Betrachtung der Gesetzmäßigkeiten, die in dem speziellen Fall eine Rolle spielen, bei dem ein Bündel nichtpolarisierter Teilchen auf nichtpolarisierte Targetkerne einfällt und bei dem polarisierte Teilchen entstehen. Die Betrachtung des allgemeinen Falles[1]) von Reaktionen mit polarisierten Teilchen oder auch der Korrelationen bei Vielfachprozessen würde eine Erweiterung des Kreises der benutzten Begriffe und eine beträchtliche Vergrößerung des Umfanges dieses Buches bedeuten.

Als Polarisation wird der Mittelwert des Spinoperators definiert:

$$(\Psi, \hat{\boldsymbol{j}} \Psi) = \bar{\boldsymbol{J}}. \tag{31.1}$$

Dies ist offensichtlich eine Vektorgröße.

Wir interessieren uns für die Polarisation der Teilchen, die beim Stoßprozeß entstehen. Wir legen die Numerierung so fest, daß der Index 1 das Teilchen kennzeichnet, dessen Polarisation wir untersuchen. Als Wellenfunktion Ψ muß man die Wellenfunktion der bei der Reaktion gebildeten Teilchen benutzen. Diese Wellenfunktion besitzt nach § 23 die Form

$$\Psi_f' = \sqrt{2\pi} \sum_l \sqrt{\pi \lambda^2 (2l+1)}\, (f_0 \,|R|\, \alpha j_{\text{I}} \mu_{\text{I}} j_{\text{II}} \mu_{\text{II}} l 0). \tag{31.2}$$

Wird in diesen Ausdruck anstelle des Matrixelementes R die Formel (30.3) eingesetzt, so erhält man eine Wellenfunktion mit den Darstellungsindizes $\vartheta \varphi s' m_s'$. Das sind die Indizes, auf welche die Operatoren wirken. Daraus ist zu sehen, daß

[1]) Siehe die Arbeiten [18, 24]. Die Korrelationen beim Zerfall von Teilchen sind in der großen Übersichtsarbeit [27] behandelt.

zur Berechnung von (31.1) die Kenntnis der expliziten Form des Operators $\hat{\boldsymbol{j}}_1$ in der Darstellung $s' m'_s$ notwendig ist:

$$(s'_1 m'_{s_1} | \hat{\boldsymbol{j}}_1 | s'_2 m'_{s_2}). \tag{31.3}$$

Berechnet man die Matrix (31.3), bildet man danach das Produkt (31.1), d. h., summiert man über $s'_1 s'_2 m'_{s_1} m'_{s_2}$ und integriert man über die Winkel, so erhält man den Mittelwert des Polarisationsvektors. Dies ist die sogenannte totale Polarisation. Sie besitzt die Bedeutung eines Wirkungsquerschnittes. Wird in (31.1) die Integration über die Winkel θ, φ nicht durchgeführt, so erhält man die sogenannte differentielle Polarisation, die von größtem Interesse ist. Sie hat die Bedeutung eines differentiellen Wirkungsquerschnittes. Sie ist der Mittelwert des Spinoperators der Teilchen, die in der Zeiteinheit in den Raumwinkel $d\Omega$ gelangen, wenn der Fluß der einfallenden Teilchen gleich Eins angenommen wird. Für die differentielle Polarisation werden wir die Bezeichnung $\frac{\overline{d\boldsymbol{P}}}{d\Omega}$ benutzen.

Oft wird auch der Begriff der relativen Polarisation gebraucht:

$$f = \frac{1}{j_1} \frac{\frac{\overline{d\boldsymbol{P}}}{d\Omega}}{\frac{d\sigma}{d\Omega}}.$$

Hierbei ist $\frac{d\sigma}{d\Omega}$ der differentielle Wirkungsquerschnitt der Kernreaktion.

Gehen wir nun zur Berechnung der Matrix (31.3) über. In der Arbeit [2] (§ 25) werden allgemeine Ausdrücke für die Matrizen der Drehimpulskomponenten angegeben. Diese Ausdrücke basieren nur auf den Kommutationsrelationen und gelten deshalb auch für den Spinoperator:

$$(\mu | \hat{j}_x + i \hat{j}_y | \mu') = \sqrt{(j + \mu)(j - \mu + 1)}\, \delta_{\mu' \mu - 1},$$
$$(\mu | \hat{j}_x - i \hat{j}_y | \mu') = \sqrt{(j - \mu)(j + \mu + 1)}\, \delta_{\mu' - 1 \mu},$$
$$(\mu | \hat{j}_z | \mu') = \mu\, \delta_{\mu' \mu}.$$

Werden diese Ausdrücke mit einer Tabelle von Vektor-Additions-Koeffizienten für $j = 1$ verglichen, so erkennt man folgende allgemeine Formel[1]), welche die beiden Ausdrücke vereinigt:

$$(\mu' | \hat{j}_\nu | \mu) = \sqrt{(j + 1) j}\, (j \mu' | 1 \nu j \mu), \qquad \nu = 0, \pm 1. \tag{31.4}$$

[1]) Die von uns abgeleitete Formel (31.4) stellt einen Spezialfall des bekannten WIGNER-ECKART-Theorems aus den Anwendungen der Gruppentheorie dar:

$$(j_2 \mu_2 | \hat{T}^k_q | j_1 \mu_1) = (j_2 | T_q | j_1)\, (j_2 \mu_2 | q k j_1 \mu_1).$$

Mit $\hat{T}^k_q$ wird ein Operator bezeichnet, der sich bei Drehungen des Koordinatensystems wie die $Y_{qk}(\vartheta\varphi)$ transformiert; $(j_2 | T_q | j_1)$ ist das reduzierte Matrixelement, das nicht von den Drehimpulsprojektionen abhängt (siehe [2], Seite 409).

Hierbei gilt

$$\hat{j}_0 = \hat{j}_z, \qquad \hat{j}_{\pm 1} = \mp \frac{1}{\sqrt{2}} (\hat{j}_x \pm i \hat{j}_y).$$

Wir überführen nun diese Matrix in die für unsere Zwecke notwendige Darstellung

$$(s_1' m_{s_1}' | \hat{j}_\nu | s_2' m_{s_2}') = \sum_{\mu_1' \mu_1} (s_1' m_{s_1}' | j_1 \mu_1' j_2 \mu_2) \sqrt{j_1 (j_1 + 1)}\, (j_1 \mu_1' | 1 \nu j_1 \mu_1) (j_1 \mu_1 j_2 \mu_2 | s_2 m_{s_2}').$$

Dieser Ausdruck kann mit Hilfe der Racah-Formel (29.9a) vereinfacht werden. Man erhält

$$\sqrt{j_1 (j_1 + 1)}\, [\tfrac{1}{3} (2 s_1' + 1) (2 s_2' + 1) (2 j_1 + 1)]^{1/2} \\ \times (-1)^{j_2 - j_1 + m_{s_1}' - \nu} (s_1' - m_{s_1}' s_2 m_{s_2}' | 1 - \nu) W (j_1 s_1' j_1 s_2';\ j_2 1). \tag{31.5}$$

Wir multiplizieren (31.5) von links mit $\Psi_f'^*$ und von rechts mit Ψ_f' und summieren über $s_1' m_{s_1}' s_2' m_{s_2}'$. Da die Teilchen I und II nicht polarisiert sind, mitteln wir außerdem noch über die Spins des Anfangszustandes

$$dP_\nu = \frac{\pi \lambda^2}{(2 j_{\mathrm{I}} + 1)(2 j_{\mathrm{II}} + 1)} \sqrt{j_1 (j_1 + 1)}\, \frac{(2 j_1 + 1)^{1/2}}{\sqrt{3}} \\ \times \sum [(2 l_1 + 1)(2 l_2 + 1)]^{1/2} [(l' s_1' \alpha' | R^{J_1} | l s \alpha)]^* [(l_2' s_2' \alpha' | R^{J_2} | l_2 s \alpha)] \\ \times \sum_{m_s m_{s_1}' m_{s_2}'} (l_1 0 s m_s | J_1 m_s) (l_2 0 s m_s | J_2 m_s) (l_1' m_1' s_1' m_{s_1}' | J_1 m_s) \\ \times (l_2' m_2' s_2' m_{s_2}' | J_2 m_s) Y_{l_1 m_1}^* Y_{l_2 m_2} (-1)^{j_2 - j_1 + m_{s_1}' - \nu} [(2 s_1' + 1)(2 s_2' + 1)]^{1/2} \\ \times (s_1' - m_{s_1}' s_2' m_{s_2}' | 1 - \nu) W (j_1 s_1 j_1 s_2';\ j_2 s)\, d\Omega. \tag{31.6}$$

Die Summe über die magnetischen Quantenzahlen kann ebenso vereinfacht werden, wie das bei den Winkelverteilungen gemacht wurde. Neben der Racah-Formel benutzt man zweckmäßigerweise noch die Formel (29.16), mit deren Hilfe die Summe über Produkte aus drei Racah-Koeffizienten auf die X-Koeffizienten reduziert wird. Die Details dieser etwas umfangreichen aber einfachen Rechnungen kann man in der Arbeit [29] finden, die wir in diesem Paragraphen wesentlich ausnutzten. Die Endformel für die zyklischen Projektionen des Polarisationsvektors besitzt die Gestalt

$$\frac{dP_\nu}{d\Omega} = \sum A_L (L 0 1 \nu | L \nu) Y_{L\nu} (\theta, \varphi).$$

Der komplizierte Ausdruck für A_L hängt nicht von ν ab.

Aus den Tabellen der Vektor-Additions-Koeffizienten folgt

$$\left.\begin{aligned} \frac{dP_z}{d\Omega} &= \frac{dP_0}{d\Omega} = 0, \\ \frac{dP_x}{d\Omega} &= \left(\frac{dP_{-1}}{d\Omega} - \frac{dP_1}{d\Omega}\right) \frac{1}{\sqrt{2}} \sim \frac{1}{2} (Y_{L-1} + Y_{L1}) \sim -i \sin\varphi\, \overline{P_L^1} (\cos\theta), \\ \frac{dP_y}{d\Omega} &= \frac{i}{\sqrt{2}} \left(\frac{dP_1}{d\Omega} + \frac{dP_{-1}}{d\Omega}\right) \sim -\frac{i}{2} (Y_{L1} - Y_{L-1}) \sim i \cos\varphi\, \overline{P_L^1} (\cos\theta). \end{aligned}\right\} \tag{31.7}$$

Die $\overline{P}_L^1$ sind *normierte* LEGENDREsche Funktionen. Es sei daran erinnert, daß wir die Achse z in die Bewegungsrichtung der stoßenden Teilchen gelegt haben. Die Lage der Achsen x und y ist vorläufig nicht mit einer physikalisch ausgezeichneten Richtung verknüpft. Wir legen nun die Achse x so fest, daß sie in der Reaktionsebene liegt. Das bedeutet offensichtlich, daß dann der Streuwinkel $\varphi = 0$ ist. In diesem Koordinatensystem gilt $\frac{dP_z}{d\Omega} = \frac{dP_x}{d\Omega} = 0$. Daraus folgt die sehr allgemeine Behauptung, daß der Polarisationsvektor der Teilchen immer senkrecht zur Reaktionsebene gerichtet ist. Das wird auch aus einfachen geometrischen Überlegungen klar. Der Polarisationsvektor ist ein Pseudovektor. Der einzige Pseudovektor, den man aus den Einheitsvektoren $\boldsymbol{n}_\alpha$ und $\boldsymbol{n}_{\alpha'}$ bilden kann, ist das Vektorprodukt $[\boldsymbol{n}_\alpha \boldsymbol{n}_{\alpha'}]$. Daraus ist klar, daß der Polarisationsvektor entlang dieses Vektors gerichtet sein muß. Wir bezeichnen diesen Einheitsvektor mit $\boldsymbol{k} = [\boldsymbol{n}_\alpha \boldsymbol{n}_{\alpha'}]$. Den allgemeinen Ausdruck für den differentiellen Polarisationsvektor kann man dann in der Form

$$\begin{aligned}\frac{d\boldsymbol{P}_{\alpha'\alpha}}{d\Omega} = \boldsymbol{k}\, \frac{\lambda^2}{4} & \frac{[2j_1(j_1+1)(2j_1+1)]^{1/2}}{(2j_\mathrm{I}+1)(2j_\mathrm{II}+1)} \\ & \times \sum Re\{i[(l_1' s_1' \alpha' | R_{\pi_1}^{J_1} | l_1 s \alpha)]^* [(l_2' s_2' \alpha' | R_{\pi_2}^{J_2} | l_2 s \alpha)]\} \\ & \times (-1)^{j_2 - j_1 - s + J_2 + s_2' + l_2'} (-i)^{-l_1 + l_2 + L} Z(l_1 J_1 l_2 J_2;\, sL) \\ & \times W(j_1 s_1' j_1 s_2';\, j_2 1)[(2J_1+1)(2l_1'+1)(2s_1'+1)(2J_2+1)(2l_2'+1) \\ & \times (2s_2'+1)]^{1/2} (l_1' 0 l_2' 0 | L0)\, X(J_1 l_1' s_1';\, J_2 l_2' s_2';\, LL1)\, \overline{P_L^1}(\cos\theta) \qquad (31.8)\end{aligned}$$

schreiben.[1] Die Summation wird über alle $J_1 J_2 \pi_1 \pi_2 l_1 l_2 l_1' l_2' s_1' s_2'$, s und L durchgeführt. Alle Größen, die in $\frac{d\boldsymbol{P}_{\alpha'\alpha}}{d\Omega}$ eingehen, sind reell.

§ 32. Die grundlegenden Gesetze für die Entstehung polarisierter Teilchen bei Kernreaktionen

Wir betrachten nun die Hauptgesetzmäßigkeiten bei der Entstehung polarisierter Teilchen.

1. Wie schon gezeigt wurde, steht der Polarisationsvektor senkrecht zur Reaktionsebene.

2. Die Polarisation ist hauptsächlich eine Interferenzerscheinung.

Das kann man aus der geschweiften Klammer in Formel (31.8) ersehen. Die Formel besitzt die Gestalt $\sum_{ll'} Re[i f_l^* f_{l'}]$, wobei f_l die Amplituden der Übergänge

---

[1]) Unsere Formel unterscheidet sich von der Formel (3.2) der Arbeit [29] durch einen wenig wesentlichen Faktor. Der Unterschied wird durch die unglückliche Normierung der Tensormomente hervorgerufen, die in der Arbeit [29] verwendet wird (siehe [25]). Außerdem gibt es einen Unterschied im Phasenfaktor $i^{l_2'-l_2+l_1'-l_1}$, der mit einem Fehler in der Arbeit [29] zusammenhängt. Wir hatten einen ähnlichen Fehler in der Arbeit [19] schon im Vorstehenden erwähnt.

in die einzelnen Kanäle sind. Die Glieder mit $l = l'$ verschwinden. Wenn die spezifischen Besonderheiten der Reaktion dergestalt sind, daß nur ein einziges Matrixelement der S-Matrix verschieden von Null ist, so muß also die Polarisation gleich Null sein.

Eine ganze Reihe von Gesetzmäßigkeiten ergibt sich aus den Eigenschaften der Racah-Koeffizienten und der Vektor-Additions-Koeffizienten.

3. Wenn in der Reaktion im Anfangs- und im Endzustand effektiv nur die S-Welle teilnimmt, so gibt es keine Polarisation.

4. Wenn die Reaktion durch ein Niveau des Compoundkernes mit definierter Parität und $J = \frac{1}{2}$ oder unbestimmter Parität und $J = 0$ verläuft, so gibt es ebenfalls keine Polarisation.

5. Wenn der Gesamtspin des Endzustandes gleich Null ist, so ist auch die Polarisation Null.

6. Wenn keine Spin-Bahn-Kopplung auftritt, so gibt es keine Polarisation.

7. Wenn die spezifischen Besonderheiten der Wechselwirkung dergestalt sind, daß für den Bahndrehimpuls von Anfangs- und Endzustand oder für den Gesamtdrehimpuls J nur begrenzte Werte möglich sind, so läßt sich eine obere Grenze für L angeben:

$$L \leq 2l_1,\ 2l_1',\ 2J.$$

L muß eine gerade Zahl sein, wenn die interferierenden Zustände die gleiche Parität besitzen. Eine Anisotropie in der Winkelverteilung der Reaktion schließt offensichtlich die Anwendung der dritten und der vierten Regel aus. Ist die Winkelverteilung gegen einen Winkel von 90° nicht symmetrisch, so bedeutet dies, daß Interferenzeffekte auftreten und daß folglich die Entstehung einer Polarisation möglich ist.

8. Man kann einige Voraussagen über die Winkelverteilung der Polarisation machen. Für $\theta = 0°$ und $180°$ sind die $\overline{P}_L^1$ gleich Null, und es gibt keine Polarisation. Treten bei der Reaktion nur Bahndrehimpulse auf, die nicht größer als $l = 1$ sind, so wird die Abhängigkeit der Polarisation vom Winkel durch die Funktion $\overline{P}_1^1(\cos\theta)$ und $\overline{P}_2^1(\cos\theta)$ bestimmt. Man muß also erwarten, daß der Maximalwert der Polarisation bei Winkeln im Gebiet zwischen 45° und 135° auftritt.

Unsere Formel für die Polarisation ist sehr lang. Dieser Mangel hängt mit ihrer außerordentlichen Allgemeinheit zusammen. Wenn in der Reaktion Teilchen mit kleinen Spins teilnehmen, und wenn nur wenige Werte des Bahndrehimpulses wesentlich sind, so kann man die Formel sofort vereinfachen, und in jedem konkreten Fall kann man mit Hilfe von Tabellen die Koeffizienten als Zahlenfaktoren darstellen. Besonders einfach lassen sich die vorhin abgeleiteten Formeln für die Winkelverteilungen und die Polarisationen handhaben, wenn man Zahlentabellen für die Koeffizienten W, Z und X verwendet, etwa in der Art, wie sie in Anhang II angeführt sind.

Wir wollen als Beispiel eine Analyse der Reaktion $Li^6(n\alpha)H^3$ durchführen, wobei wir die Formel (31.8) benutzen. Eine Interpretation [31] der Daten dieser Reaktion zeigt, daß im Energiegebiet um 270 keV die Winkelverteilung und die

Energieabhängigkeit erklärt werden können, wenn man annimmt, daß folgende Elemente der S-Matrix verschieden von Null sind:

$$(1\,\tfrac{1}{2}\,|S^{3/2}_{-}|\,1\,\tfrac{1}{2}) = \frac{\tau}{\sqrt{2}}, \qquad (2\,\tfrac{1}{2}\,|S^{3/2}_{+}|\,0\,\tfrac{3}{2}) = a, \qquad (0\,\tfrac{1}{2}\,|S^{1/2}_{+}|\,0\,\tfrac{1}{2}) = b.$$

Der linke Teil der Gleichungen wurde in unseren Bezeichnungen und der rechte Teil in den Bezeichnungen der Arbeit [31] geschrieben.

Auf der Grundlage dieser Daten und der vorhin formulierten allgemeinen Gesetzmäßigkeiten kann man einige Voraussagen über die Polarisation der Tritiumkerne machen, die bei der Reaktion entstehen. Da Zustände mit verschiedenen Spins der Anfangszustände nicht interferieren, siehe Gleichung (31.8), so kann eine Polarisation nur durch Interferenz der Zustände τ und b hervorgerufen werden, wobei sich die Summe über L in (31.8) in diesem Fall auf das eine Glied mit $L = 1$ reduziert. Werden die Eigenschaften der Koeffizienten W und X und die entsprechenden Tabellen benutzt, so findet man leicht

$$W(\tfrac{1}{2}\,\tfrac{1}{2}\,\tfrac{1}{2}\,\tfrac{1}{2};\;01) = \tfrac{1}{2}, \qquad W(1\tfrac{3}{2}\,0\tfrac{1}{2};\;\tfrac{1}{2}\,1) = \frac{1}{\sqrt{6}};$$

$$X = (\tfrac{3}{2}\,1\tfrac{1}{2};\;\tfrac{1}{2}\,0\tfrac{1}{2};\;111) = \frac{1}{\sqrt{216}}.$$

Die Formel (31.8) liefert

$$\frac{d\boldsymbol{P}}{d\Omega} = \boldsymbol{k}\lambda^2 (864)^{-1/2} [i(\tau b^* - \tau^* b)] \overline{P}_1^1 (\cos\theta) = \boldsymbol{k}\lambda^2 \frac{2}{\sqrt{864}}\,|\tau^* b|\,\sin\eta\,\overline{P}_1^1(\cos\theta).$$

Die Winkelverteilung gestattet nicht, die Phase η zu bestimmen, von der die Größe der Polarisation wesentlich abhängt. Auf der Grundlage der Angaben aus den Winkelverteilungen kann man jedoch leicht den größtmöglichen Wert der Polarisation, den man für die gegebene Reaktion erwarten kann, abschätzen.

Aus dem Beispiel ist klar zu sehen, daß die vorhin formulierten allgemeinen Gesetzmäßigkeiten recht konkrete Schlußfolgerungen über die Winkelabhängigkeit der Polarisation und ihre Größe zulassen. Man kann deshalb auf ihrer Grundlage die günstigsten Bedingungen für eine Messung der Polarisation auffinden. Die Messung der Polarisation wiederum ermöglicht Aussagen über die Phasen der Elemente der S-Matrix.

KAPITEL X

Reaktionen, an denen Photonen teilnehmen

§ 33. Die allgemeinen Formeln

Den vorhin dargelegten mathematischen Apparat kann man verallgemeinern und auf alle Fälle anwenden, bei denen an der Reaktion Photonen teilnehmen.[1]) Allerdings muß man Klarheit besitzen, welche Besonderheiten hierbei auftreten. Dazu wäre eine Betrachtung der Quantenmechanik der Photonen notwendig. Diese Betrachtung würde uns jedoch zu weit vom Wege abbringen, da für unsere engen praktischen Ziele nur einige Resultate dieser Theorie notwendig sind. Die Leser, die sich mit der theoretischen Seite der Sache tiefer beschäftigen möchten, können wir auf das erste Kapitel der Monographie [20] verweisen. Dort ist die Quantenmechanik des Photons so dargelegt, daß sie einem breiten Kreis von Physikern zugänglich ist.

Wir benutzen im weiteren folgende Resultate aus der Quantenmechanik des Photons:

1. Das Photon besitzt wie jedes andere Teilchen eine Wellenfunktion $\boldsymbol{f}$. Diese hängt mit dem Vektorpotential zusammen und stellt eine Vektorgröße dar. Dies bedeutet, daß der Spin des Photons gleich 1 ist. f_z ist Eigenfunktion des Operators der Spinprojektion des Photons mit dem Eigenwert $\mu = 0$. Die Kombinationen $-\frac{1}{\sqrt{2}}(f_x + i f_y)$ und $\frac{1}{\sqrt{2}}(f_x - i f_y)$ sind Eigenfunktionen des Operators der Spinprojektion des Photons mit den Eigenwerten $+1$ und -1.

2. Die Wellenfunktion des Photons ist transversal: $(\boldsymbol{n}, \boldsymbol{f}(\boldsymbol{n})) = 0$. Dabei bedeutet $\boldsymbol{n}$ den Einheitsvektor in Ausbreitungsrichtung des Photons.

Aus der letztgenannten Gleichung ergeben sich die Besonderheiten der allgemeinen Formeln, die Reaktionen mit Photonen beschreiben.

Unsere Aufgabe besteht in folgendem: Wir müssen die Bedingung, daß $\boldsymbol{f}$ ein transversales Vektorfeld sein soll, in solch eine Form bringen, daß wir durch einfache Veränderungen der allgemeinen Formeln für Teilchen mit von Null verschiedener Ruhmasse analoge Formeln für Photonen erhalten.

Teilchen mit dem Spin 1 besitzen in Zuständen mit dem gegebenen Bahndrehimpuls l, der gegebenen Projektion m und der gegebenen Spinprojektion μ Wellenfunktionen der Form

$$(\theta\varphi\mu' \mid lm\mu) = Y_{lm}(\theta, \varphi)\delta_{\mu'\mu}. \tag{33.1}$$

Mit θ und φ werden die Winkel bezeichnet, welche die Impulsrichtung des Teilchens festlegen. Die Wellenfunktion eines Teilchens in derselben Darstellung, nur noch

[1]) Siehe [18, 22, 26].

mit gegebenem Gesamtdrehimpuls g und dessen Projektion m_g, erhält man aus der Funktion (33.1) nach den Regeln der Vektoraddition:

$$(\theta\varphi\mu'|lgm_g) = \sum_{m\mu} (\theta\varphi\mu'|lm\mu)(lm\,1\mu|gm_g). \tag{33.2}$$

Bei vorgegebenem g und m_g gibt es drei linear unabhängige Funktionen mit $l = g$ und $l = g \pm 1$. Als Eigenfunktion des Gesamtdrehimpulses $\hat{g}$ hat man im allgemeinen Fall eine Linearkombination dieser drei Funktionen.

Beim Photon muß die Wellenfunktion, zum Unterschied von den üblichen Teilchen mit dem Spin 1, noch der Transversalitätsbedingung genügen. Deshalb muß man zur Bildung der Wellenfunktion des Photons, die einen Zustand mit bestimmten Gesamtdrehimpuls und seiner Projektion beschreibt, Linearkombinationen der Funktionen (33.2) aufbauen. Diese Linearkombinationen müssen der zusätzlichen Bedingung genügen. Daraus folgt, daß es für das Photon nicht drei verschiedene Zustände mit vorgegebenen Quantenzahlen g und m_g gibt, sondern nur zwei.

Wenn es gelingt, die gewünschten Kombinationen

$$\sum_l C^l(p)\,(\theta\varphi\mu'|lgm_g) = (\theta\varphi\mu'|pgm_g)$$

zu finden (der Index p kann zwei Werte annehmen), so kann man den Koeffizienten $C^l(p)$ als die Transformation $(l|p)$ ansehen, welche die Formeln, die für übliche Teilchen gültig sind, in Formeln überführt, die für Photonen gelten. Unsere Aufgabe ist somit darauf reduziert, die $(l|p)$ zu finden.

Wir bestimmen $C^l(p) = (l|p)$ aus folgenden Bedingungen:

1. Die Funktionen $(\theta\varphi\mu'|pgm_g)$ müssen der Transversalitätsbedingung genügen. Wir formulieren diese Bedingung in der von uns benutzten Darstellung:

$$\begin{aligned}(\boldsymbol{n}, \boldsymbol{f}(\boldsymbol{n})) &= \cos\theta f_z(\boldsymbol{n}) + \cos\varphi\sin\theta f_x(\boldsymbol{n}) + \sin\varphi\sin\theta f_y(\boldsymbol{n}) \\ &= \cos\theta f_z(\boldsymbol{n}) + \tfrac{1}{2}(f_x + i f_y)\sin\theta e^{i\varphi} + \tfrac{1}{2}(f_x - i f_y)\sin\theta e^{-i\varphi} \\ &= \sqrt{\frac{4\pi}{3}}\,(Y_{10}f_0 + Y_{11}f_1 + Y_{1-1}f_{-1}) = 0.\end{aligned}$$

Hier sind die f_μ die Eigenfunktionen des Operators der Spinprojektionen in der Eigendarstellung. Die Transversalitätsbedingung kann somit in der Form

$$\sum_{\mu'} Y_{1\mu'}(\theta,\varphi)\,(\theta\varphi\mu'|pgm_g) = 0 \tag{33.3}$$

geschrieben werden.

2. Die Funktionen $(\theta\varphi\mu'|pgm_g)$ müssen Eigenfunktionen des Paritätsoperators sein.

3. Die Funktionen $(\theta\varphi\mu'|pgm_g)$ müssen orthogonal und normiert sein.

Wir wollen noch darauf hinweisen, daß die $(\theta\varphi\mu'|pgm_g)$ wegen der aufgezählten Eigenschaften eine elektromagnetische Welle mit bestimmtem Gesamtdrehimpuls und bestimmter Parität beschreiben. Solche Zustände werden in der klassischen Theorie der elektromagnetischen Felder als Multipolfelder bezeichnet.

Die Funktionen $(\theta\varphi\mu'|lgm_g)$ sind Eigenfunktionen des Paritätsoperators

$$P(\theta\varphi\mu'|lgm_g) = (-1)^{l+1}(\theta\varphi\mu'|lgm_g). \tag{33.4}$$

Den Faktor $(-1)^l$ erhält man wegen der Transformation $\theta \to \pi - \theta$, $\varphi \to \varphi + \pi$ des orbitalen Teils der Funktion, den Faktor (-1) wegen des Spinanteils der Wellenfunktion. Da $l = g \pm 1$ oder g ist, so besitzt der Zustand mit $l = g$ eine bestimmte Parität, die Zustände mit $l = g \pm 1$ besitzen die entgegengesetzte Parität. Nach der zweiten Bedingung kann in die gesuchte Kombination nur $(\theta\varphi\mu'|ggm_g)$ oder $(\theta\varphi\mu'|g \pm 1gm_g)$ eingehen. Daraus erhalten wir eine der gesuchten Kombinationen:

$$(\theta\varphi\mu'|ggm_g) = (\theta\varphi\mu'|0gm_g). \tag{33.5}$$

In (33.5) haben wir, wie es in der Literatur üblich ist, den Index p gleich Null gesetzt. Man nennt diese Zustände auch magnetische Multipolstrahlung. Ihre Parität ist gleich $(-1)^{g+1}$. Im speziellen spricht man bei $g = 1$ von einer magnetischen Dipolstrahlung, bei $g = 2$ von einer magnetischen Quadrapolstrahlung usw.

Die Funktionen (33.5) genügen nach ihrer Definition (33.2) unserer dritten Bedingung. Man kann leicht prüfen, daß sie auch der ersten Bedingung genügen:

$$\sum_{\mu'} Y_{1\mu'}(\theta, \varphi) \sum_{m\mu} Y_{gm}(\theta, \varphi)\delta_{\mu'\mu}(gm\,1\mu|gm_g) = \sum_{\mu} Y_{gm_g-\mu}Y_{1\mu}(gm_g - \mu\,1\mu|gm_g).$$

Wird das Produkt der Kugelfunktionen mit Hilfe von Formel (30.5) ersetzt, so erhalten wir

$$\sum_{\mu} \sum_{L=l-1}^{l+1} \sum_{M=-L}^{L} \left[\frac{(2l+1)(2l+1)}{4\pi(2L+1)}\right]^{1/2} (10g\,0|L0)\,(LM|1\mu gm_g - \mu) \times (1\mu gm_g - \mu|gm_g)\,Y_{LM}.$$

Die beiden letzten Vektor-Additions-Koeffizienten geben bei der Summation über μ das Produkt $\delta_{Lg}\delta_{Mm_g}$. Da der Koeffizient $(10g\,0|g0)$ gleich Null ist, so ist also die erste Bedingung erfüllt.

Suchen wir nun die zweite Funktion, welche die Parität $(-1)^g$ besitzen muß. In der Literatur ist es üblich, diese Zustände mit dem Index $p = 1$ zu bezeichnen, man nennt sie elektrische Multipole:

$$(\theta\varphi\mu'|1gm_g) = C^{g-1}(1)\,(\theta\varphi\mu'|g-1gm_g) + C^{g+1}(1)\,(\theta\varphi\mu'|g+1gm_g).$$

Wird die Transversalitätsbedingung (33.3) benutzt, und führt man analoge Rechnungen durch, so wird

$$C^{g-1}(1) = \sqrt{\frac{g+1}{g}}\,C^{g+1}(1).$$

Aus der Normierungsbedingung erhalten wir den endgültigen Ausdruck für die Funktionen der elektrischen Multipole

$$(\theta\varphi\mu'|1gm_g) = \sqrt{\frac{g}{2g+1}}\,(\theta\varphi\mu'|g-1gm_g) + \sqrt{\frac{g+1}{2g+1}}\,(\theta\varphi\mu'|g+1gm_g).$$

Die Koeffizienten $C^l(p)$ kann man in allgemeiner Form schreiben:

$$C^l(p) = (l\,|\,p) = -\sqrt{2}(g - 111\,|\,l0)\,\delta(l, p)\,(-1)^p, \tag{33.6}$$

wobei das Symbol $\delta(l, p)$ folgenden Sinn besitzt:

$$\begin{aligned} \delta(l, p) &= \begin{cases} 1 & \text{bei } l = g \\ 0 & \text{bei } l \neq g \end{cases} \quad \text{für} \quad p = 0, \\ \delta(l, p) &= \begin{cases} 0 & \text{bei } l = g \\ 1 & \text{bei } l \neq g \end{cases} \quad \text{für} \quad p = 1. \end{aligned} \tag{33.7}$$

Die Transformation (33.6) besitzt große Bedeutung, da sie eine fast triviale Verallgemeinerung sehr vieler Ergebnisse, die für Reaktionen mit Teilchen abgeleitet wurden, auf den Fall von Reaktionen mit Photonen zuläßt.

Mit Hilfe von (33.6) wird der Übergang von der Variablen l zur Variablen, die den Typ der elektromagnetischen Strahlung charakterisierte (elektrische, magnetische), vorgenommen. Dabei wird der Zustand des Photons, und das muß besonders betont werden, durch den Gesamtdrehimpuls charakterisiert (Bahndrehimpuls plus Spin), während die Zustände von stoßenden oder auseinanderfliegenden Teilchen durch den Gesamtspin gekennzeichnet werden. Leitet man aus den Formeln für Reaktionen mit Teilchen die Formeln für Reaktionen mit Photonen ab, so bedeutet dies, daß noch eine Transformation durchzuführen ist, welche die Reihenfolge bei der Addition der Drehimpulse verändert:

$$(\hat{\boldsymbol{j}}_{\mathrm{I}} + \hat{\boldsymbol{j}}_{\mathrm{II}} = \hat{\boldsymbol{s}}) + \hat{\boldsymbol{l}} \rightarrow (\hat{\boldsymbol{j}}_{\mathrm{II}} + \hat{\boldsymbol{l}} = \hat{\boldsymbol{g}}) = \hat{\boldsymbol{J}} \quad \text{usw.}$$

Nach den Ergebnissen von § 29 besitzt man dafür die Transformationsfunktion

$$\sqrt{(2g + 1)\,(2s + 1)}\; W(l1\,J j_{\mathrm{II}}\,|\,gs) = (s\,|\,g).$$

Wir haben hier $j_{\mathrm{I}} = 1$ gesetzt, d. h., wir betrachten den Fall, daß das Teilchen I ein Photon ist.

Wir formulieren nun die endgültige Vorschrift für den Übergang von Formeln, die Reaktionen mit Teilchen beschreiben, zu Formeln, die Reaktionen mit Photonen charakterisieren. Die Photonenzustände werden dabei als elektrische und magnetische Multipole vorgegeben.

1. Die Amplitude des Prozesses ist folgendermaßen zu transformieren:

$$(l's'\alpha'\,|\,R^J_\pi\,|\,l\,s\,\alpha) \rightarrow \sum_{gp}{}' (l's'\alpha'\,|\,R^J_\pi\,|\,p\,g\,\alpha)\,(p\,g\,|\,s\,l),$$

$$(s\,l\,|\,g\,p) = (s\,|\,g)\,(l\,|\,p) = -\sqrt{2}(-1)^p \sqrt{(2g + 1)\,(2s + 1)}\; W(l1\,J j_{\mathrm{II}}; gs) \times (g - 111\,|\,l0)\,\delta(l, p).$$

Der Sinn der Bezeichnungen wurde vorhin angegeben.

2. Wenn über die Wirkungsquerschnitte gemittelt wird, muß man bei der Summation über die Anfangszustände berücksichtigen, daß ein Photon mit gegebenem g nicht drei, sondern nur zwei Zustände besitzt. Auf diese Weise erhalten wir aus

der Formel (30.6) allgemeine Formeln für die Winkelverteilungen bei Kernreaktionen, an denen Photonen teilnehmen [26], und zwar für[1])

a) die *Photoreaktion.* Es fällt ein Photon ein, ein Teilchen wird emittiert:

$$\frac{d\sigma}{d\Omega} = \frac{\lambda^2}{2(2j_{II}+1)} \sum \frac{(-1)^{s'-j_{II}-1}}{4} \operatorname{Re}\{(l_1' s' \alpha' | R_{\pi_1}^{J_1} | p_1 g_1 \alpha)^* (l_2' s' \alpha' | R_{\pi_2}^{J_2} | p_2 g_2 \alpha)\}$$
$$\times (-1)^{p_1+p_2} (i)^{-l_1'+l_2'-L} Z(l_1' J_1 l_2' J_2; s' L)$$
$$\times Z_\gamma(g_1 J_1 g_2 J_2; j_{II} L) P_L(\cos\theta). \tag{33.8}$$

Hierbei wird über $J_1 J_2 g_1 g_2 p_1 p_2 l_1' l_2' s'$ und L summiert.

b) die *Emission von Photonen.* Es fällt ein Teilchen ein, ein Photon wird emittiert:

$$\frac{d\sigma}{d\Omega} = \frac{\lambda^2}{(2j_I+1)(2j_{II}+1)} \sum \frac{(-1)^{j_2-s+1}}{4} \operatorname{Re}\{(p_1' g_1' \alpha' | R_{\pi_1}^{J_1} | l s \alpha)^* (p_2' g_2' \alpha' | R_{\pi_2}^{J_2} | l_2 s_2 \alpha)\}$$
$$\times (-1)^{p_1'+p_2'} Z_\gamma(g_1' J_1 g_2' J_2; j_2 L)\, (i)^{-l_2+l_1-L}$$
$$\times Z(l_1 J_1 l_2 J_2; s L) P_L \cos\theta). \tag{33.9}$$

Hier wird über $J_1 J_2 g_1 g_2 p_1 p_2 l_1' l_2' s'$ und L summiert.

c) Die *Streuung von Photonen:*

$$\frac{d\sigma}{d\Omega} = \frac{\lambda^2}{2(2j_{II}+1)} \sum \frac{(-1)^{j_2-j_{II}}}{4} \operatorname{Re}\{(p_1' g_1' \alpha' | R_{\pi_1}^{J_1} | p_1 g \alpha)^* (p_2' g_2' \alpha' | R_{\pi_2}^{J_2} | p_2 g_2 \alpha)$$
$$\times (-1)^{p_1'+p_2'+p_1+p_2} Z_\gamma(g_1' J_1 g_2' J_2; j_{II} L)\, Z_\gamma(g_1 J_1 g_2 J_2; j_2 L)\, P_L(\cos\theta)\}. \tag{33.10}$$

Hier wird über $J_1 J_2 g_1 g_2 g_1' g_2' p_1 p_2 p_1' p_2'$ und L summiert.

Man kann auch ohne besondere Mühe einen Ausdruck für die Polarisation der Teilchen erhalten, die bei Photoreaktionen entstehen. Die Transformation der Formel (31.8) liefert

$$\frac{d\boldsymbol{P}}{d\Omega} = \boldsymbol{k} \frac{\lambda^2}{4} \frac{[2j_1(j_1+1)(2j_1+1)]^{1/2}}{2(2j_{II}+1)}$$
$$\times \sum \operatorname{Re}\{i (l_1' s_1' \alpha' | R_{\pi_1}^{J_1} | p_1 g_1 \alpha)^* (l_2' s_2' \alpha' | R_{\pi_2}^{J_2} | p_2 g_2 \alpha)\}$$
$$\times (-1)^{j_2-j_1-j_{II}+J_2+s_2'+l_2'-1} Z_\gamma(g_1 J_1 g_2 J_2; j_{II} L)\, (-1)^{p_1+p_2} W(j_1 s_1' j_1 s_2'; j_2 1)$$
$$\times [(2J_1+1)(2l_1'+1)(2s_1'+1)(2J_2+1)(2l_2'+1)(2s_2'+1)]^{1/2}$$
$$\times (l_1' 0\, l_2' 0 | L 0)\, X(J_1 l_1' s_1'; J_2 l_2' s_2'; L L 1)\, \bar{P}_L^1(\cos\theta). \tag{33.11}$$

---

[1]) Unsere Formeln unterscheiden sich von den Formeln der Arbeit [26] durch einen Phasenfaktor, der sich aus der Invarianzforderung für die S-Matrix bezüglich Zeitumkehr ergibt (siehe § 21).

Die Summation erfolgt hier über $J_1 J_2 g_1 g_2 p_1 p_2 l_1' l_2' s_1' s_2'$ und L. Die Eigenschaften der Ausdrücke (33.8), (33.9), (33.10) und (33.11) sind ganz analog den Eigenschaften der vorhin besprochenen Ausdrücke für den Stoß von Teilchen. In den Summen (33.8) bis (33.10) sind nur jene Glieder von Null verschieden, für die $p_1 + p_2 + g_1 + g_2 - L$ eine gerade Zahl ist.

Zur Übung schlagen wir dem Leser vor, unter Verwendung der angeführten Formeln und der Tabellen des Anhangs II folgende Beziehungen abzuleiten:

1. *Die Winkelverteilung in der Photoerzeugung von π-Mesonen an Nukleonen.* Dabei soll angenommen werden, daß die Amplitude E_{11} für die Photoerzeugung von Mesonen im S-Zustand durch Absorption einer elektrischen Dipolstrahlung ($g = 1$, $p = 1$, $J = \frac{1}{2}$) und die Amplituden M_{11} und M_{13} der Photoerzeugung von Mesonen im P-Zustand durch Absorption einer magnetischen Dipolstrahlung ($g = 1$, $p = 0$, $J = \frac{1}{2}$) und ($g = 1$, $p = 0$, $J = \frac{3}{2}$) verschieden von Null sind.

Die Antwort lautet

$$\frac{d\sigma}{d\Omega} = \frac{1}{8k^2}\{[|E_{11}|^2 + |M_{11}|^2 + 2|M_{13}|^2]\,P_0(\cos\theta) + \mathrm{Re}[-2E_{11}^* M_{11} + 2E_{11}^* M_{13}]\,P_1(\cos\theta) + [-|M_{13}|^2 - 2\,\mathrm{Re}(M_{11}^* M_{13})]\,P_2(\cos\theta)\}.$$

2. *Die Winkelverteilung für den* COMPTON-*Effekt an Nukleonen.* Dabei soll angenommen werden, daß nur elektrische und magnetische Dipolstrahlungen gestreut werden.

Die Antwort lautet

$$\frac{d\sigma}{d\Omega} = \frac{1}{32k_\gamma^2}\{[4|E_{1/2}|^2 + 7|E_{3/2}|^2 + 4|M_{1/2}|^2 + 7|M_{3/2}|^2 - 2\,\mathrm{Re}(E_{1/2}^* E_{3/2} + M_{1/2}^* M_{3/2})] + 4\,\mathrm{Re}[E_{1/2}^*(2M_{1/2} + M_{3/2}) + E_{3/2}^*(M_{1/2} + 5M_{3/2})]\cos\theta + 3[|E_{3/2}|^2 + |M_{3/2}|^2 + 2\,\mathrm{Re}(E_{1/2}^* E_{3/2} + M_{1/2}^* M_{3/2})]\cos^2\theta\}.$$

Hierbei bedeuten $E_{1/2}$ und $E_{3/2}$ die Amplituden der elektrischen Dipolstreuung in Zuständen mit dem Gesamtdrehimpuls $\frac{1}{2}$ und $\frac{3}{2}$. Die entsprechenden Amplituden für die magnetische Dipolstreuung sind mit $M_{1/2}$ und $M_{3/2}$ bezeichnet.

§ 34. Der Zusammenhang zwischen der Photoerzeugung, der Streuung von π-Mesonen und dem COMPTON-Effekt am Nukleon

In § 26 wurde kurz die Parametrisierung der S-Matrix behandelt. Dabei wurde darauf hingewiesen, daß die angestellten Überlegungen sehr allgemeinen Charakter tragen. Sie sind unter anderem auch auf Reaktionen anwendbar, bei denen eine Veränderung der Teilchennatur vor sich geht.

In diesem Paragraphen werden wir die Parametrisierung der S-Matrix durchführen, welche die fundamentalen Prozesse der π-Mesonen-Physik beschreibt. Wir werden Zusammenhänge zwischen diesen Prozessen aufstellen, wobei wir nur von den allgemeinen Eigenschaften der S-Matrix ausgehen, die im Kapitel VI behandelt wurden.

Wir betrachten die Gesamtheit der Reaktionen:

$$\gamma + N \rightarrow \gamma' + N' = \text{Compton-Effekt am Nukleon},$$

$$\gamma + N \rightarrow \pi + N' = \text{Photoerzeugung von } \pi\text{-Mesonen},$$

$$\pi + N \rightarrow \gamma + N' = \text{Strahlungseinfang von } \pi\text{-Mesonen},$$

$$\pi + N \rightarrow \pi' + N' = \text{Streuung von } \pi\text{-Mesonen}.$$

Mit den Symbolen N und N' bezeichnen wir die Nukleonen. Das können sowohl Protonen wie auch Neutronen sein. Mit π und π' werden π-Mesonen gekennzeichnet (positive, negative, neutrale), mit γ die Photonen. Alle Anfangs- und Endzustände werden wir als verschiedene Zustände eines quantenmechanischen Systems betrachten.

Begrenzt man sich auf Photonenenergien unter 300 MeV, so erschöpfen die Übergänge zwischen den Zuständen (γN), $(\gamma' N')$, $(N\pi)$, $(N'\pi')$ praktisch alle möglichen Prozesse. Die Berücksichtigung der anderen Kanäle besitzt nur schwachen Einfluß auf die später diskutierten Resultate. Eine besondere Bemerkung muß zu dem Kanal gemacht werden, in dem die Bildung von Elektron-Positron-Paaren vor sich geht. Das Element der S-Matrix, das den Übergang in diesen Kanal beschreibt, ist durchaus nicht klein, was nach § 24 zu einer Diffraktionsstreuung der Gammaquanten an den Nukleonen führt. Man kann jedoch zeigen [35], daß dieser Effekt zu vernachlässigen ist, wenn man Gebiete der Streuwinkel unter $\sim \frac{m_e c^2}{E_\gamma}$ nicht betrachtet.

Wir schreiben die S-Matrix der vorhin aufgezählten Prozesse folgendermaßen:

$$(k'\alpha' \,|\, S^{J\pi} \,|\, k\alpha)\,\delta_{J'J}\,\delta_{M'M}\,\delta_{\pi'\pi}\,\delta_{T_3'T_3}.$$

Hierbei bedeuten J den Gesamtdrehimpuls des Systems, M seine Projektion, π die Parität des Zustandes, T_3 die Projektion des Gesamtisospins des Systems und k die restlichen Quantenzahlen, die den Kanal α charakterisieren. α nimmt zwei Werte an, die den Zuständen (γN) und (πN) entsprechen.

Wenn α dem Kanal (πN) entspricht, so enthält der Index k folgende Quantenzahlen: den Bahndrehimpuls l und den Isospin des Systems. Bei vorgegebener Parität π und vorgegebenem Gesamtdrehimpuls J ist l eindeutig bestimmt, da $l = J \pm \frac{1}{2}$ und $\pi = (-1)^{l+1}$ ist. Der Isospin des Systems kann die beiden Werte $T = \frac{1}{2}$ und $T = \frac{3}{2}$ annehmen. Wenn α dem Kanal (γN) entspricht, so berücksichtigt der Index k gemäß den Ergebnissen des vorhergehenden Paragraphen die Quantenzahlen g und p, welche die Multipolarität des Photons bestimmen. Da $\pi = (-1)^{g+p+1}$ sowie zugleich $l = J \pm \frac{1}{2}$ ist, sind bei vorgegebenem J und π nur zwei Zustände des Photons möglich.

$(k'\alpha' \,|\, S^{J\pi} \,|\, k\alpha)$ stellt somit eine vierreihige quadratische Matrix dar. Wir schreiben sie in der Form $S_{\mu\nu}$, wobei die Indizes μ und ν vier Werte annehmen, die folgenden Zuständen entsprechen:

μ oder $\nu = 1$ — Ein Nukleon und ein Photon befinden sich in einem magnetischen Multipolzustand mit $g = l$. Die Parität des Zustandes geben wir durch die Quantenzahl l des Bahndrehimpulses des Systems aus π-Meson und Nukleon vor.

μ oder $\nu = 2$ — Ein Nukleon und ein Photon befinden sich in einem elektrischen Multipolzustand mit $g = l \pm 1$, wobei $p = 1$ ist.

μ oder $\nu = 3$ — Ein Nukleon und ein π-Meson im Zustand mit dem Isospin $\frac{1}{2}$.

μ oder $\nu = 4$ — Ein Nukleon und ein π-Meson im Zustand mit dem Isospin $\frac{3}{2}$.

Werden keine weiteren Eigenschaften der S-Matrix benutzt, so haben wir bei vorgegebenem Gesamtdrehimpuls und bei gegebener Parität 32 reelle Parameter, durch welche die S-Matrix ausgedrückt wird.

Wir benutzen nun die Unitarität und die Symmetrie der S-Matrix:

$$\sum_{\nu} S^*_{\mu\nu} S_{\nu\mu'} = \delta_{\mu\mu'}, \qquad S_{\mu\nu} = S_{\nu\mu}. \tag{34.1}$$

Die Symmetrie folgt aus der zeitlichen Umkehrbarkeit sowie daraus, daß es unter den Quantenzahlen k und α keine gibt, die bei der Substitution $t \to -t$ ihr Vorzeichen ändern würden. Wird S in der Form $r_{\mu\nu} e^{i\varphi_{\mu\nu}}$ dargestellt und dieser Ausdruck in (34.1) eingesetzt, so ergibt sich ein System von transzendenten Gleichungen, welche die eingeführten Parameter $r_{\mu\nu}$ und $\varphi_{\mu\nu}$ verknüpfen. Dieses System kann man durch schrittweise Näherung lösen, wenn man von der einfachen, praktisch aus dem Experiment folgenden Annahme ausgeht, daß sich die Matrixelemente zueinander verhalten wie

$$(S_{11} - 1 \sim S_{12} \sim S_{22} - 1) : (S_{13} \sim S_{14} \sim S_{23} \sim S_{24} \sim S_{34}) : (S_{33} \sim S_{44}) = \frac{e^2}{\hbar c} : \sqrt{\frac{e^2}{\hbar c}} : 1, \tag{34.2}$$

wobei $\frac{e^2}{\hbar c} = \frac{1}{137}$ die Feinstrukturkonstante ist. Die Beziehung (34.2) wird offensichtlich in unmittelbarer Nähe der Schwelle für Photoerzeugung verletzt. Dieses kleine Gebiet werden wir hier nicht betrachten. Unterhalb der Schwelle sind nur die Elemente S_{11}, S_{12}, S_{21} und S_{22} verschieden von Null, und die Betrachtung der Parametrisierung unterscheidet sich nicht von der in § 26. Wir betrachten deshalb nur das Energiegebiet über der Schwelle für die Photoerzeugung von π-Mesonen. Bei der ersten Näherung in $\sqrt{\frac{e^2}{\hbar c}}$ behalten wir in jeder der Gleichungen (34.1) nur die Glieder gleicher Ordnung bezüglich dieses Parameters. Ist μ und μ' gleich 3 oder 4, so finden wir

$$S^*_{33} S_{33} = 1 \quad \text{und} \quad S^*_{44} S_{44} = 1$$

und daraus

$$S_{33} = e^{2i\gamma_3}, \qquad S_{44} = e^{2i\gamma_4}. \tag{34.3}$$

Die hier eingeführten Parameter γ_3 und γ_4 sind nichts anderes als die Phasen für die Streuung von π-Mesonen an Nukleonen in Zuständen mit bestimmtem Isospin, Gesamtdrehimpuls und bestimmter Parität.

Ist einer der Indizes μ oder μ' gleich 3 oder 4 und der andere gleich 1 oder 2, so erhalten wir

$$\left.\begin{aligned} S_{13} + S_{13}^* S_{33} &= 0\,, & S_{14} + S_{14}^* S_{44} &= 0\,,\\ S_{23} + S_{23}^* S_{33} &= 0\,, & S_{24} + S_{24}^* S_{44} &= 0\,. \end{aligned}\right\} \tag{34.4}$$

Aus (34.4) und (34.3) ergibt sich

$$\left.\begin{aligned} S_{13} &= i r_{13} e^{i\gamma_3}, & S_{14} &= i r_{14} e^{i\gamma_4},\\ S_{23} &= i r_{23} e^{i\gamma_3}, & S_{24} &= i r_{24} e^{i\gamma_4}, \end{aligned}\right\} \tag{34.5}$$

wobei die $r_{\mu\nu}$ reelle Parameter sind.

Die Beziehungen (34.5) drücken einen wichtigen Zusammenhang zwischen der Photoerzeugung und der Streuung von π-Mesonen aus [9]. Sie vereinfachen weitgehend die Analyse der experimentellen Daten über die Photoerzeugung von π-Mesonen. So kann man z. B. unter Benutzung der Formeln des vorhergehenden Paragraphen eine ganze Reihe Schlüsse über die Interferenzglieder ziehen, wenn man die Energieabhängigkeit der Streuphasen für die π-Mesonen kennt. Umgekehrt kann man aus der Untersuchung der Photoerzeugung von π-Mesonen die Richtigkeit der Phasenanalyse prüfen.

Wenn die Indizes μ und μ' gleich 1 oder 2 sind, so besitzen die Gleichungen (34.1) in erster Näherung folgende Gestalt:

$$\left.\begin{aligned} S_{11}^* - 1 + S_{11} - 1 &= - S_{13}^* S_{31} - S_{14}^* S_{41}\,,\\ S_{12}^* + S_{12} &= - S_{13}^* S_{32} - S_{14}^* S_{42}\,,\\ S_{22}^* - 1 + S_{22} - 1 &= - S_{23}^* S_{32} - S_{24}^* S_{42}\,. \end{aligned}\right\} \tag{34.6}$$

Wir führen die Streuamplitude $i R_{\mu\nu} = S_{\mu\nu} - \delta_{\mu\nu}$ ein und benutzen die Beziehungen (34.5). Dann läßt sich (34.6) kurz folgendermaßen schreiben:

$$\operatorname{Im}\ R_{ab} = \tfrac{1}{2}\,(r_{a3} r_{3b} + r_{a4} r_{4b})\,, \tag{34.7}$$

wobei a und b die Werte 1 und 2 annehmen. Der Imaginärteil der Amplitude des Compton-Effekts wird also durch die Moduln der Amplitude für Photoerzeugung von π-Mesonen ausgedrückt.

Die Beziehung (34.7) erleichtert beträchtlich die Analyse der Experimente über die Streuung von Protonen an Nukleonen. Werden die allgemeinen Eigenschaften der W-, Z- und der Vektor-Additions-Koeffizienten benutzt, so läßt sich leicht zeigen, daß ein Austausch der Indizes $1 \rightleftarrows 2$ unter dem Summenzeichen der Formel (33.10) die Größe $\frac{d\sigma}{d\Omega}$ nicht verändert. Daraus folgt, daß man vor das Produkt

$$(p_1' g_1' \alpha \,|\, R_{\pi_1}^{J_1} \,|\, p_1 g_1 \alpha)^* \, (p_2' g_2' \alpha' \,|\, R_{\pi_2}^{J_2} \,|\, p_2 g_2 \alpha)$$

das Symbol Re schreiben kann. Wird jetzt $R_{\mu\nu}$ in der Form $R_{\mu\nu}^{\mathrm{I}} + i R_{\mu\nu}^{\mathrm{II}}$ geschrieben, wobei $R_{\mu\nu}^{\mathrm{I}}$ und $R_{\mu\nu}^{\mathrm{II}}$ reelle Größen sind, so zerfällt $\frac{d\sigma}{d\Omega}$ in zwei Summanden. Der eine enthält nur die Elemente $R_{\mu\nu}^{\mathrm{I}}$, der andere nur die Elemente $R_{\mu\nu}^{\mathrm{II}}$. Nach (34.7) bedeutet dies, daß der erste Summand nur durch Parameter ausgedrückt wird, die aus dem COMPTON-Effekt bestimmt werden, und der zweite nur durch die Moduln der Amplituden für die Photoerzeugung von π-Mesonen. Aus diesem Ergebnis kann man eine ganze Reihe von konkreten Folgerungen erhalten, welche die Eigenschaften des differentiellen Wirkungsquerschnittes des COMPTON-Effektes betreffen, ohne daß eine detaillierte Theorie der Erscheinung benutzt zu werden braucht.

ANHANG I

(Zum ersten Teil)

Im Kapitel II wurden Methoden zur Berechnung und zur graphischen Konstruktion von kinematischen Beziehungen angegeben, mit deren Hilfe Kernwechselwirkungen mit Bildung von zwei Teilchen charakterisiert werden können. Die Zahl solcher Wechselwirkungen ist außerordentlich groß, selbst dann noch, wenn man sich nur auf die Umwandlungen von Elementarteilchen beschränkt. Obendrein werden diese Wechselwirkungen in sehr großen Energieintervallen untersucht. Es ist deshalb nicht möglich, hier konkrete Angaben für alle derartigen Wechselwirkungen anzuführen, und wir beschränken uns deshalb im Anhang nur auf einige Beispiele, die häufig auftreten.

Als Beispiel für das Gebiet niedriger Energien führen wir einige Reaktionen an, die zur Erzeugung von monoenergetischen Neutronen dienen, und zwar die d,n-Reaktionen

$$1.\ \mathrm{D}\,(d,n)\,\mathrm{He}^3, \qquad 2.\ \mathrm{T}\,(d,n)\,\mathrm{He}^4, \qquad 3.\ \mathrm{C}^{12}\,(d,n)\,\mathrm{N}^{13}$$

und die p,n-Reaktionen

$$1.\ \mathrm{T}\,(p,n)\,\mathrm{He}^3 \quad \text{und} \quad 2.\ \mathrm{Li}^7\,(p,n)\,\mathrm{Be}^7.$$

Auf Abb. A 1[1]) sind die Maximal- und Minimalenergien für verschiedene Energien der Geschoßteilchen und für Emissionswinkel zwischen 0° und 180° angeführt.

Die Abbildungen A 2 und A 3 geben einige Charakteristika der Reaktion $\mathrm{T}(d, n)\mathrm{He}^4$ für Deuteronenenergien zwischen 0,5 und 3 MeV. In Abb. A 2 sind der Emissionswinkel der α-Teilchen in Abhängigkeit vom Emissionswinkel des Neutrons $\vartheta_\alpha = f(\vartheta_n)$, außerdem das Verhältnis zwischen dem differentiellen Wirkungsquerschnitt der Neutronenemission und dem differentiellen Wirkungsquerschnitt der Emission von α-Teilchen bei verschiedenen ϑ_α dargestellt:

$$k_{\alpha n} = \frac{\sigma_n(\vartheta_n)}{\sigma_\alpha(\vartheta_\alpha)} = f(\vartheta_\alpha).$$

Der Abb. A 3 ist die kinetische Energie der Neutronen in Abhängigkeit von der Emissionsrichtung der Neutronen $W_n = f(\vartheta_n)$ zu entnehmen. Die Zahlen an den Kurven der Abbildungen bezeichnen die Energien der Deuteronen in MeV.

Die Wechselbeziehung zwischen der Energie der Neutronen, die in den aufgezählten Reaktionen emittiert werden, ihren Emissionsrichtungen im L- und

---

[1]) Die Abbildungen 1 bis 8 des Anhanges wurden der Arbeit von A. O. Hansen, R. F. Taschek, J. H. Williams, Revs. Mod. Phys. **21** (1949) 635, entnommen.

S-System und der Energie der Geschoßteilchen läßt sich durch Nomogramme charakterisieren. Sie sind auf den Abbildungen A 4 bis A 8 dargestellt. Die ausgezogenen konzentrischen Halbkreise mit dem Radius $\sqrt{W_n}$ geben eine Reihe von Energiewerten W_n der Neutronen im L-System wieder. Die Winkel ϑ_n im L-System werden durch die ausgezogenen radialen Linien gekennzeichnet, welche die Energiehalbkreise schneiden. Die Zentren der gestrichelten Halbkreise mit dem gleichen

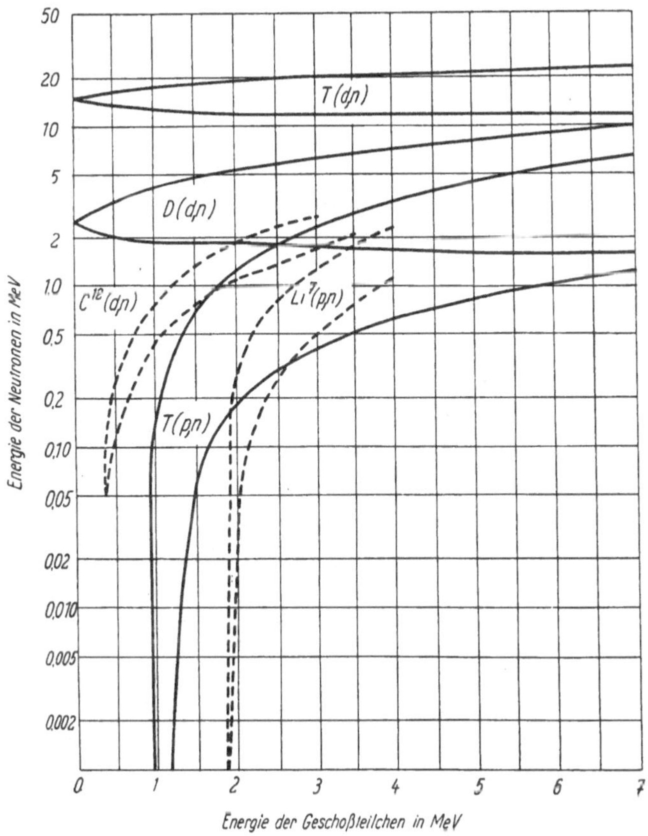

Abb. A 1

Radius $\sqrt{W_n}$ sind um die Größe $\sqrt{\frac{m_n}{2}}\,V$ vom Zentrum der ausgezogenen Halbkreise nach rechts verschoben und schneiden die horizontale Achse bei verschiedenen Werten der Energie der Geschoßteilchen W_d oder W_p. Die Winkelkoordinaten der Punkte auf den gestrichelten Halbkreisen geben die Werte der Winkel $\tilde{\vartheta}_n$ im S-System an, während die gestrichelten radialen Linien den geometrischen Ort von Punkten mit gegebenem $\tilde{\vartheta}_n$ bestimmen.

Wir wollen ein Beispiel für die Benutzung des Nomogramms geben: Gefragt sei die Energie W_n des Neutrons, das bei der Reaktion $D(d, n)He^3$ unter dem Winkel $\vartheta_n = 60°$ emittiert wird, wenn die Energie der Deuteronen $W_d = 2$ MeV beträgt. Wir suchen auf Abb. A4 auf der horizontalen Skala W_d den Wert 2 MeV und gehen auf dem diesem Wert entsprechenden gestrichelten Bogen nach oben, und zwar bis zur ausgezogenen radialen Geraden 60°. Von dem Schnittpunkt aus

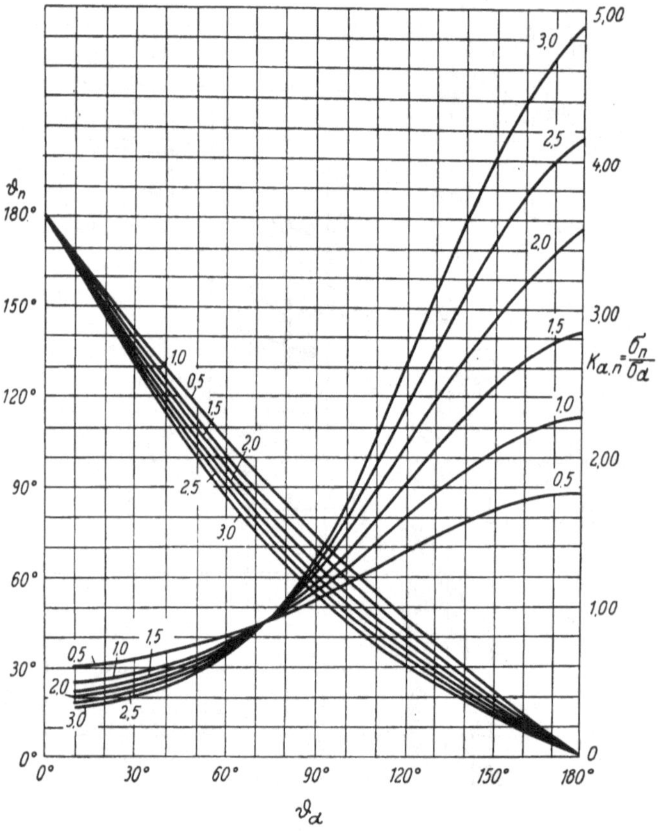

Abb. A2

gehen wir auf dem ausgezogenen Bogen wieder nach unten. Der Schnittpunkt mit der horizontalen Achse liefert $W_n = 4$ MeV.

Die nachfolgenden Diagramme sind einigen Beispielen für die Wechselwirkung von Elementarteilchen bei höheren Energien gewidmet. Auf den Abbildungen A9 bis A13[1]) sind Daten über die Streuung von γ-Quanten mit Energien bis zu 1000 MeV an Wasserstoff angeführt (COMPTON-Effekt am Proton). Auf den Ab-

[1]) Die Kurven der Abbildungen A9 bis A32 wurden für dieses Buch von B. B. GOVORKOV berechnet.

bildungen A 9 und A 10 ist die Energie der γ-Quanten in Abhängigkeit vom Streuwinkel dargestellt, auf den Abbildungen A 11 und A 12 die Energie der Rückstoßprotonen in Abhängigkeit von ihrer Emissionsrichtung und schließlich auf Abbildung A 13 der Zusammenhang zwischen den Emissionswinkeln der gestreuten γ-Quanten und der Rückstoßprotonen. Die Zahlen an den Kurven bezeichnen die Energien der primären γ-Quanten in MeV. Es ist klar, daß die Diagramme der

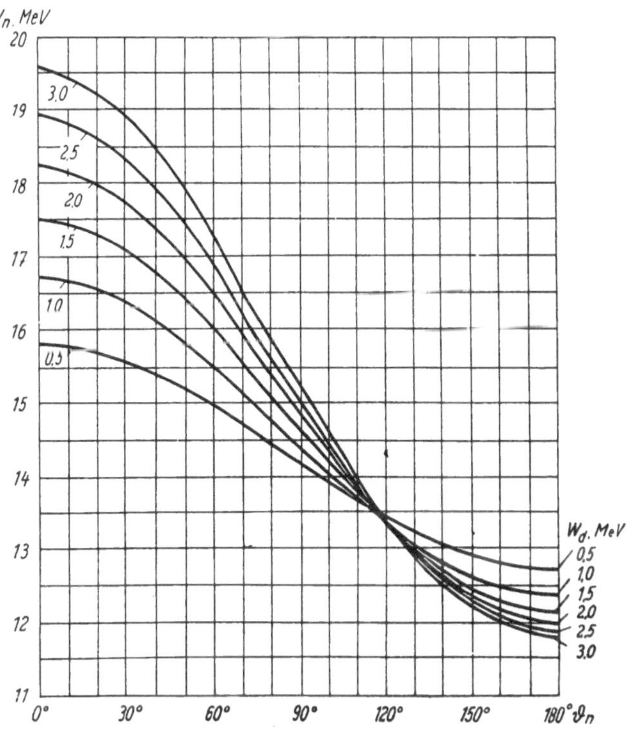

Abb. A 3

Abbildungen A 9 bis A 13 auch auf die COMPTON-Streuung an Elektronen angewendet werden können, wenn man alle Energien der γ-Quanten und der Rückstoßprotonen im Verhältnis $\frac{M}{m}$, d. h. um das 1839fache, verringert.

Auf den Abbildungen A 14 bis A 18 sind die analogen Daten für die Photoerzeugung von π^+-Mesonen, $\gamma + p \to \pi^+ + n$, dargestellt. Diese Abbildungen können auch zur kinematischen Analyse anderer Prozesse von Photoerzeugung von π-Mesonen benutzt werden, z. B. $\gamma + n \to \pi^- + p$ und $\gamma + N \to \pi^0 + N$, wobei N das Nukleon bezeichnet. Auf Abbildung A 14 und A 15 ist die kinetische Energie der π-Mesonen in Abhängigkeit von ihrer Emissionsrichtung für $h\nu = E_\gamma = 160$ bis 1000 MeV dargestellt. Die Energie der Nukleonen in Abhängigkeit von ihrer Emissionsrichtung wird auf den Abbildungen A 16 und A 17 gegeben. Abb. A 18 zeigt den Zusammenhang zwischen den Emissionsrichtungen der π-Mesonen und der Nukleonen bei der Photoerzeugung von π-Mesonen.

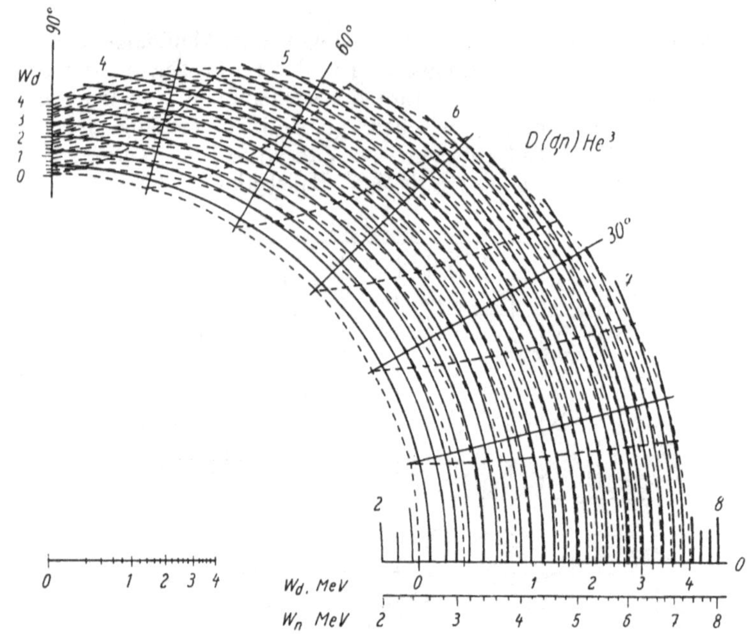
90°
60°
30°
D(d,n) He³
Wd
W_d, MeV
W_n MeV

Abb. A4

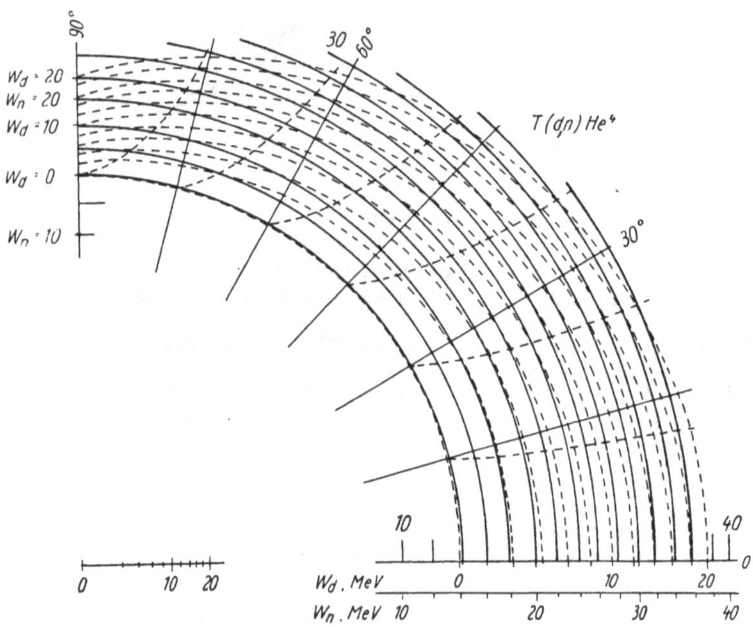
90°
60°
30°
T(d,n) He⁴
W_d = 20
W_n = 20
W_d = 10
W_d = 0
W_n = 10
W_d, MeV
W_n, MeV

Abb. A5

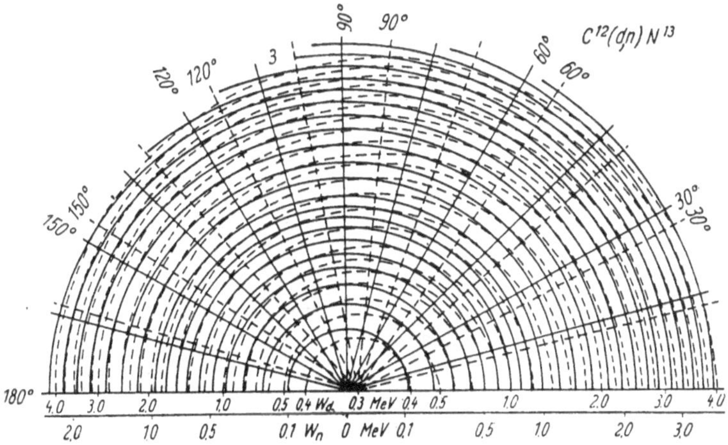

Abb. A6

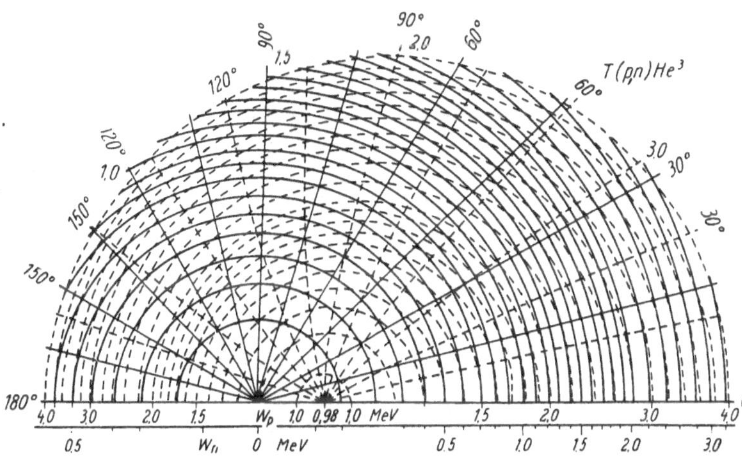

Abb. A7

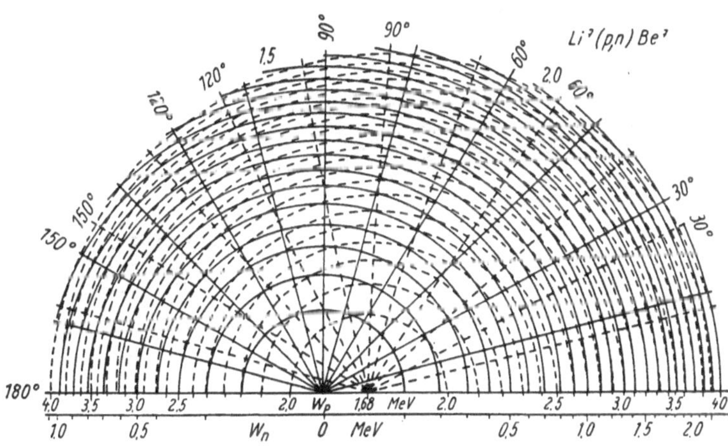

Abb. A8

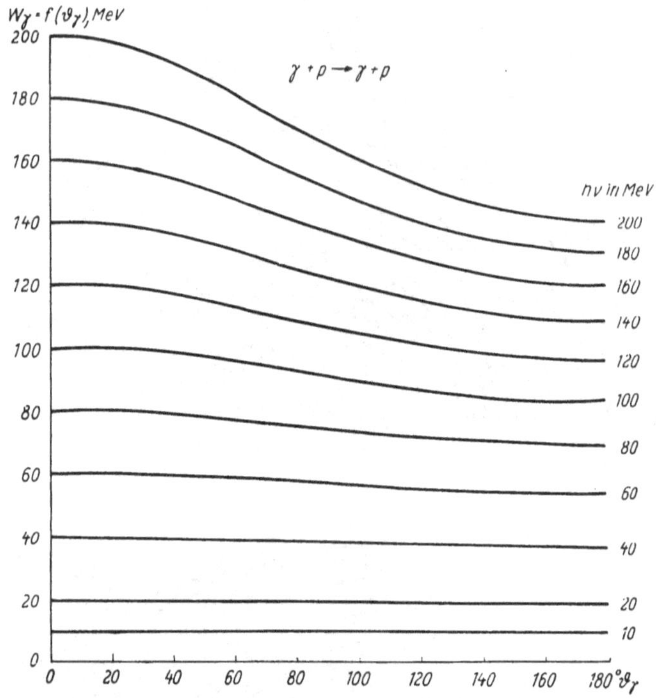

Abb. A9

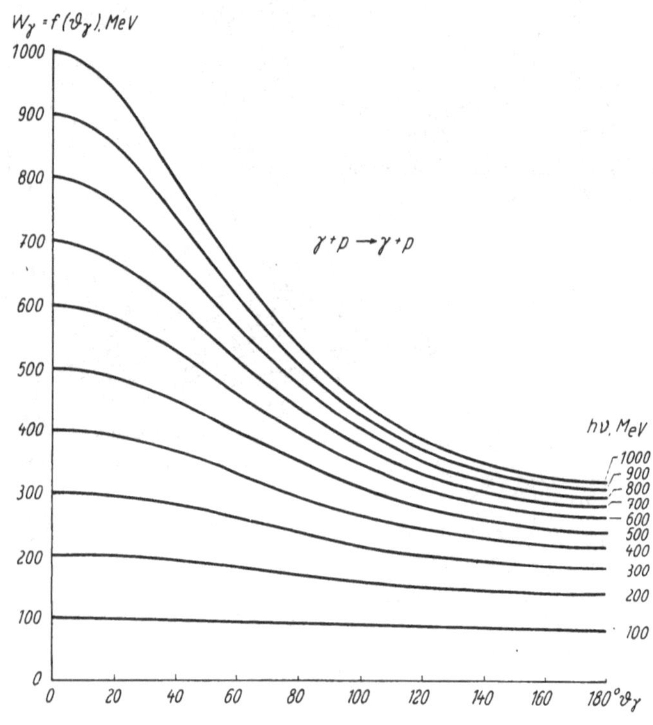

Abb. A10

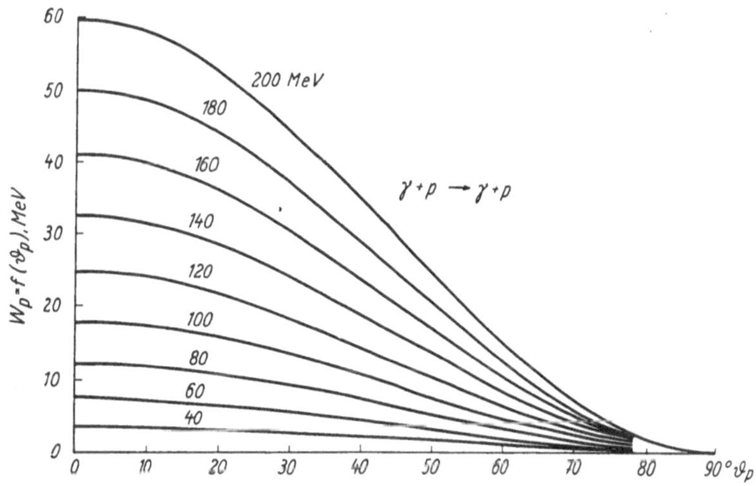

Abb. A11

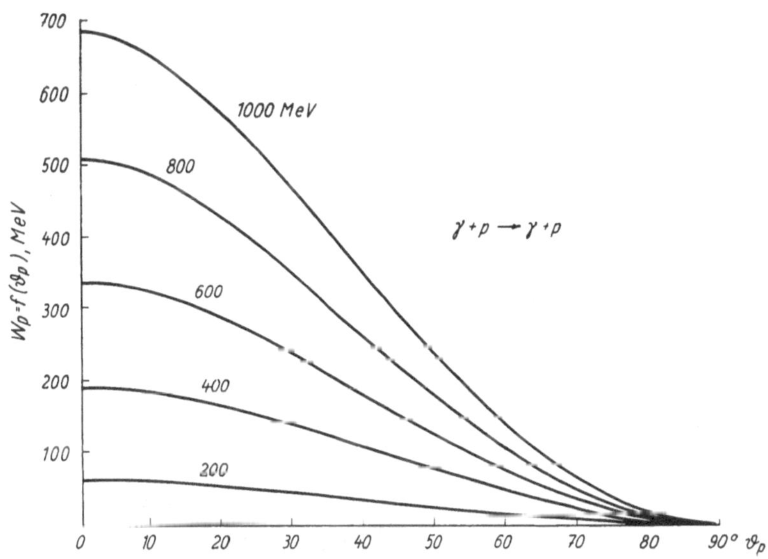

Abb. A12

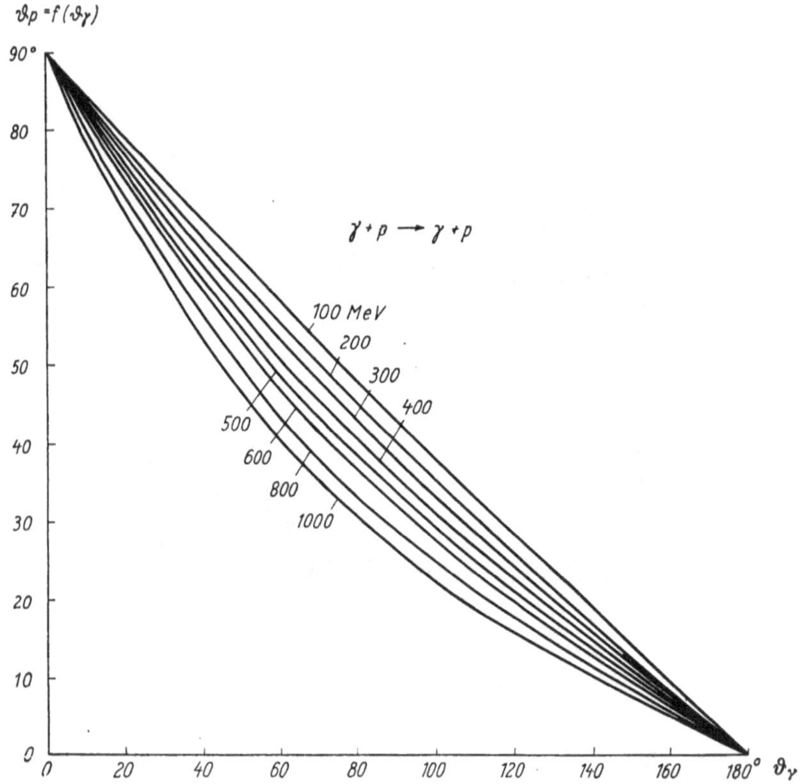

Abb. A 13

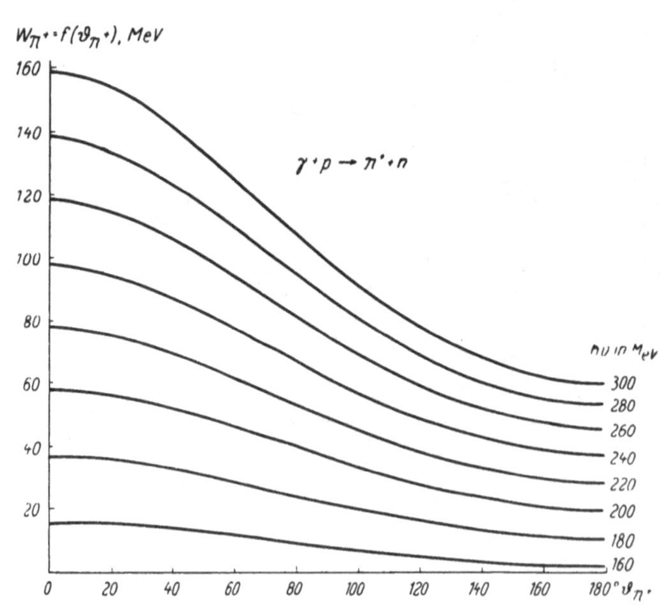

Abb. A 14

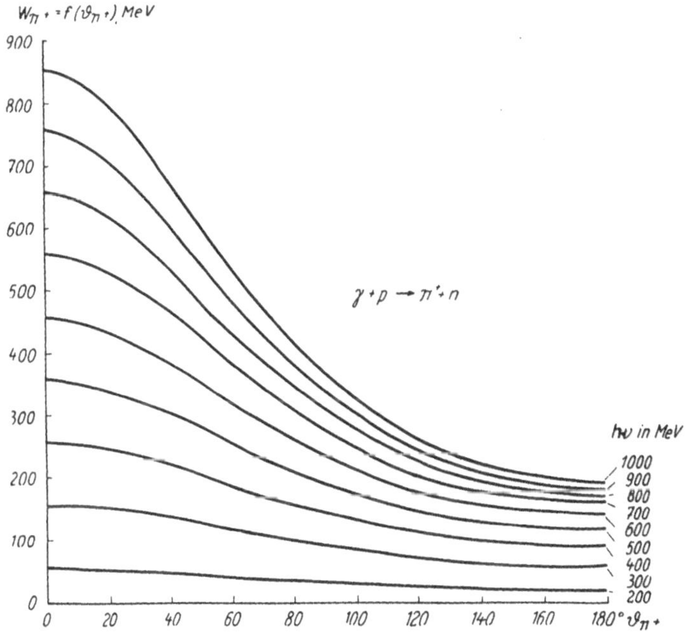

Abb. A15

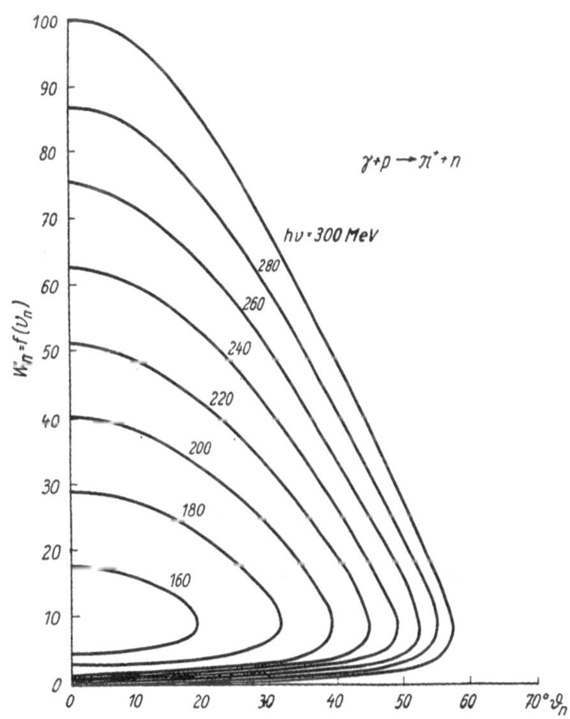

Abb. A16

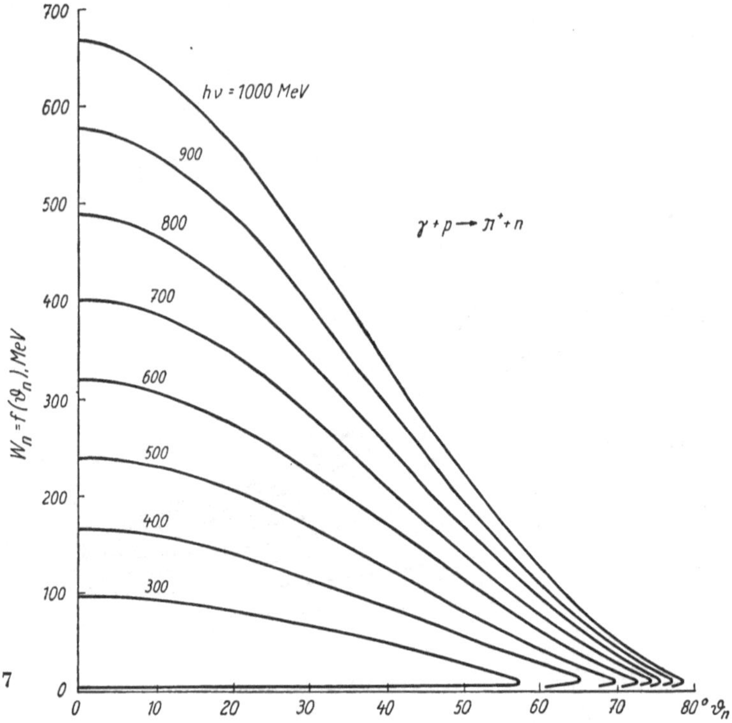

Abb. A17

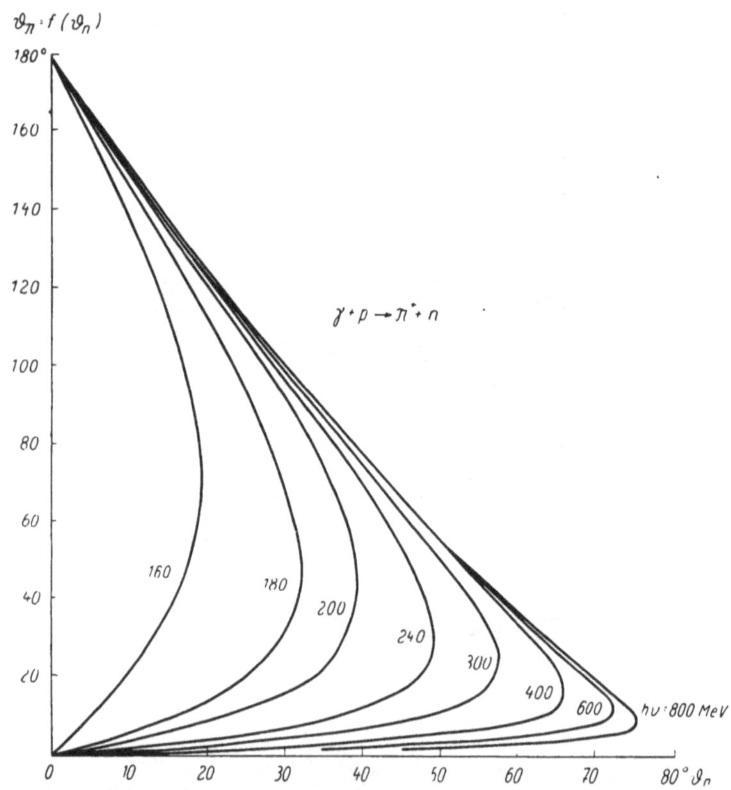

Abb. A18

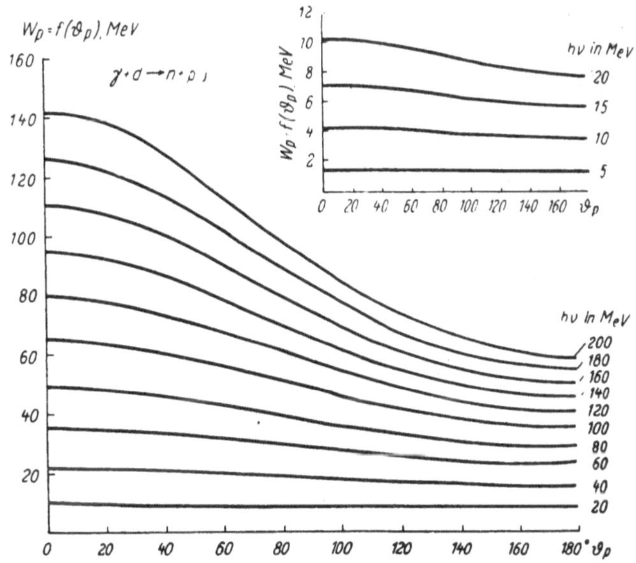

Abb. A 19

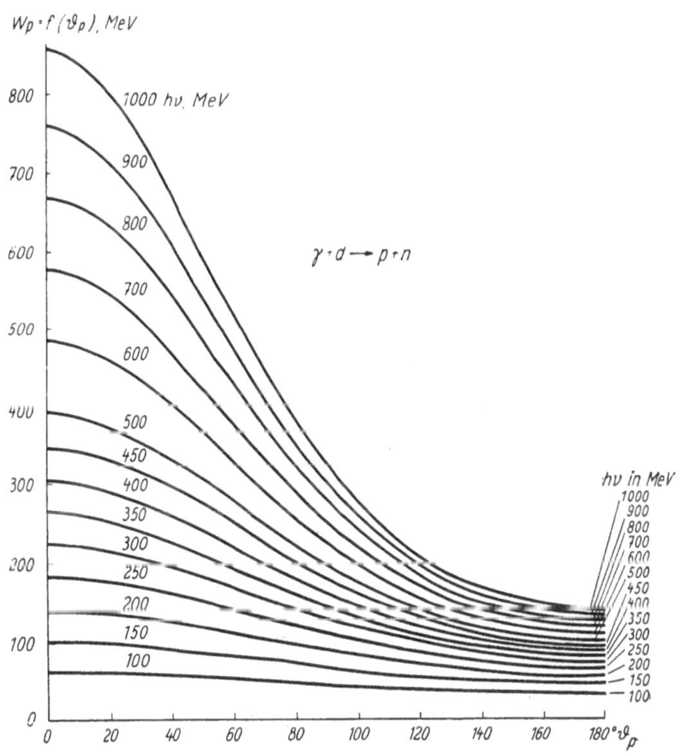

Abb. A 20

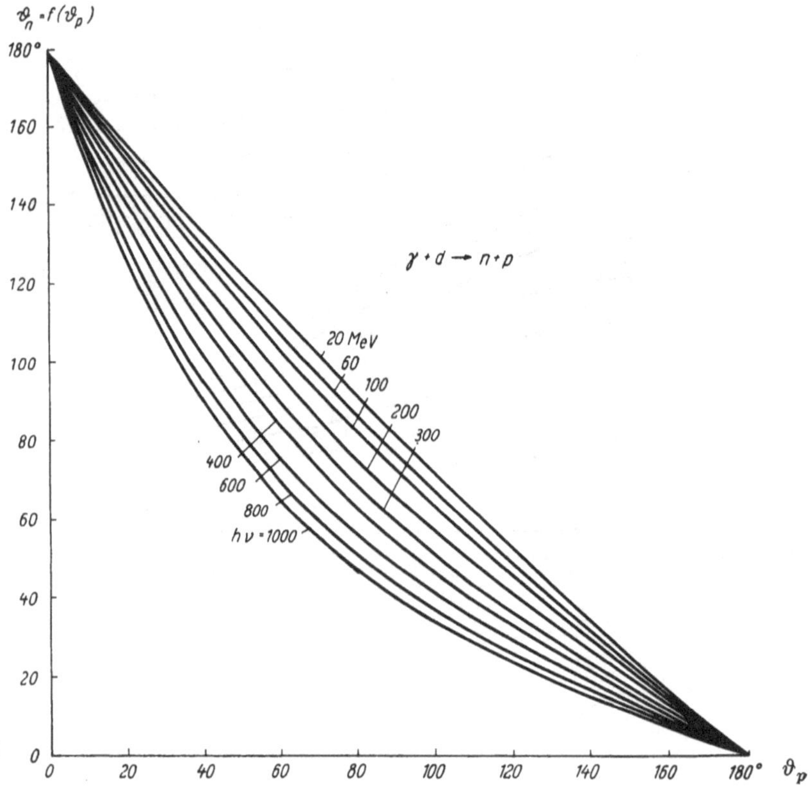

Abb. A 21

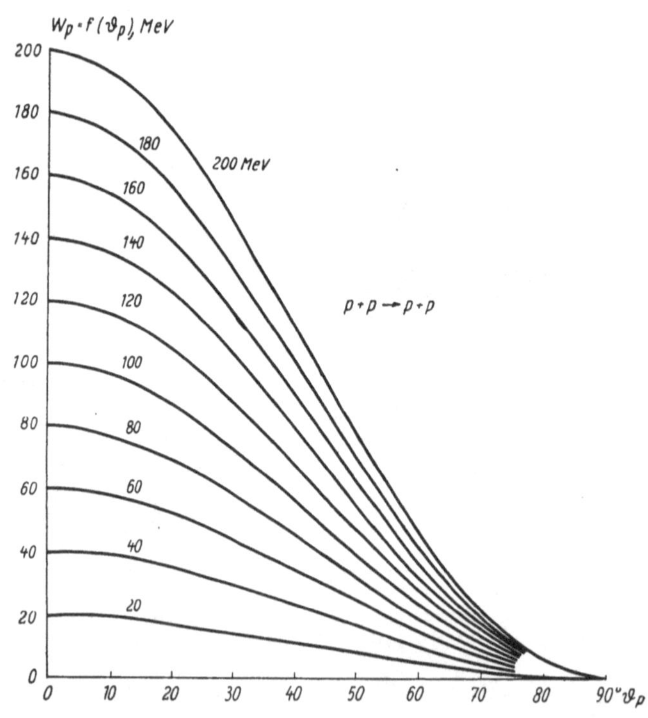

Abb. A 22

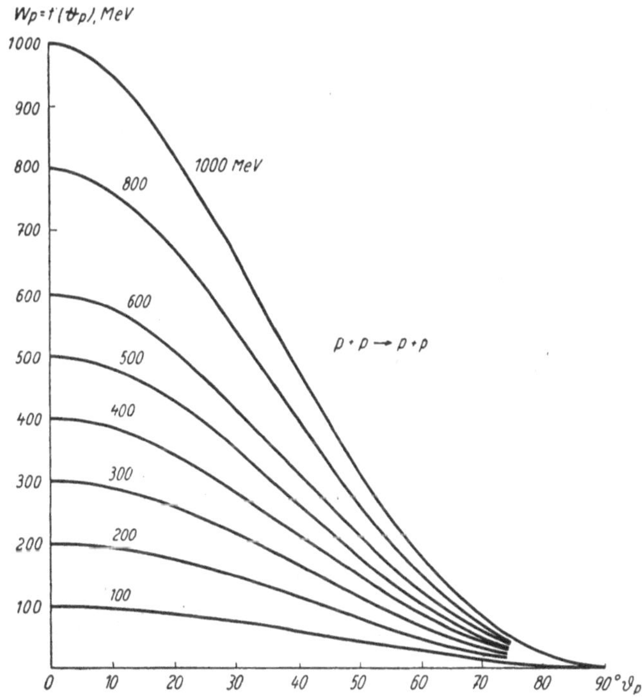

Abb. A23

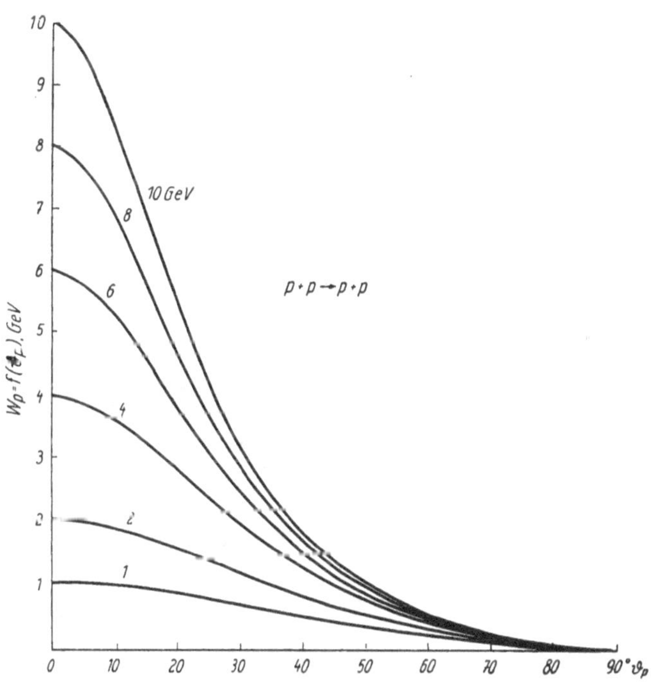

Abb. A24

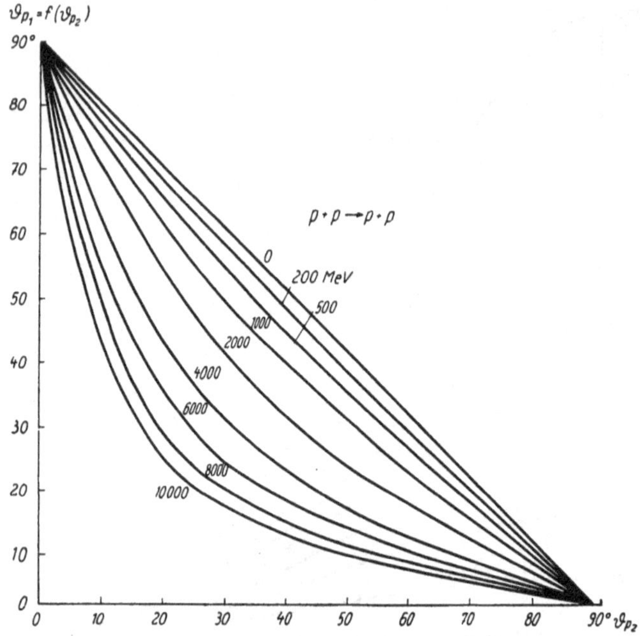

Abb. A25

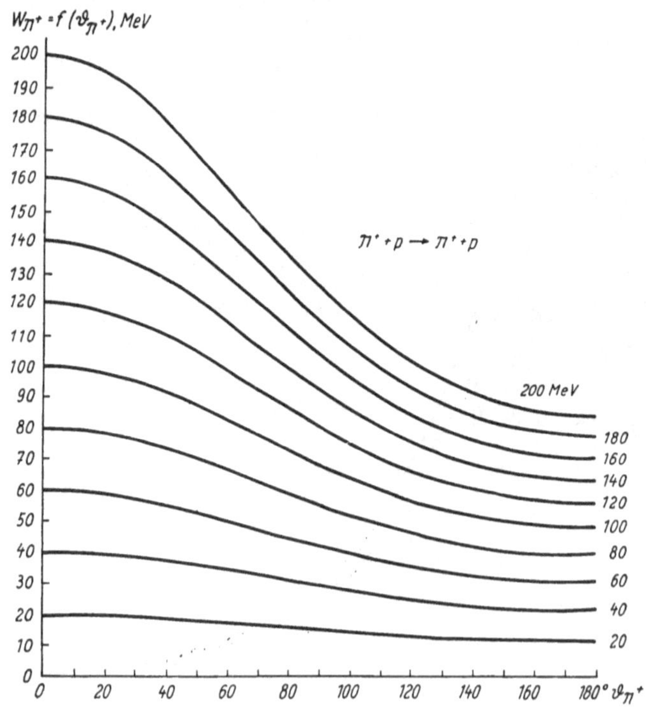

Abb. A26

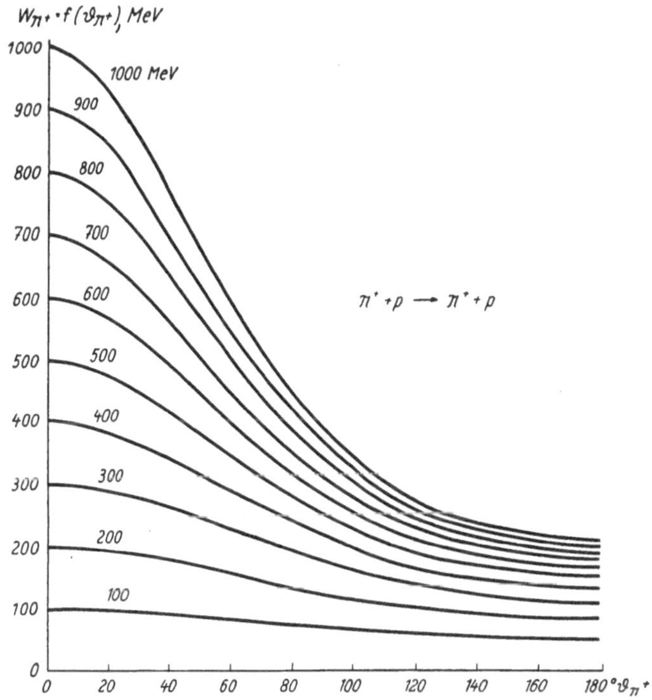

Abb. A27

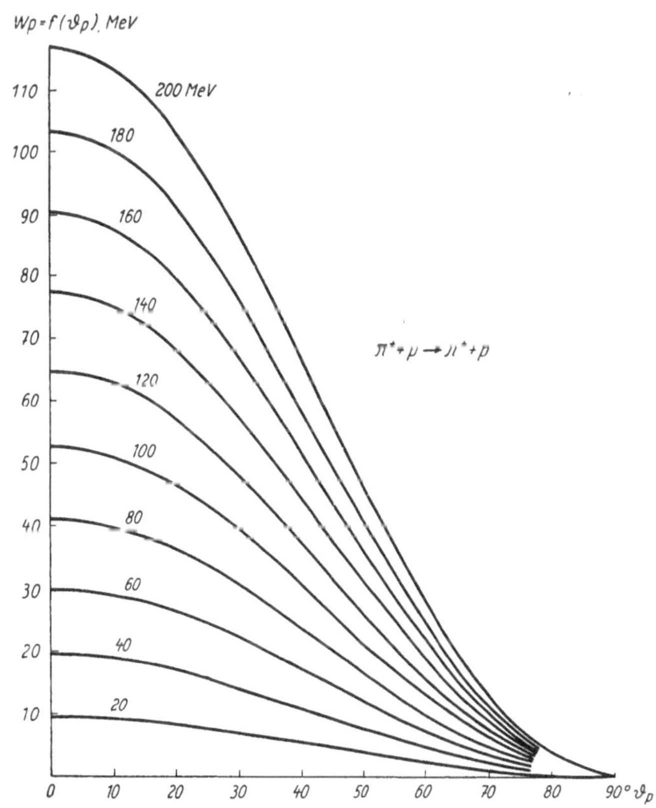

Abb. A28

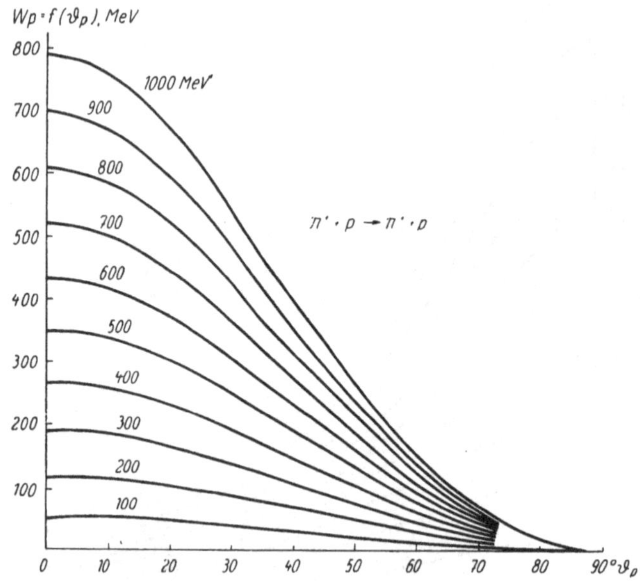

Abb. A29

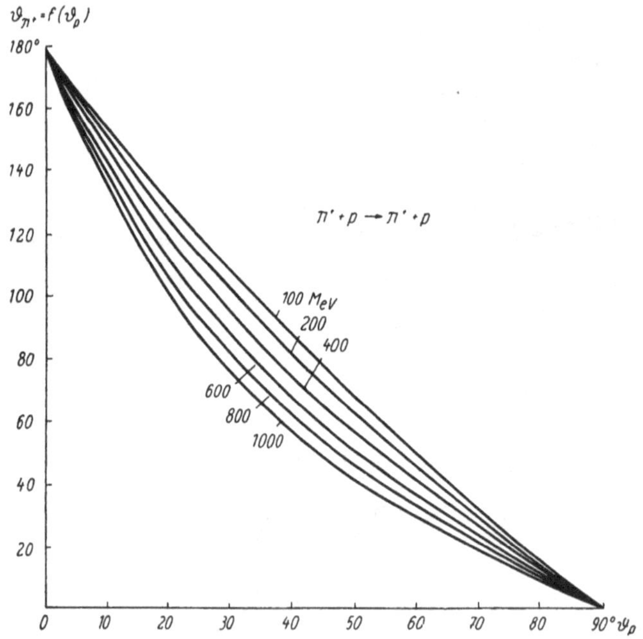

Abb. A30

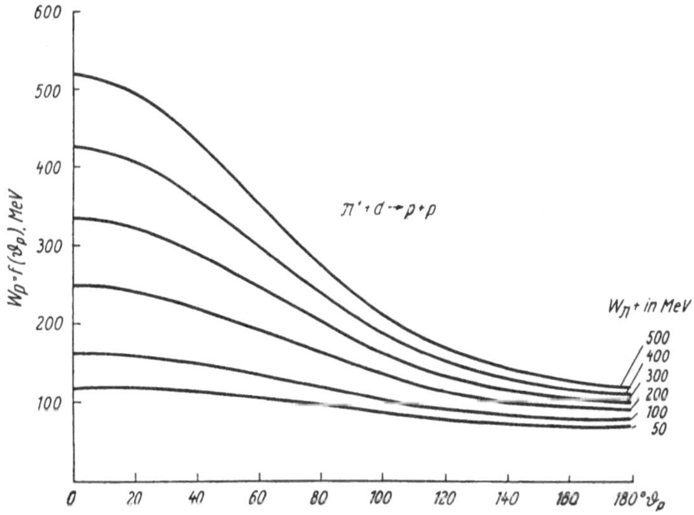

Abb. A31

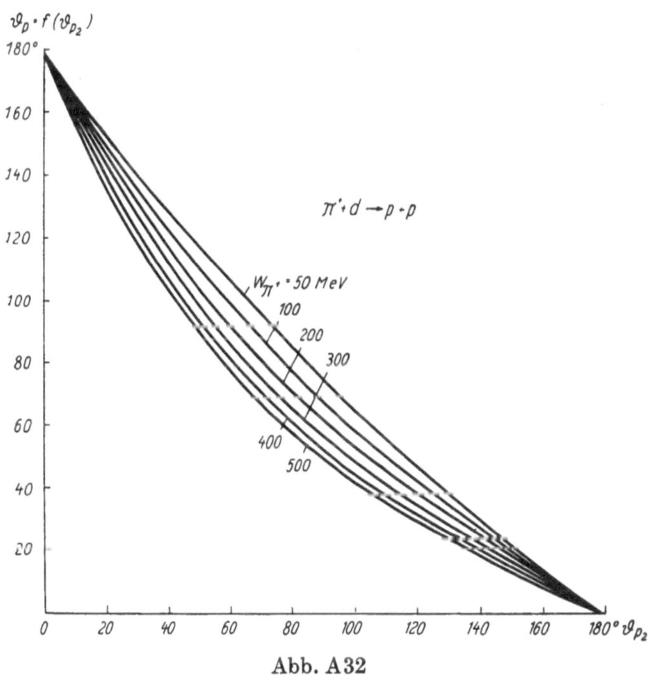

Abb. A32

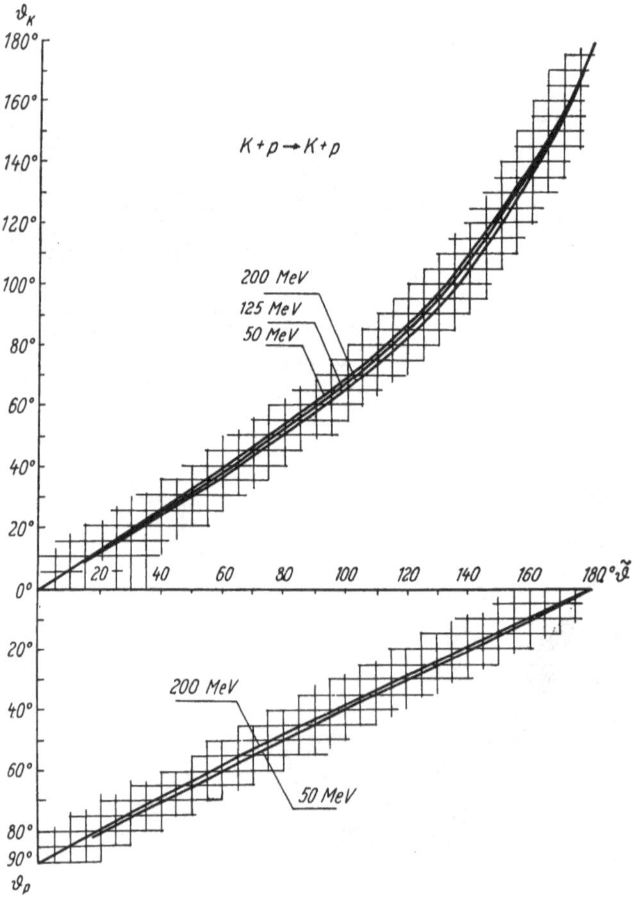
ϑ_K
180°
160°
140°
120°
100°
80°
60°
40°
20°
0°
K+p→K+p
200 MeV
125 MeV
50 MeV
20
40
60
80
100
120
140
160
180° $\tilde{\vartheta}$
20°
40°
60°
80°
90°
ϑ_p
200 MeV
50 MeV

Abb. A33

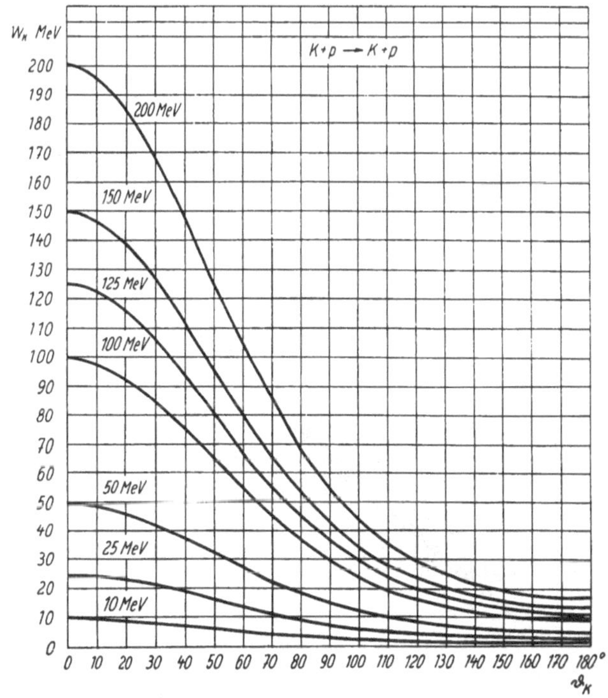

Abb. A34

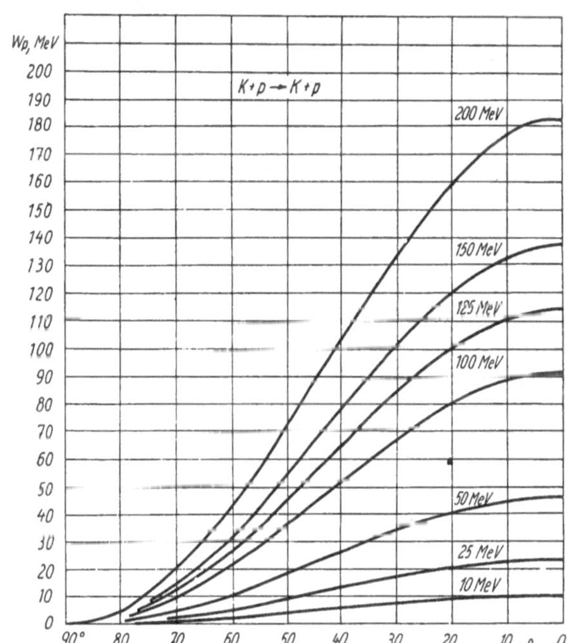

Abb. A35

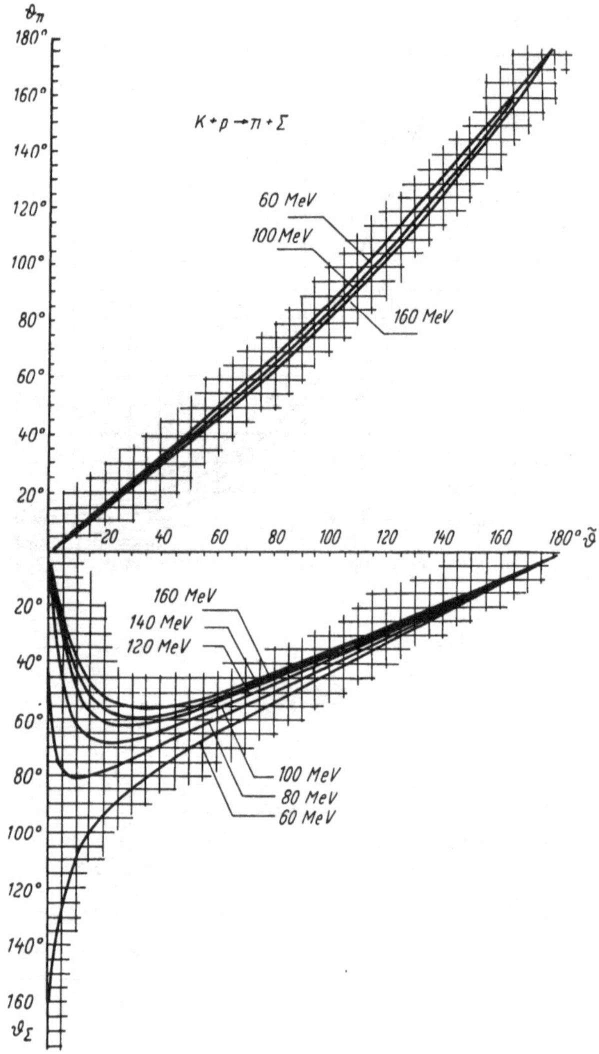
ϑ_π
180°
160°
140°
120°
100°
80°
60°
40°
20°
K + p → π + Σ
60 MeV
100 MeV
160 MeV
20
40
60
80
100
120
140
160
180° $\tilde{\vartheta}$
20°
40°
60°
80°
100°
120°
140°
160
ϑ_Σ
160 MeV
140 MeV
120 MeV
100 MeV
80 MeV
60 MeV

Abb. A 36

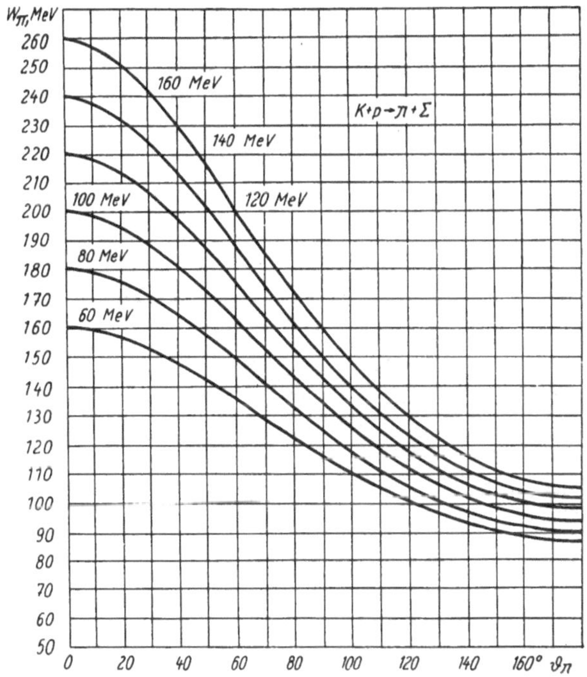

Abb. A37

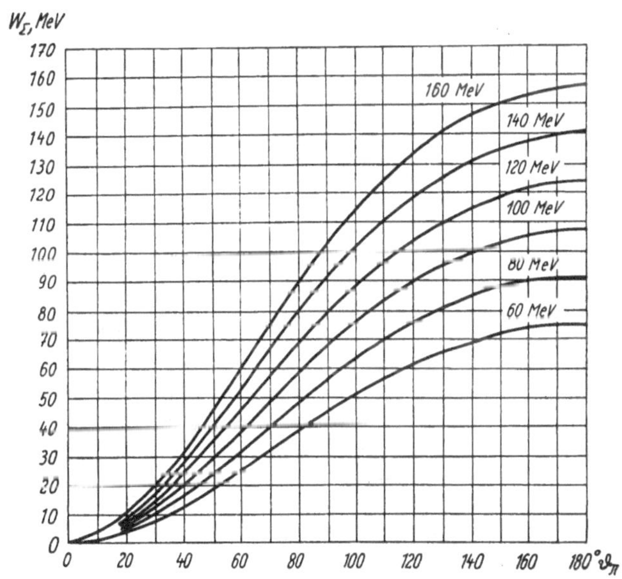

Abb. A38

Die nächsten drei Abbildungen A19 bis A21 beziehen sich auf die Kinematik der Photospaltung des Deuterons für γ-Energien zwischen 5 und 1000 MeV.

Die Abbildungen A22 bis A30 betreffen die elastische Streuung an Nukleonen. Auf die pp-Streuung beziehen sich die Abbildungen A22 bis A25, und Daten der elastischen Streuung von π-Mesonen an Nukleonen sind in den Abbildungen A26 bis A30 dargestellt. Die Angaben für die pp-Streuung erstrecken sich über ein

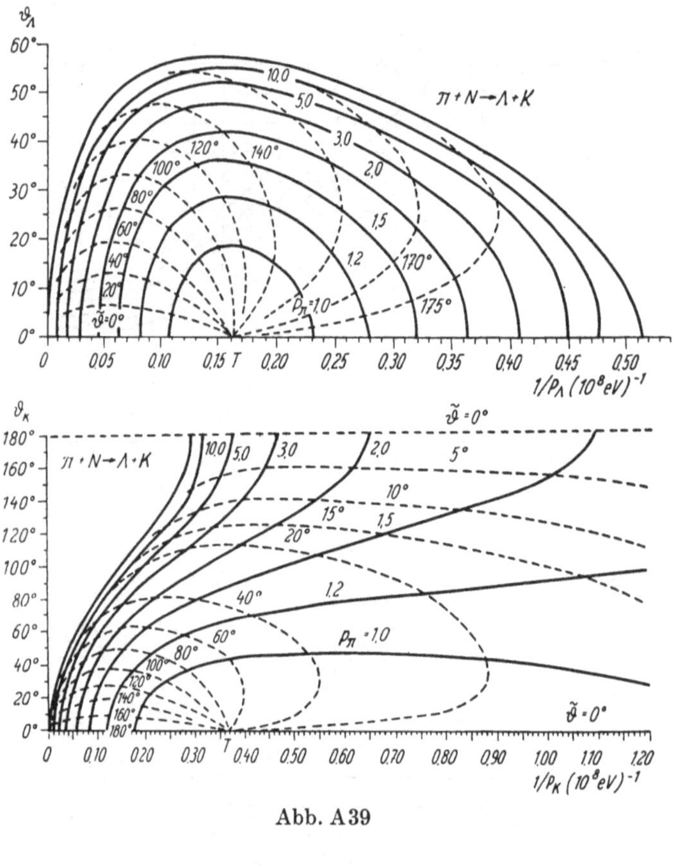

Abb. A39

Energieintervall von 20 MeV bis 10 GeV, die Angaben über die πN-Streuung auf Mesonenenergien von 20 MeV bis 1 GeV. Wie auch in den vorhergehenden Beispielen werden die Energie jedes der Produktteilchen in Abhängigkeit von seinem Emissionswinkel und auch der Zusammenhang zwischen den Emissionswinkeln der beiden Teilchen dargestellt. Die Zahlen an den Kurven in den Abbildungen bezeichnen die Energie der Geschoßteilchen.

Auf Abbildung A31 und A32 sind die kinematischen Beziehungen für die Reaktion $\pi^+ + d \rightarrow p + p$ für Mesonenenergien zwischen 50 und 500 MeV dargestellt.

Die nächsten 6 Abbildungen, Abb. A33 bis A38, wurden der Arbeit von Perdetti, Nuovo Cimento 3, Nr. 5 (1956) entnommen. Sie beziehen sich auf die

Wechselwirkung von K-Mesonen mit Protonen.[1]) Die Abbildungen A33 bis A35 enthalten die kinematischen Charakteristika der elastischen Streuung $K + p \to K + p$, und zwar den Zusammenhang zwischen den Emissionswinkeln der K-Mesonen und der Protonen im L-System mit den entsprechenden Winkeln im S-System für eine Energie der K-Mesonen von 50, 125 und 200 MeV (Abb. A33) und die Abhängigkeit der kinetischen Energie der K-Mesonen und der Protonen von ihren Emissionswinkeln im L-System (Abb. A34, A35) bei Primärenergien von 10 bis 200 MeV.

Die Abbildungen A36 bis A38 illustrieren die Kinematik der Reaktion $K + p \to \pi + \Sigma$ für Energien der K-Mesonen zwischen 60 und 160 MeV, wobei die Abbildungen A36 und A37 den Abbildungen A33 und A34 analog sind, während auf Abbildung A38 die kinetische Energie des Σ-Hyperons als Funktion des Emissionswinkels des π-Mesons dargestellt ist.

Auf Abbildung A39 schließlich, die der Arbeit von G. James, R. Salmeron, Phil. Mag. **46** (1955) 576, entnommen wurde, ist oben der Emissionswinkel von Λ-Teilchen und unten der von K-Mesonen in Abhängigkeit vom reziproken Wert des Impulses dieser Teilchen für die Reaktion $\pi + N \to K + \Lambda$ dargestellt. Die Werte sind für Energien der primären π-Mesonen zwischen 1 und 10 GeV gegeben. Sie sind als Zahlenwerte an den ausgezogenen Kurven angeschrieben. Die gestrichelten Linien kennzeichnen die Emissionswinkel der Produktteilchen im S-System.

Zum Abschluß scheint es zweckmäßig zu sein, nochmals darauf hinzuweisen, daß unser Buch keinen Anspruch darauf erhebt, ein umfassendes Nachschlagewerk über die Kinematik der Kernreaktionen zu sein. Die angeführten Beispiele erschöpfen deshalb bei weitem nicht das, was in der täglichen Praxis bei Arbeiten mit der kosmischen Strahlung oder an Beschleunigern gebraucht wird. Die notwendigen Beziehungen können jedoch leicht aus den im Text enthaltenen Formeln abgeleitet werden.

---

[1]) Der Kinematik der Wechselwirkung von K-Mesonen mit Nukleonen wurden ausführliche Tabellen gewidmet, die im Jahre 1958 als Anhang zur Zeitschrift „Nuovo Cimento" erschienen sind [8, Suppl. Nr. 1 (1958)]. In diesen Tabellen wird die Kinematik der Reaktionen $K^- + p \to \Sigma^\pm + \pi^\mp$ und der elastischen Streuung $K + p \to K + p$ behandelt. Es wird der Zusammenhang zwischen der Energie und dem Winkel für jedes der Reaktionsprodukte im L-System bei verschiedenen Emissionsrichtungen der π- und K-Mesonen im S-System gegeben. Die Werte sind für Energien der K-Mesonen zwischen 5 und 200 MeV in Schritten von 5 MeV und für Emissionswinkel $\tilde{\vartheta}$ von 0 bis 180° in Schritten von 2,5° angeführt.

ANHANG II[1])

(Zum zweiten Teil)

Tabellen der W-, Z-, Z_γ- und X-Koeffizienten

a) Einführende Bemerkungen

Nachstehend werden Tabellen für die W-, Z-, Z_γ- und X-Koeffizienten angeführt und kurze Erklärungen zu diesen Tabellen gegeben. Die Erklärungen betreffen der Hauptsache nach die Variationsbereiche der Argumente und die Schreibweise für die Zahlenwerte der Koeffizienten. Alle notwendigen Informationen, die mit der Definition und den Eigenschaften der W-, Z-, Z_γ- und X-Koeffizienten zusammenhängen, finden sich im Text des Buches.

Die hier gebrachten Zahlentabellen wurden auf der Grundlage der Arbeiten [30], [36], [37], [38] zusammengestellt. Die Tabellen für die Z_γ-Koeffizienten wurden neu berechnet. Alle Tabellen wurden anhand von anderen Tabellen überprüft, soweit die Möglichkeit dazu bestand. In Zweifelsfällen wurden die Koeffizienten nochmals berechnet.

Bei der Auswahl der Tabellen stellten wir uns die Aufgabe, die Zahlenwerte der Koeffizienten für die wichtigsten und gleichzeitig einfachsten Kernreaktionen zusammenzustellen. Trotzdem sollten die Tabellen einen großen Kreis von Erscheinungen erfassen, z. B. Kernreaktionen mit dem Kanalspin kleiner 2, Kernphotoreaktionen und die Streuung von Photonen an Teilchen mit dem Spin $\frac{1}{2}$, die Bildung von Mesonen beim Stoß von Teilchen mit einem Gesamtspin, der kleiner als 2 ist, die Photoerzeugung von Mesonen an Teilchen mit dem Spin $\frac{1}{2}$ u. a. Leider gelang es nicht, mit diesen Tabellen das gesamte Material des Buches zu erfassen. In erster Linie liegt das am Umfang der Tabellen. In einigen Fällen, das bezieht sich hauptsächlich auf die Polarisation der Teilchen bei Kernreaktionen und auf Reaktionen, an denen Photonen beteiligt sind, muß der Leser bei der Anwendung der allgemeinen Formeln des Textes entweder auf vollständigere Tabellen der notwendigen Koeffizienten[2]) zurückgreifen oder die Koeffizienten selbst berechnen. Zur Erleichterung dieser Aufgabe werden im Anhang außer den wichtigsten Tabellen der W-, Z-, Z_γ- und X-Koeffizienten einige Hilfstabellen und Formeln angeführt. Dazu gehören die Tabellen der Vektor-Additions-Koeffizienten $(l_1 0 l_2 0 | L 0)$ und $(l_1 - 1 l_2 0 | L 0)$, die zur Be-

[1]) Dieser Anhang II wurde von A. I. LEBEDEV und W. A. PETRUNKIN verfaßt.

[2]) Von vollständigeren Tabellen der Koeffizienten W und Z nennen wir an erster Stelle die umfangreichen Tabellen des Oak-Ridge-Laboratoriums [30]. Tabellen der Koeffizienten W, Z und X kann man in den Berichten des Chalk-River-Laboratoriums finden [37]. Diese Tabellen sind leider in erster Linie für die Analyse von Korrelationen bei Kernreaktionen angelegt. Der dort benutzte Variabilitätsbereich stimmt nicht mit dem von uns benutzten überein. Für ein recht weites Gebiet der Argumentenwerte kann man die Koeffizienten W und X in den Arbeiten japanischer Autoren finden [38], [36]. In einer Übersichtsarbeit von L. C. BIEDENHARN und M. E. ROSE [27] und in den Berichten des Chalk-River-Laboratoriums [37] sind Koeffizienten tabelliert, die dem Koeffizienten Z_γ ähnlich sind.

rechnung der Z- und Z_γ-Koeffizienten nach den Formeln (29.17) und (29.20) des Textes notwendig sind, Tabellen der Fakultäten der Zahlen 1 bis 24, Tabellen der Formeln für die Berechnung von Vektor-Additions-Koeffizienten und W-Koeffizienten. In den Hilfstabellen ist auch die Größe $\Delta(abc)$ enthalten, welche durch die Beziehung

$$\Delta(abc) = \left[\frac{(a+b-c)!\,(b+c-a)!\,(c+a-b)!}{(a+b+c+1)!}\right]^{1/2}$$

definiert ist. a, b und c genügen der Dreiecksregel, und ihre Summe ist eine ganze Zahl. Es ist sofort ersichtlich, daß $\Delta(abc)$ symmetrisch bezüglich beliebiger Permutationen der Argumente ist. Mit Hilfe von $\Delta(abc)$ kann man die W-Koeffizienten explizit aufschreiben:

$$W(abcd;ef) = \Delta(abe)\,\Delta(cde)\,\Delta(acf)\,\Delta(bdf)\,\omega(abbcd;ef),$$

hierbei bedeutet

$$\omega(abcd;ef) = \sum_z \frac{(-1)^{a+b+c+d+z}(z+1)!}{(z-a-b-e)!\,(z-c-d-e)!\,(z-a-c-f)!\,(z-b-d-f)!} \times \frac{1}{(a+b+c+d-z)!\,(a+d+e+f-z)!\,(b+c+e+f-z)!}.$$

z nimmt hierbei nur solche ganzzahlige Werte an, die nicht zu negativen Argumenten in den Fakultäten des Nenners führen. Der Vektor-Additions-Koeffizient $(a0b0/c0)$ wird für ganze a, b und c mit gerader Summe $a+b+c=2g$ ebenfalls durch $\Delta(abc)$ ausgedrückt:

$$(a0b0|c0) = (-1)^{g+c}\cdot(2c+1)^{1/2}\,\Delta(abc)\,\frac{g!}{(g-a)!\,(g-b)!\,(g-c)!}.$$

Für Werte von a, b, c, die der Bedingung nicht genügen, ist der Koeffizient $(a0b0|c0)$ gleich Null. In den Tabellen ist die Größe $(\Delta(abc))^{-2}$ angeführt.

Zur Erleichterung beim Auffinden verschiedener Winkelverteilungen führen wir im Punkte e) die explizite Form der Legendreschen Polynome $P_L(\cos\theta)$ und der normierten zugeordneten Legendreschen Polynome $P_L^M(\cos\theta)$ für $M=1$ an, welche in die Ausdrücke für die differentiellen Wirkungsquerschnitte und für die Polarisation eingehen.

b) Anordnung der Tabellen und die Variationsbereiche der Argumente

Die Koeffizienten sind in Form von 57 Tabellen angeführt. Die ersten 15 Tabellen enthalten die Koeffizienten $W^2(l_1J_1l_2J_2;\,sL)$ für die s-Werte 1/2, 1 und 3/2 und die L-Werte 0, 1, 2, 3 und 4. In den Tabellen mit $s=\frac{1}{2}$, $\frac{3}{2}$ nehmen l_1 und l_2 ganzzahlige Werte von 0 bis 5 an, während sich J_1 und J_2 von $\frac{1}{2}$ bis $\frac{9}{2}$ verändern. In den Tabellen mit $s=1$ nehmen l_1 und l_2 ganzzahlige Werte von 0 bis 5 und J_1 und J_2 Werte von 0 bis 4 an.

Die Koeffizienten $Z^2(l_1 J_1 l_2 J_2;\ sL)$ sind in den Tabellen 16 bis 33 enthalten. Der Variationsbereich der Argumente ist hier der gleiche wie für die W-Koeffizienten, mit dem einzigen Unterschied, daß L noch zusätzlich den Wert $L = 5$ annimmt.

Die Koeffizienten $Z^2(l_1 J_1 l_2 J_2;\ sL)$, die zur Analyse von Kernphotoreaktionen notwendig sind, wurden nur für den Fall $s = \frac{1}{2}$ berechnet. Sie sind in den Tabellen 34 bis 38 enthalten, wobei l_1 und l_2 ganzzahlige Werte von 0 bis 3 und J_1 und J_2 Werte von $\frac{1}{2}$ bis $\frac{5}{2}$ annehmen. L durchläuft die ganzzahligen Werte von 0 bis 4.

Die W-, Z- und Z_γ-Koeffizienten wurden als einzelne Tabellen für jeden Wert von s und L dargestellt, wobei für l_1, l_2, J_1 und J_2 diejenigen Werte angeführt wurden, für welche die entsprechenden Koeffizienten definiert sind. Die Reihenfolge der Tabellen ist so gewählt, daß bei vorgegebenem s zunächst L und danach s anwächst. In den Tabellen sind die W-, Z- und Z_γ-Koeffizienten für den Wert $s = 0$ nicht angeführt, da bei $s = 0$ die allgemeinen Ausdrücke für diese Koeffizienten sehr einfach werden, so daß sie der Leser ohne große Mühe selbst berechnen kann (siehe die Formeln (29.10), (29.18) und (29.21) des Textes).

Die Zahlenwerte der Koeffizienten $X^2(abc, def, ghk)$ sind in den Tabellen 39 bis 44 angeführt. In den ersten vier Tabellen (39 bis 42) ist $g = h$, $c = f = \frac{1}{2}$, $k = 1$, a und d nehmen halbzahlige Werte von $\frac{1}{2}$ bis $\frac{7}{2}$ an und b sowie e ganzzahlige Werte von 0 bis 4. Die Reihenfolge der Tabellen entspricht wachsendem g, das sich von 1 bis 4 ganzzahlig verändert. Die Tabellen 43 und 44 enthalten die Koeffizienten $X^2(ab1, ab2, kk1)$ und $X^2(a1c, a3c, kk1)$, wobei sich a und b von 1 bis 3 verändern und ganzzahlige sowie halbzahlige Werte annehmen, während c die ganzzahligen und halbzahligen Werte von 1 bis $\frac{5}{2}$ durchläuft, k nimmt die Werte 2 und 4 an.

Die Hilfstabellen beginnen mit den Tafeln für $(\Delta(abc))^{-2}$. In der Tabelle 45 sind a, b und c ganze Zahlen, wobei a und b von 1 bis 8 und c von 0 bis 6 laufen. In der Tabelle 46 sind a und b halbzahlig und laufen von $\frac{1}{2}$ bis $\frac{11}{2}$; c nimmt alle möglichen Werte an. Die Vektor-Additions-Koeffizienten $(l_1 0 l_2 0 \mid L0)^2$ sind für Werte von l_1 und l_2 zwischen 0 und 6 in Tabelle 47 enthalten. Tabelle 48 gibt die Koeffizienten $(l_1 - 1 l_2 1 \mid L0)^2$ für l_1 und l_2 gleich 1, 2 und 3. In der Tabelle 49 sind die Fakultäten der Zahlen 1 bis 24 angeführt.

Um Werte der Koeffizienten X, $(l_1 0 l_2 0 \mid L0)$, $(l_1 - 1 l_2 1 \mid L0)$ und von $\Delta(abc)$ zu erhalten, die sich in den angeführten Tabellen nicht finden, genügt es manchmal, die Symmetrieeigenschaften dieser Koeffizienten zu benutzen.

Die Tabellen 50 bis 53 und 54 bis 57 enthalten Formeln für die Berechnung der Vektor-Additions-Koeffizienten $(j_1 m_1 j_2 m_2 \mid jm)$ und der Koeffizienten $W(l_1 J_1 l_2 J_2;\ sL)$; und zwar für j_2 und s gleich $\frac{1}{2}$, 1, $\frac{3}{2}$ und 2.

c) Die Schreibweise der Zahlenwerte

Wir wollen die besondere Aufmerksamkeit des Lesers darauf lenken, daß in allen Zahlentabellen, außer den Tabellen der Fakultäten, die Quadrate der Koeffizienten angeführt sind. Wenn der Koeffizient selbst negativ ist, so steht vor seinem Quadrat das Zeichen *.

Die berechneten Zahlenwerte der Koeffizienten sind rationale Brüche, die bis auf wenige Ausnahmen innerhalb der betrachteten Wertebereiche der Argumente nur Primfaktoren enthalten, die nicht größer als neunzehn sind. Bei der Anwendung hat man gewöhnlich mehrere solcher rationaler Brüche zu multiplizieren, um den Zahlenkoeffizienten beim LEGENDRE-Polynom $P_L(\cos\theta)$ oder bei der normierten LEGENDRE-Funktion $\overline{P_L^1}(\cos\theta)$ zu finden. Diese Operation wird vereinfacht, wenn man anstelle des Bruchs nur die Potenzen der Primzahlen schreibt, in die Zähler und Nenner zerlegt werden können. Die Potenzen der Primzahlen werden folgendermaßen angeordnet: An erster Stelle steht die Potenz der zwei, an der zweiten Stelle die Potenz der drei, an der dritten Stelle die Potenz der fünf usw. Wenn die in der Reihenfolge nächste Primzahl in der Zerlegung nicht auftritt, so wird der Exponent Null geschrieben. Treten die Primzahlen in negativen Potenzen auf, so unterstreicht man den entsprechenden Exponenten. Zur schnelleren Orientierung werden die Exponenten der Primzahlen aus der ersten Dekade durch ein Komma von den nächsten abgetrennt. Wenn in der Zerlegung eine Primzahl auftritt, die größer als neunzehn ist, so wird sie rechts in der entsprechenden Potenz in expliziter Form aufgeschrieben. Wenn der Exponent den Wert 10 überschreitet, so wird nur der Rest aufgeschrieben, der über die 10 hinausgeht, und außerdem ein Strich über der Zahl angebracht. Die Einheit wird mit dem Buchstaben e bezeichnet. Wir werden diese Schreibweise als Darstellung der Zahl bezeichnen. Die Darstellung der Zahl 30 ist von der Gestalt 111, da $30 = 2^1 \cdot 3^1 \cdot 5^1 \rightarrow 111$ ist. Wir führen noch einige Beispiele an:

$$198 = 2^1 \cdot 3^3 \cdot 5^0 \cdot 7^0 \cdot 11^1 \rightarrow 1300{,}1$$

$$65/7056 = 2^{-4} \cdot 3^{-2} \cdot 5^1 \cdot 7^{-2} \cdot 11^0 \cdot 13^1 \rightarrow \underline{4}\underline{2}1\underline{2}{,}01$$

$$1 \rightarrow e$$

$$6144 = 2^{11} \cdot 3^1 \rightarrow \bar{1}1$$

$$50410/17787 = 2^1 \cdot 3^{-1} \cdot 5^1 \cdot 7^{-2} \cdot 11^{-2} \cdot (71)^2 \rightarrow 1\underline{1}1\underline{2}{,}\underline{2} \cdot (71)^2.$$

Man multipliziert die Zahlen durch Addition ihrer Darstellungen

$$1260 \cdot 1/7 \cdot 1/210 \rightarrow 2211 + 000\underline{1} + \underline{1111} = \begin{array}{l} 2211 \\ +000\underline{1} \\ \underline{1111} \\ \hline 110\underline{1} \rightarrow 6/7 \end{array}$$

$$2/7 \cdot 252 \cdot 1/18 \rightarrow 100\underline{1} + 2201 + \underline{12} = \begin{array}{l} 2201 \\ +100\underline{1} \\ \underline{12} \\ \hline 2 \quad \rightarrow 4 \end{array}$$

Sind in den Tabellen Kästchen nicht ausgefüllt oder Stellen ausgelassen, so bedeutet dies, daß die entsprechenden Koeffizienten entweder nicht existieren, d. h. daß irgendwelche Bedingungen der Definition des Koeffizienten widersprechen, oder daß sie gleich Null sind.

d) Kurze Regel für das Ablesen der Zahlenwerte der Koeffizienten aus den Tabellen

Um den Zahlenwert des Koeffizienten selbst zu erhalten, muß die Zahl aus der Tabelle in die übliche Darstellung übergeführt werden: $a\underline{b}\bar{c}d,\ e\ldots = 2^a \cdot 3^{-b} \cdot 5^{10+c} \cdot 7^d \cdot 11^e \ldots$ und daraus die Quadratwurzel gezogen werden; steht vor der Zahl in der Tabelle das Zeichen *, so hat man für die Wurzel den negativen Wert zu wählen.

e) Die LEGENDREschen Funktionen

Zum Nutzen des Lesers führen wir hier noch einige Formeln für Funktionen an, durch die man die verschiedenen Winkelverteilungen in Kernreaktionen ausdrückt.

Die normierte Kugelfunktion ist durch die Beziehung

$$Y_{LM}(\theta, \varphi) = \overline{P_L^M}(\cos\theta)\,\frac{1}{\sqrt{2\pi}}\,e^{iM\varphi}$$

definiert, wobei $\overline{P_L^M}(x)$ die normierte zugeordnete LEGENDRE-Funktion ist. Sie hängt folgendermaßen mit der Funktion $P_L^M(x)$ zusammen:

$$\overline{P_L^M}(x) = (-1)^M \sqrt{\frac{2L+1}{2}\,\frac{(L-M)!}{(L+M)!}}\,P_L^M(x).$$

Diese Funktion wird ihrerseits durch die Gleichung

$$P_L^M(x) = (1-x^2)^{\frac{M}{2}}\,\frac{1}{2^L L!}\,\frac{d^{L+M}}{dx^{L+M}}(x^2-1)^L$$

definiert. Für $M > 0$ wird $P_L^M(x)$ durch das übliche LEGENDRE-Polynom $P_L(x)$

$$P_L^M(x) = (1-x^2)^{\frac{M}{2}}\,\frac{d^M}{dx^M}P_L(x)$$

ausgedrückt, wobei gilt

$$P_L(x) = \frac{1}{2^L L!}\,\frac{d^L}{dx^L}(x^2-1)^L.$$

Wir wollen noch die Aufmerksamkeit auf die Wahl der Phase des Normierungsfaktors in der Definition der $\overline{P_L^M}(x)$ lenken. In der üblichen Theorie der Kugelfunktionen enthält der Normierungsfaktor den Anteil $(-1)^M$ nicht. Wir bezogen hier jedoch $(-1)^M$ auf $\overline{P_L^M}(\cos\vartheta)$, damit unsere Definition der Kugelfunktion mit der Definition von WIGNER [12] übereinstimmt. Die Funktion $\overline{P_L^M}(x)$ genügt der Beziehung

$$\overline{P_L^M}(x) = (-1)^M\,\overline{P_L^{-M}}(x),$$

woraus folgt

$$Y_{LM}^*(\theta, \varphi) = (-1)^M Y_{L,-M}(\theta, \varphi).$$

Wir wollen noch die explizite Form von $P_L(x)$ und $\overline{P_L^1}(x)$ für ganzzahlige Werte von L zwischen 0 und 4 aufschreiben ($x = \cos\theta$):

$$P_0(x) = 1,$$

$$P_1(x) = x = \cos\theta,$$

$$P_2(x) = \frac{1}{2}(3x^2 - 1) = \frac{1}{4}(3\cos 2\theta + 1),$$

$$P_3(x) = \frac{1}{2}(5x^3 - 3x) = \frac{1}{8}(5\cos 3\theta + 3\cos\theta),$$

$$P_4(x) = \frac{1}{8}(35x^4 - 30x^2 + 3) = \frac{1}{64}(35\cos 4\theta + 20\cos 2\theta + 9),$$

$$\overline{P_1^1}(x) = -\sqrt{\frac{3}{4}}(1 - x^2)^{1/2} = -\sqrt{\frac{3}{4}}\sin\theta,$$

$$\overline{P_2^1}(x) = -\sqrt{\frac{15}{4}}(1 - x^2)^{1/2}\,x = -\sqrt{\frac{15}{16}}\sin 2\theta,$$

$$\overline{P_3^1}(x) = -\sqrt{\frac{21}{32}}(1 - x^2)^{1/2}(5x^2 - 1) = -\sqrt{\frac{21}{512}}(5\sin 3\theta + \sin\theta),$$

$$\overline{P_4^1}(x) = -\sqrt{\frac{45}{32}}(1 - x^2)^{1/2}(7x^3 - 3x) = -\sqrt{\frac{45}{2048}}(7\sin 4\theta + 2\sin 2\theta).$$

Tabelle 1

$$W^2\left(l_1 J_1 l_2 J_2; \frac{1}{2} 0\right)$$

J_2	l_2 \ J_1	$^1/_2$		$^3/_2$		$^5/_2$		$^7/_2$		$^9/_2$	
	l_1	0	1	1	2	2	3	3	4	4	5
$^1/_2$	0	$\underline{1}$									
	1		$*\underline{1}\underline{1}$								
$^3/_2$	1			$\underline{2}\underline{1}$							
	2				$*\underline{2}01$						
$^5/_2$	2					$\underline{1}\underline{1}\underline{1}$					
	3						$*\underline{1}\underline{1}0\underline{1}$				
$^7/_2$	3							$\underline{3}00\underline{1}$			
	4								$*\underline{3}\underline{2}$		
$^9/_2$	4									$\underline{1}\underline{2}\underline{1}$	
	5										$*\underline{1}0\underline{1}0,\underline{1}$

Tabelle 2

$$W^2\left(l_1 J_1 l_2 J_2;\ \frac{1}{2}\ 1\right)$$

J_2 \ J_1	l_2 \ l_1	$^1/_2$: 0	$^1/_2$: 1	$^3/_2$: 1	$^3/_2$: 2	$^5/_2$: 2	$^5/_2$: 3	$^7/_2$: 3	$^7/_2$: 4	$^9/_2$: 4	$^9/_2$: 5
$^1/_2$	0		11	11							
	1	11	02	*22	*21						
$^3/_2$	1	11	*22	*321	311	201					
	2		*21	311	322	*212	*111				
$^5/_2$	2			201	*212	*0221	1211	1101			
	3				*111	1211	1212	*3102	*3001		
$^7/_2$	3					1101	*3102	*5302	5201	32	
	4						*3001	5201	5411	*341	*121
$^9/_2$	4							32	*341	*1420,1	1220,1
	5								*121	1220,1	0320,2

Tabelle 3

$$W^2\left(l_1 J_1 l_2 J_2; \frac{1}{2} 2\right)$$

J_2	l_2 \ J_1	$^1/_2$		$^3/_2$		$^5/_2$		$^7/_2$		$^9/_2$	
	l_1	0	1	1	2	2	3	3	4	4	5
$^1/_2$	0				101	101					
	1			21	201	*021	*12				
$^3/_2$	1		21	31	*301	*2211	1201	2001			
	2	101	201	*301	*3021	202	0011	*3011	*301		
$^5/_2$	2	101	*021	*2211	202	112	*1111	*2111	231	13	
	3		*12	1201	0011	*1111	*0002	3002	3321	*0311	*1011
$^7/_2$	3			2001	*3011	*2111	3002	5022	*5101	*3111,1	2011,1
	4				*301	231	3321	*5101	*5300,1	331	2111,1
$^9/_2$	4					13	*0311	*3111,1	331	0321	*1120,1
	5						*1011	2011,1	2111,1	*1120,1	*1020,21

Tabelle 4

$$W^2\left(l_1 J_1\, l_2 J_2;\ \frac{1}{2}\, 3\right)$$

J_2	l_2 \ J_1:	1/2		3/2		5/2		7/2		9/2	
	l_1:	0	1	1	2	2	3	3	4	4	5
1/2	0						1001	1001			
	1					12	1201	*3001	*31		
3/2	1				201	021	*2211	4101	42	22	
	2			201	102	*102	*2111	4001	41	*212	*102
5/2	2		12	021	*102	*102	0111	3001	*33	*0320,1	1020,1
	3	1001	1201	*2211	*2111	0111	1112	*2002	*2301,1	1301	0001,1
7/2	3	1001	*3001	4101	4001	3001	*2002	*4002,1	4101	2101	*3001,1
	4		*31	42	41	*33	*2301,1	4101	431	*231	*3110,11
9/2	4			22	*212	*0320,1	1301	2101	*231	*1320,01	0120,1
	5				*102	1020,1	0001,1	*3001,1	*3110,11	0120,1	1022,2

Tabelle 5

$$W^2\left(l_1 J_1 l_2 J_2;\ \frac{1}{2}\, 4\right)$$

J_2	l_2 \ J_1, l_1	$^1/_2$: 0	$^1/_2$: 1	$^3/_2$: 1	$^3/_2$: 2	$^5/_2$: 2	$^5/_2$: 3	$^7/_2$: 3	$^7/_2$: 4	$^9/_2$: 4	$^9/_2$: 5
$^1/_2$	0								12	12	
	1							31	331	*131	*111
$^3/_2$	1						2001	4111	*4301	*2310,1	0110,1
	2					111	2101	*4211	*4210,1	2221	1220,1
$^5/_2$	2				111	121	*0201	*3111,1	311	012	*1121,1
	3			2001	2101	*0201	*1202,1	2112	2101	*1111	*0111,11
$^7/_2$	3		31	4111	*4211	*3111,1	2112	4202	*4211	*2211,01	3211,1
	4	12	331	*4301	*4210,1	311	2101	*4211	*4400,01	24	3201,1
$^9/_2$	4	12	*131	*2310,1	2221	012	*1111	*2211,01	24	1411	*0210,1
	5		*111	0110,1	1220,1	*1121,1	*0111,11	*3211,1	3201,1	*0210,1	1210,2

Tabelle 6

$W^2(l_1 J_1\, l_2 J_2;\, 10)$

J_2 \ J_1		0	1			2			3			4		
	l_2 \ l_1	1	0	1	2	1	2	3	2	3	4	3	4	5
0	1	$0\underline{1}$												
1	0		$0\underline{1}$											
	1			$*0\underline{2}$										
	2				$0\underline{1}\underline{1}$									
2	1					$0\underline{1}\underline{1}$								
	2						$*00\underline{2}$							
	3							$00\underline{1}\underline{1}$						
3	2								$00\underline{1}\underline{1}$					
	3									$*000\underline{2}$				
	4										$0\underline{2}0\underline{1}$			
4	3											$0\underline{2}0\underline{1}$		
	4												$*0\underline{4}$	
	5													$0\underline{2}00,\underline{1}$

Tabelle 7

$W^2(l_1 J_1\, l_2 J_2;\, 11)$

J_2 \ J_1		0	1			2			3			4		
	l_2 \ l_1	1	0	1	2	1	2	3	2	3	4	3	4	5
0	1		02	02	02									
1	0	02		02		02								
	1	02	02	22	*22	*22	*201							
	2	02		*22	*201	222	202	002						
2	1		02	*22	222	*201	202		002					
	2			*201	202	202	22	*022	*022	*3211				
	3				002		*022	*3211	0222	0202	0002			
3	2					002	*022	0222	*3211	0202		0002		
	3						*3211	0202	0202	4202,2	*4002	*4002	*4111	
	4							0002		*4002	*4111	4402	44	04
4	3								0002	*4002	4402	*4111	44	
	4									*4111	44	44	4420,0002	*042
	5										04		*042	*3120,1

Tabelle 8

$W^2(l_1 J_1 l_2 J_2; 12)$

J_2 \ J_1		0	1			2			3			4		
	l_2 \ l_1	1	0	1	2	1	2	3	2	3	4	3	4	5
0	1					011	011	011						
1	0				011		011	011	011					
	1			22	201	201	221	*021	*021	*1201				
	2		011	201	2121	*202	*2121	*112	0121	0111	0011			
2	1	011		201	*202	2121	*2121	0121	*112	0111		0011		
	2	011	011	221	*2121	*2121	*202	1021	1021	1011	*1111	*1111	*13	
	3	011	011	*021	*112	0121	1021	3122	*0022	*1112	*1112	1212	1301	0201
3	2		011	*021	0121	*112	1021	*0022	3122	*1112	1212	*1112	1301	
	3			*1201	0111	0111	1011	*1112	*1112	*4202	4222	4222	4311,01	*1211
	4				0011		*1111	*1112	1212	4222	4322,1	*4202	*4211,1	*121
4	3					0011	*1111	1212	*1112	4222	*4202	4322,1	*4211,1	1311,1
	4						*13	1301	1301	4311,01	*4211,1	*4211,1	4420,002	1221,1
	5							0201		*1211	*121	1311,1	1221,1	3321,21

Tabelle 9

$W^2(l_1 J_1 l_2 J_2; 13)$

J_2 \ J_1	l_2 \ l_1	0	1			2			3			4		
		1	0	1	2	1	2	3	2	3	4	3	4	5
0	1								0101	0101	0101			
1	0							0101		0101		0101		
	1						021	1201	1201	3201	*3001	*3001	*331	
	2					002	112	1021	*0111	*3001	*3001	3201	311	021
2	1				002		112	*0111	1021	*3001	3201	*3001	311	
	2			021	112	112		*0121	*0121	*3011	3211	3211	3322	*022
	3		0101	1201	1021	*0111	*0121	*0112	2022	1002	1202,1	*1202	*1311,1	*2211
3	2	0101		1201	*0111	1021	*0121	2022	*0112	1002	*1202	1202,1	*1311,1	0211,1
	3	0101	0101	3201	*3001	*3001	*3011	1002	1002	2002	*2202,1	*2202,1	*2311	1211,1
	4	0101		*3001	*3001	3201	3211	1202,1	*1202	*2202,1	*2312,1	2202	2201	1201,11
4	3		0101	*3001	3201	*3001	3211	*1202	1202,1	*2202,1	2202	*2312,1	2201	*1301,1
	4			*331	311	311	3322	*1311,1	*1311,1	*2311	2201	2201	2422	*1220,11
	5				021		*022	*2211	0211,1	1211,1	1201,11	*1301,1	*1220,11	*0322,21

Tabelle 10

$W^2(l_1 J_1 l_2 J_2; 14)$

J_1		0	1			2			3			4		
J_2	l_2 \ l_1	1	0	1	2	1	2	3	2	3	4	3	4	5
0	1											$0\underline{3}$	$0\underline{3}$	$0\underline{3}$
1	0										$0\underline{3}$		$0\underline{3}$	
	1									$\underline{3}00\underline{1}$	$\underline{331}$	$\underline{331}$	$\underline{331}$	$*1\underline{31}$
	2								$00\underline{11}$	$\underline{3}00\underline{1}$	$\underline{33}0\underline{1},1$	$*\underline{311}$	$*\underline{332}1,1$	$*0\underline{12}$
2	1							$00\underline{11}$		$\underline{3}00\underline{1}$	$*\underline{311}$	$\underline{33}0\underline{1},1$	$*\underline{332}1,1$	$1\underline{32}1,\underline{1}$
	2						$2\underline{22}$	$0\underline{2}0\underline{1}$	$0\underline{2}0\underline{1}$	$*\underline{3211}$	$*\underline{3111},1$	$*\underline{3111},1$	$*\underline{312}$	$0\underline{12}1,\underline{1}$
	3					$00\underline{11}$	$0\underline{2}0\underline{1}$	$0\underline{212},1$	$*\underline{22}0\underline{2}$	$*\underline{12}0\underline{2},1$	$*\underline{1112},1$	$\underline{11}0\underline{2}$	$\underline{1}1\underline{21}$	$2\underline{12}1,\underline{11}$
3	2				$00\underline{11}$		$0\underline{2}0\underline{1}$	$*\underline{22}0\underline{2}$	$0\underline{212},1$	$*\underline{12}0\underline{2},1$	$\underline{11}0\underline{2}$	$*\underline{1112},1$	$\underline{1}1\underline{21}$	$*0\underline{12}0,\underline{1}$
	3			$\underline{3}00\underline{1}$	$\underline{3}00\underline{1}$	$\underline{3}00\underline{1}$	$*\underline{3211}$	$*\underline{12}0\underline{2},1$	$*\underline{12}0\underline{2},1$	$*\underline{22}0\underline{2}$	$\underline{21}1\underline{2}$	$\underline{21}1\underline{2}$	$\underline{2111}$	$*\underline{1111},\underline{11}$
	4		$0\underline{3}$	$\underline{331}$	$\underline{33}0\underline{1},1$	$*\underline{311}$	$*\underline{3111},1$	$*\underline{1112},1$	$\underline{11}0\underline{2}$	$\underline{21}1\underline{2}$	$\underline{22}0\underline{2},01$	$*\underline{2422}$	$*\underline{24}0\underline{1},01$	$*\underline{14}00,\underline{11}$
4	3	$0\underline{3}$		$\underline{331}$	$*\underline{311}$	$\underline{33}0\underline{1},1$	$*\underline{3111},1$	$\underline{11}0\underline{2}$	$*\underline{1112},1$	$\underline{21}1\underline{2}$	$*\underline{2422}$	$*\underline{22}0\underline{2},01$	$*\underline{24}0\underline{1},01$	$\underline{12}0\underline{1},\underline{1}$
	4	$0\underline{3}$	$0\underline{3}$	$\underline{331}$	$*\underline{332}1,1$	$*\underline{332}1,1$	$*\underline{312}$	$\underline{1}1\underline{21}$	$\underline{1}1\underline{21}$	$\underline{2111}$	$*\underline{24}0\underline{1},01$	$*\underline{24}0\underline{1},01$	$*\underline{24}$	$\underline{14}01,\underline{1}$
	5	$0\underline{3}$		$*1\underline{31}$	$*0\underline{12}$	$1\underline{32}1,\underline{1}$	$0\underline{12}1,\underline{1}$	$2\underline{12}1,\underline{11}$	$*0\underline{12}0,\underline{1}$	$*\underline{1111},\underline{11}$	$*\underline{14}00,\underline{11}$	$\underline{12}0\underline{1},1$	$\underline{14}01,\underline{1}$	$0\underline{2}01,\underline{2}$

Tabelle 11

$$W^2\left(l_1 J_1 l_2 J_2;\ \frac{2}{3}\, 0\right)$$

J_1		$^1/_2$		$^3/_2$				$^5/_2$				$^7/_2$				$^9/_2$		
J_2	l_2 \ l_1	1	2	0	1	2	3	1	2	3	4	2	3	4	5	3	4	5
$^1/_2$	1	$\underline{1}\underline{1}$																
	2		$*\underline{1}0\underline{1}$															
$^3/_2$	0			$\underline{2}$														
	1				$*\underline{2}\underline{1}$													
	2					$\underline{2}0\underline{1}$												
	3						$*\underline{2}00\underline{1}$											
$^5/_2$	1							$\underline{1}\underline{2}$										
	2								$*\underline{1}\underline{1}\underline{1}$									
	3									$\underline{1}\underline{1}0\underline{1}$								
	4										$*\underline{1}\underline{3}$							
$^7/_2$	2											$\underline{3}0\underline{1}$						
	3												$*\underline{3}00\underline{1}$					
	4													$\underline{3}\underline{2}$				
	5														$*\underline{3}000,\underline{1}$			
$^9/_2$	3															$\underline{1}0\underline{1}\underline{1}$		
	4																$*\underline{1}\underline{2}\underline{1}$	
	5																	$\underline{1}0\underline{1}0,\underline{1}$

$$W^2\left(l_1 J_1 l_2 J_2;\ \frac{3}{2}\, 1\right)$$

J_2	J_1 → / $_2l$ \ l_1 →	$^1/_2$: 1	$^1/_2$: 2	$^3/_2$: 0	$^3/_2$: 1	$^3/_2$: 2	$^3/_2$: 3	$^5/_2$: 1	$^5/_2$: 2	$^5/_2$: 3
$^1/_2$	1	22	21	21	321	31				
	2	21	201		*311	*301	*201			
$^3/_2$	0	21			21			21		
	1	321	*311	21	121	*112		*301	*3021	
	2	31	*301		*112	*102	202	312	3121	112
	3		*201			*202	0011		*2121	*1111
$^5/_2$	1			21	*301	312		*2211	202	
	2				*3021	3121	*2121	202	2221,2	*6222
	3					112	*1111		*6222	*3212,002
	4						*1101			3002
$^7/_2$	2							111	*1111	3112
	3								*0002	5012
	4									5022
	5									
$^9/_2$	3									
	4									
	5									

Tabelle 12

	$^7/_2$				$^9/_2$		
4	2	3	4	5	3	4	5
*1101							
3002 3321	111 *1111 3112	*0002 5012 *5202	5022 *5101	*32			
*5202 *5101 *32	*2111 3002	3002 1102 *1312	*1312 *5411 331	331 2111,1	3001 *5101 5311	*5300,1 5421,1 *3320,1	0321 *1120,1
	3001	*5101 *5300,1	5311 5421,1 0321	*3320,1 *1120,1	*3111,1 331	331 3420,1(41)^2 *6320,2	*6320,2 *2120,202

$$W^2\left(l_1 J_1 l_2 J_2;\ \frac{3}{2}\,2\right)$$

J_2	l_2 \ l_1 (J_1)	1 (1/2)	2 (1/2)	0 (3/2)	1 (3/2)	2 (3/2)	3 (3/2)	1 (5/2)	2 (5/2)	3 (5/2)
1/2	1				311	301	201	201	2211	021
	2			201	322	3021	102	*212	*202	*102
3/2	0		201			201			201	
	1	311	322		112	102	*202	3021	322	*5221
	2	301	3021	201	102		*102	*3121	*3001	*0021
	3	201	102		*202	*102	*0121	2121	1222	1322
5/2	1	201	*212		3021	*3121	2121	1221	*102	1021
	2	2211	*202	201	322	*3001	1222	*102	*1102	2122,02
	3	021	*102		*5221	*0021	1322	1021	2122,02	4022,2
	4		*111			0111	1112		*2012	*4012
7/2	2			201	*102	1021	*3022	*102	1322	*4322
	3				*2111	3111	*2012	0111	1012	*5112,02
	4					3001	*2002		*3302	*5302,0002
	5						*3001			*4101
9/2	3							1101	*2002	4102
	4								*2301,1	4301,1
	5									2101

Tabelle 13

	7/2				9/2		
4	2	3	4	5	3	4	5
*111							
*0111 1112	201 *102 1021 *3022	*2111 3111 *2012	3001 *2002	*3001			
*2012 *4012 *4322,1	*102 1322 *4322 4212	0111 1012 *5112,02 5322	*3302 *5302,0002 5212,1	4101 431	1101 *2002 4102 *4312	*2301,1 4301,1 *4211	2101 *231
4212 5322 5212,1 431	2102 *4012 4102	*4012 *3222 3212 *4211	4102 3212 3322,12 *402	*4211 *402 *2221,11	*4002,1 5212,1 *5022,1 4221,1	4101 5211 *5321,1(71)² 4021,2	*3211,1 *1020,1 1221,21
*4312 *4211 *231	*4002,1 4101	5212,1 5211 *3211,1	*5022,1 *5321,1(71)² *1020,1	4221,1 4021,2 1221,21	4201,1 *402 2220,1	*402 *4303,2 2000,2	2220,1 2000,2 1200,21

$$W^2\left(l_1 J_1 l_2 J_2;\ \frac{3}{2}\ 3\right)$$

J_2	l_2 \ J_1:	1/2		3/2				5/2		
	l_1:	1	2	0	1	2	3	1	2	3
1/2	1								1201	2211
	2							111	0011	2111
3/2	0						2001			2001
	1					202	0011		5221	4211
	2				202	102	0121	112	0021	*4121
	3			2001	0011	0121	1112	*1111	*1322	*3312
5/2	1		111			112	*1111		0121	*3111
	2	1201	0011		5221	0021	*1322	0121	*1022	*3122,002
	3	2211	2111	2001	4211	*4121	*3312	*3111	*3122,002	*3112
	4	2001	2101		*4001	*4111	3102,1	3301	*3112	3102,1
7/2	2	2001	*3011		2111	*3111	2012	2011	*3312	3212
	3	4101	*4001	2001		*2101	3112	*4111	*4102	2112
	4	4111	*4211		*0201	*2111	3102,1	4101	4312(31)^2	2302,1
	5		*301			311	2101		*3111	*3101
9/2	3			2001	*4211	4101	*3112	*3111,1	3102,1	*3112,1
	4				*4210,1	4120,1	*3111	311	3321,02	*3311,1(23)^2
	5					012	*1111		*5121,1	*3112,1

Tabelle 14

	7/2				9/2		
4	2	3	4	5	3	4	5
2001 2101	2001 *3011	4101 *4001	4111 *4211	*301			
*4001 *4111 *3102,1	2111 *3111 2012	2001 *2101 3112	*0201 *2111 3102,1	311 2101	2001 *4211 4101 *3112	*4210,1 4120,1 *3111	012 *1111
3301 3112 3102,1 3422,1	2011 *3312 3212 *3202	*4111 *4102 2112 *2302,1	4101 4312 (31)^2 2302,1 *2202,1	*3111 *3101 *3301,01	*3111,1 3102,1 *3112,1 3302	311 3321,02 *3311,1(23)^2 3211,1	*5121,1 *3112,1 3311,11
*3202 *2302,1 *2202,1 *3301,01	*4112,1 3102,1 *3112,1 4111,1	3102,1 4202,1 *4012 3211,1	*3112,1 *4012 *4312,002 3011,11	4111,1 3211,1 3011,11 4212,21	3102,1 *2202,1 2012 *3211,1	*3101 *2001,1 2321,1(31)^2 *3020,21	3101,1 4201,1 4221,11 *3222,21
*3302 3211,1 3311,11	3102,1 *3101 3101,1	*2202,1 *2001,1 4201,1	2012 2321,1(31)^2 4221,11	*3211,1 *3020,21 *3222,21	*3212,11 3011,11 *3211,11	3011,11 3320,23 *3420,2	*3011,11 *3420,2 *1222,2

$$W^2\left(l_1 J_1 l_2 J_2;\ \frac{3}{2}\, 4\right)$$

J_2	l_2 \ J_1, l_1	$^1/_2$: 1	$^1/_2$: 2	$^3/_2$: 0	$^3/_2$: 1	$^3/_2$: 2	$^3/_2$: 3	$^5/_2$: 1	$^5/_2$: 2	$^5/_2$: 3
$^1/_2$	1									
	2									
$^3/_2$	0									
	1									4001
	2								0111	4111
	3							1101	1112	3102,1
$^5/_2$	1						1101			3001
	2					0111	1112		5212	3212
	3				4001	4111	3102,1	3001	3212	*3202,1
	4			22	41	4201,1	3202,1	*33	*3102,1	*3102,1
$^7/_2$	2		301			3001	*2002		3102,1	*3102,1
	3	42	41		0201	2111	*3102,1	4201,1	*4012,1	*2002
	4	4301	4210,1	22	232	*2221,1	*3222,1	*4120,1	*4122,0002	2122
	5	22	311		*2221	311	*2121,01	2221,1	3220,1	3221,11
$^9/_2$	3	22	*212		4210,1	*4120,1	3111	3211,1	*3222,1	3212
	4	2310,1	*2221	22	*432	*4223,1	3220,1	*3121	*3121,1	3121,101
	5	121	*012		*5220,1	*0120,1	1120,11	0221,1	1020,1	3021,11

Tabelle 15

	$^7/_2$				$^9/_2$		
4	2	3	4	5	3	4	5
		42	4301	22	22	2310,1	121
	301	41	4210,1	311	*212	*2221	*012
22			22			22	
41		0201	232	*2221	4210,1	*432	*5220,1
4201,1	3001	2111	*2221,1	311	*4120,1	*4223,1	*0120,1
3202,1	*2002	*3102,1	*3222,1	*2121,01	3111	3220,1	1120,11
*33		4201,1	*4120,1	2221,1	3211,1	*3121	0221,1
*3102,1	3102,1	*4012,1	*4122,0002	3220,1	*3222,1	*3121,1	1020,1
*3102,1	*3102,1	*2002	2122	3221,11	3212	3121,101	3021,11
*3402,11	3212	2322	2202,01	3300,11	*3312	*3201,11	*3300,11
3212	4012,1	*3102,1	3212	*4110,1	*3122,11	3221,11	*3120,11
2322	*3102,1	4202	4302,2	*3201,11	3202,01	2311,11	*4211,101
2202,01	3212	4302,2	4402,01	*3300,11	*2302,01	*2431,1	*4310,1
3300,11	*4110,1	*3201,11	*3300,11	*4201,21	3201,1	3311,2	3211,2
*3312	*3122,11	3202,01	*2302,01	3201,1	3211,01	*3300,11	3200,1
*3201,11	3221,11	2311,11	*2431,1	3311,2	*3300,11	*3413,2	3310,2(23)^2
*3300,11	*3120,11	*4211,101	*4310,1	3211,2	3200,1	3310,2(23)^2	3210,2

Tabelle 16

$$Z^2\left(l_1 J_1 \, l_2 J_2;\ \frac{1}{2}\,0\right)$$

J_1 → / J_2, l_2 ↓		$^1/_2$		$^3/_2$		$^5/_2$		$^7/_2$		$^9/_2$	
J_2	l_2 \ l_1	0	1	1	2	2	3	3	4	4	5
$^1/_2$	0	1									
	1		1								
$^3/_2$	1			$\ast 2$							
	2				$\ast 2$						
$^5/_2$	2					11					
	3						11				
$^7/_2$	3							$\ast 3$			
	4								$\ast 3$		
$^9/_2$	4									101	
	5										101

Tabelle 17

$$Z^2\left(l_1 J_1 \, l_2 J_2;\ \frac{1}{2}\,1\right)$$

J_1 → / J_2, l_2 ↓		$^1/_2$		$^3/_2$		$^5/_2$		$^7/_2$		$^9/_2$	
J_2	l_2 \ l_1	0	1	1	2	2	3	3	4	4	5
$^1/_2$	0		1	2							
	1	$\ast 1$			2						
$^3/_2$	1	$\ast 2$			$\ast 20\underline{1}$	$\ast 22\underline{1}$					
	2		$\ast 2$	$20\underline{1}$			$\ast 22\underline{1}$				
$^5/_2$	2			$22\underline{1}$			$12\underline{1}\underline{1}$	$320\underline{1}$			
	3				$22\underline{1}$	$\ast 12\underline{1}\underline{1}$			$320\underline{1}$		
$^7/_2$	3					$\ast 320\underline{1}$			$\ast 3\underline{1}0\underline{1}$	$\ast 3\underline{1}1$	
	4						$\ast 320\underline{1}$	$3\underline{1}0\underline{1}$			$\ast 3\underline{1}1$
$^9/_2$	4							$3\underline{1}1$			$1\underline{1}10,\underline{1}$
	5								$3\underline{1}1$	$\ast 1\underline{1}10,\underline{1}$	

Tabelle 18

$$Z^2\left(l_1 J_1 l_2 J_2;\ \frac{1}{2}\,2\right)$$

J_2 \ $\bar{J}_1$	l_2 \ l_1	$^1/_2$: 0	$^1/_2$: 1	$^3/_2$: 1	$^3/_2$: 2	$^5/_2$: 2	$^5/_2$: 3	$^7/_2$: 3	$^7/_2$: 4	$^9/_2$: 4	$^9/_2$: 5
$^1/_2$	0				2	11					
	1			*2			11				
$^3/_2$	1		*2	*2			*$210\underline{1}$	*$320\underline{1}$			
	2	2			*2	$210\underline{1}$			*$320\underline{1}$		
$^5/_2$	2	11			$210\underline{1}$	$410\underline{1}$			$300\underline{1}$	$202\underline{1}$	
	3		11	*$210\underline{1}$			$410\underline{1}$	*$300\underline{1}$			$202\underline{1}$
$^7/_2$	3			*$320\underline{1}$			*$300\underline{1}$	*$3\underline{1}2\underline{1}$			*$3\underline{1}2\underline{1},\underline{1}$
	4				*$320\underline{1}$	$300\underline{1}$			*$3\underline{1}2\underline{1}$	$3\underline{1}2\underline{1},\underline{1}$	
$^9/_2$	4					$202\underline{1}$			$322\underline{1},\underline{1}$	$4\underline{1}20,\underline{1}$	
	5						$202\underline{1}$	*$3\underline{1}2\underline{1},\underline{1}$			$4\underline{1}20,\underline{1}$

Tabelle 19

$$Z^2\left(l_1 J_1 l_2 J_2;\ \frac{1}{2}\, 3\right)$$

J_2 \ J_1		$^1/_2$		$^3/_2$		$^5/_2$		$^7/_2$		$^9/_2$	
	l_2 \ l_1	0	1	1	2	2	3	3	4	4	5
$^1/_2$	0						11	3			
	1					*11			3		
$^3/_2$	1				*22$\underline{1}$	*31$\underline{1}$			*3$\underline{1}$	*3$\underline{1}$1	
	2			22$\underline{1}$			*31$\underline{1}$	3$\underline{1}$			*3$\underline{1}$1
$^5/_2$	2		11	31$\underline{1}$			40$\underline{1}$	3			2010,$\underline{1}$
	3	*11			31$\underline{1}$	*40$\underline{1}$			3	*2010,$\underline{1}$	
$^7/_2$	3	*3			*3$\underline{1}$	*3			*3100,$\underline{1}$	*3110,$\underline{1}$	
	4		*3	3$\underline{1}$			*3	3100,$\underline{1}$			*3110,$\underline{1}$
$^9/_2$	4			3$\underline{1}$1			*2010,$\underline{1}$	3110,$\underline{1}$			4110,$\underline{1}\underline{1}$
	5				3$\underline{1}$1	*2010,$\underline{1}$			3110,$\underline{1}$	*4110,$\underline{1}\underline{1}$	

Tabelle 20

$$Z^2\left(l_1 J_1 l_2 J_2;\ \frac{1}{2}\,4\right)$$

J_2	l_2 \ J_1 / l_1	$^1/_2$: 0	$^1/_2$: 1	$^3/_2$: 1	$^3/_2$: 2	$^5/_2$: 2	$^5/_2$: 3	$^7/_2$: 3	$^7/_2$: 4	$^9/_2$: 4	$^9/_2$: 5
$^1/_2$	0								3	101	
	1							*3			101
$^3/_2$	1						*320$\underline{1}$	*301$\underline{1}$			*3010,$\underline{1}$
	2					320$\underline{1}$			*301$\underline{1}$	3010,$\underline{1}$	
$^5/_2$	2				320$\underline{1}$	220$\underline{1}$			321$\underline{1}$,$\underline{1}$	421$\underline{1}$,$\underline{1}$	
	3			*320$\underline{1}$			220$\underline{1}$	*321$\underline{1}$,$\underline{1}$			421$\underline{1}$,$\underline{1}$
$^7/_2$	3		*3	*301$\underline{1}$			*321$\underline{1}$,$\underline{1}$	*340$\underline{1}$,$\underline{1}$			*341$\underline{1}$,$\underline{11}$
	4	3			*301$\underline{1}$	321$\underline{1}$,$\underline{1}$			*340$\underline{1}$,$\underline{1}$	341$\underline{1}$,$\underline{11}$	
$^9/_2$	4	101			3010,$\underline{1}$	421$\underline{1}$,$\underline{1}$			341$\underline{1}$,$\underline{11}$	2410,$\underline{11}$	
	5		101	*3010,$\underline{1}$			421$\underline{1}$,$\underline{1}$	*341$\underline{1}$,$\underline{11}$			2410,$\underline{11}$

Tabelle 21

$$Z^2\left(l_1 J_1 l_2 J_2;\ \frac{1}{2}\ 5\right)$$

J_2	l_2 \ J_1 / l_1	1/2: 0	1/2: 1	3/2: 1	3/2: 2	5/2: 2	5/2: 3	7/2: 3	7/2: 4	9/2: 4	9/2: 5
1/2	0										101
	1									*101	
3/2	1								*3$\underline{1}$1	*2$\underline{1}$1	
	2							3$\underline{1}$1			*2$\underline{1}$1
5/2	2						202$\underline{1}$	301$\underline{1}$			4010,0$\underline{1}$
	3					*202$\underline{1}$			301$\underline{1}$	*4010,0$\underline{1}$	
7/2	3				*3$\underline{1}$1	*301$\underline{1}$			*312$\underline{1}$,0$\underline{1}$	*3110,0$\underline{1}$	
	4			3$\underline{1}$1			*301$\underline{1}$	312$\underline{1}$,0$\underline{1}$			*3110,0$\underline{1}$
9/2	4		101	2$\underline{1}$1			4010,0$\underline{1}$	3110,0$\underline{1}$			2110,0$\underline{1}$
	5	*101			2$\underline{1}$1	*4010,0$\underline{1}$			3110,0$\underline{1}$	*2110,0$\underline{1}$	

Tabelle 22

$Z^2(l_1 J_1 l_2 J_2; 10)$

J_1		0	1			2			3			4		
J_2	l_2 \ l_1	1	0	1	2	1	2	3	2	3	4	3	4	5
0	1	*e												
1	0		01											
	1			01										
	2				01									
2	1					*001								
	2						*001							
	3							*001						
3	2								0001					
	3									0001				
	4										0001			
4	3											*02		
	4												*02	
	5													*02

Tabelle 23

$Z^2(l_1 J_1 l_2 J_2; 11)$

J_2 \ J_1		0	1			2			3			4		
	l_2 \ l_1	1	0	1	2	1	2	3	2	3	4	3	4	5
0	1		*e		*1									
1	0	e		01		001								
	1		*01		$\underline{1}1$		$\underline{1}2$							
	2	1		*$\underline{1}1$		$\underline{1}0\underline{1}$		$03\underline{1}$						
2	1		*001		*$\underline{1}0\underline{1}$		*$\underline{1}1$		*$11\underline{1}1$					
	2			*$\underline{1}2$		$\underline{1}1$		*e		*3				
	3				*$03\underline{1}$		e		*$00\underline{1}\underline{1}$		*$211\underline{1}$			
3	2					$11\underline{1}1$		$00\underline{1}\underline{1}$		e		$040\underline{1}$		
	3						3		*e		$\underline{2}1$		$\underline{2}21$	
	4							$211\underline{1}$		*$\underline{2}1$		$\underline{2}\underline{1}0\underline{1}$		$0\underline{1}11$
4	3								*$040\underline{1}$		*$\underline{2}\underline{1}01$		*$\underline{2}1$	
	4									*$\underline{2}21$		$\underline{2}1$		*$01\underline{1}$
	5										*$0\underline{1}11$		$01\underline{1}$	

Tabelle 24

$Z^2(l_1 J_1 l_2 J_2; 12)$

J_2	l_2 \ J_1	0	1			2			3			4		
	l_1	1	0	1	2	1	2	3	2	3	4	3	4	5
0	1					*1		*01						
1	0				01		001		0001					
	1			*$\underline{1}\underline{1}$		*$\underline{1}$2		01		11				
	2		01		$\underline{1}$1		*$\underline{1}$01		100$\underline{1}$		130$\underline{1}$			
2	1	*1		*1$\underline{2}$		*$\underline{1}$001		*010$\underline{1}$		*01		*040$\underline{1}$		
	2		001		*$\underline{1}$01		*$\underline{1}$02$\underline{1}$		201$\underline{1}$		*011$\underline{1}$		*012$\underline{1}$	
	3	*01		01		*010$\underline{1}$		*500$\underline{1}$		1		*1$\underline{1}$0$\underline{1}$		*1$\underline{1}$3$\underline{1}$
3	2		0001		100$\underline{1}$		201$\underline{1}$		410$\underline{1}$		000$\underline{1}$		011$\underline{1}$	
	3			11		*01		1		$\underline{2}$101		*$\underline{2}$1$\underline{2}$		0$\underline{1}$1
	4				130$\underline{1}$		*011$\underline{1}$		000$\underline{1}$		$\underline{2}$1$\underline{4}\underline{1}$		*$\underline{2}$21$\underline{1}$	
4	3					*040$\underline{1}$		*1$\underline{1}$0$\underline{1}$		*$\underline{2}$1$\underline{2}$		*$\underline{2}$02$\underline{1}$,1		*001$\underline{1}$,$\underline{1}$
	4						*012$\underline{1}$		011$\underline{1}$		*$\underline{2}$21$\underline{1}$		*$\underline{2}$20$\underline{1}$,$\underline{1}$02	
	5							*1$\underline{1}$3$\underline{1}$		0$\underline{1}$1		*001$\underline{1}$,$\underline{1}$		*4001,$\underline{1}$

Tabelle 25

$Z^2(l_1 J_1 l_2 J_2; 13)$

J_2 \ J_1	l_2 \ l_1	0	1			2			3			4		
		1	0	1	2	1	2	3	2	3	4	3	4	5
0	1								$*01$		$*2$			
1	0							001		0001		02		
	1						$*01$		$*11$		$\underline{1}2$		$\underline{1}11$	
	2					$03\underline{1}$		$30\underline{1}$		$*\underline{1}001$		$\underline{1}$		101
2	1				$*03\underline{1}$		$*11$		$*12\underline{1}$		$*\underline{1}\underline{1}1$		$*\underline{1}2$	
	2			01		11		$*2$		$*\underline{1}\underline{1}01$		$\underline{1}\underline{1}2$		$*1\underline{1}1$
	3		$*001$		$*30\underline{1}$		2		$*4\underline{1}\underline{1}$		$*001$		01	
3	2	01		11		$12\underline{1}$		$4\underline{1}\underline{1}$		$1\underline{1}01$		$1\underline{1}00,1$		$1\underline{1}10,\underline{1}$
	3		$*0001$		$\underline{1}001$		$\underline{1}\underline{1}01$		$*1\underline{1}01$		$\underline{1}001$		$\underline{1}111,\underline{1}$	
	4	2		$*\underline{1}2$		$\underline{1}\underline{1}1$		001		$*\underline{1}001$		$\underline{1}200,\underline{1}$		$1210,\underline{1}$
4	3		$*02$		$*\underline{1}$		$*\underline{1}\underline{1}2$		$*1\underline{1}00,1$		$*\underline{1}200,\underline{1}$		$*\underline{1}400,\underline{1}$	
	4			$*\underline{1}11$		$\underline{1}2$		$*01$		$*\underline{1}111,\underline{1}$		$\underline{1}400,\underline{1}$		$*14\underline{1}0,\underline{1}$
	5				$*101$		$1\underline{1}1$		$*1\underline{1}10,\underline{1}$		$*1210,\underline{1}$		$14\underline{1}0,\underline{1}$	

Tabelle 26

$Z^2(l_1 J_1 l_2 J_2; 14)$

J_1		0	1			2			3			4		
J_2	l_2 \ l_1	1	0	1	2	1	2	3	2	3	4	3	4	5
0	1											$*2$		$*001$
1	0										0001		02	
	1									$*\underline{1}2$		$*\underline{1}11$		11
	2								$130\underline{1}$		$\underline{1}02\underline{1}$		$*\underline{1}2$	
2	1							$*211\underline{1}$		$*\underline{1}11$		$*\underline{1}01\underline{1},1$		$*1001,\underline{1}$
	2						$301\underline{1}$		$102\underline{1}$		$*\underline{1}12\underline{1}$		$*131\underline{1},\underline{1}$	
	3					$*211\underline{1}$		$*101\underline{1}$		001		$*031\underline{1},\underline{1}$		$*430\underline{1},\underline{1}$
3	2				$130\underline{1}$		$102\underline{1}$		$100\underline{1},1$		$112\underline{1},\underline{1}$		$150\underline{1},\underline{1}$	
	3			$*\underline{1}2$		$*\underline{1}11$		001		$\underline{1}001,\underline{1}$		$*\underline{1}310,\underline{1}$		$1300,\underline{1}$
	4		0001		$\underline{1}02\underline{1}$		$*\underline{1}12\underline{1}$		$112\underline{1},\underline{1}$		$\underline{1}60\underline{1},\underline{1}$		$*\underline{1}60\underline{1},\underline{1}$	
4	3	$*2$		$*\underline{1}11$		$*\underline{1}01\underline{1},1$		$*031\underline{1},\underline{1}$		$*\underline{1}310,\underline{1}$		$*\underline{1}40\underline{1},\underline{1}1$		$*141\underline{1},\underline{1}\underline{1}$
	4		02		$*\underline{1}2$		$*\underline{1}31\underline{1},\underline{1}$		$150\underline{1},\underline{1}$		$*\underline{1}60\underline{1},\underline{1}$		$*\underline{1}80\underline{1},\underline{1}\underline{1}$	
	5	$*001$		11		$*1001,\underline{1}$		$*430\underline{1},\underline{1}$		$1300,\underline{1}$		$*141\underline{1},\underline{1}\underline{1}$		$*1401,\underline{1}\underline{1}$

Tabelle 27

$Z^2(l_1 J_1 l_2 J_2; 15)$

J_2 \ J_1		0	1			2			3			4		
	l_2 \ l_1	1	0	1	2	1	2	3	2	3	4	3	4	5
0	1													
1	0													02
	1												*11	
	2											101		1
2	1										*0$\underline{1}$11		*02	
	2									0$\underline{1}$2		0$\underline{1}$2		*2$\underline{1}$1
	3								*1$\underline{1}$3$\underline{1}$		*101$\underline{1}$		11	
3	2							1$\underline{1}$3$\underline{1}$		0$\underline{1}$2		0$\underline{1}$1$\underline{1}$,01		4$\underline{1}$01,0$\underline{1}$
	3						*0$\underline{1}$2		*0$\underline{1}$2		$\underline{2}$02		$\underline{2}$100,0$\underline{1}$	
	4					0$\underline{1}$11		101$\underline{1}$		*$\underline{2}$02		$\underline{2}$23$\underline{1}$,0$\underline{1}$		0201,0$\underline{1}$
4	3				*101		*0$\underline{1}$2		*0$\underline{1}$1$\underline{1}$,01		*$\underline{2}$23$\underline{1}$,0$\underline{1}$		*$\underline{2}$410,0$\underline{1}$	
	4			11		02		*11		*$\underline{2}$100,0$\underline{1}$		$\underline{2}$410,0$\underline{1}$		*0400,0$\underline{1}$
	5		*02		*1		2$\underline{1}$1		*4$\underline{1}$01,0$\underline{1}$		*0201,0$\underline{1}$		0400,0$\underline{1}$	

Tabelle 28

$$Z^2\left(l_1 J_1 l_2 J_2;\ \frac{3}{2}\, 0\right)$$

J_2	l_2 \ l_1 (J_1)	1/2: 1	1/2: 2	3/2: 0	3/2: 1	3/2: 2	3/2: 3	5/2: 1	5/2: 2	5/2: 3	5/2: 4	7/2: 2	7/2: 3	7/2: 4	7/2: 5	9/2: 3	9/2: 4	9/2: 5
1/2	1	*1																
	2		*1															
3/2	0			2														
	1				2													
	2					2												
	3						2											
5/2	1							*11										
	2								*11									
	3									*11								
	4										*11							
7/2	2											3						
	3												3					
	4													3				
	5														3			
9/2	3															*101		
	4																*101	
	5																	*101

$$Z^2\left(l_1 J_1 l_2 J_2;\ \frac{3}{2}\,1\right)$$

J_2	l_2 \ J_1	$^1/_2$		$^3/_2$				$^5/_2$	
	l_1	1	2	0	1	2	3	1	2
$^1/_2$	1		∗1	∗1		∗1			
	2	1			∗10$\underline{1}$		∗12$\underline{1}$		
$^3/_2$	0	1			2			11	
	1		10$\underline{1}$	∗2		60$\underline{2}$			12$\underline{2}$1
	2	1			∗60$\underline{2}$		22$\underline{2}$	11$\underline{2}$	
	3		12$\underline{1}$			∗22$\underline{2}$			12$\underline{2}\underline{1}$
$^5/_2$	1			∗11		∗11$\underline{2}$			∗13$\underline{2}$
	2				∗12$\underline{2}$1		∗12$\underline{2}\underline{1}$	13$\underline{2}$	
	3					∗42$\underline{2}$			82$\underline{2}\underline{2}$
	4						∗410$\underline{1}$		
$^7/_2$	2							41$\underline{1}$	
	3								430$\underline{2}$
	4								
	5								
$^9/_2$	3								
	4								
	5								

Tabelle 29

			7/2				9/2		
	3	4	2	3	4	5	3	4	5
	$42\underline{2}$	$410\underline{1}$							
	$*82\underline{2}\underline{2}$ $130\underline{2}$	$*130\underline{2}$	$*41\underline{1}$ $*12\underline{1}\underline{2}$	$*430\underline{2}$ $*100\underline{2}$	$*122\underline{2}$	$*101$			
	$12\underline{1}\underline{2}$ $122\underline{2}$	$100\underline{2}$ 101	$*320\underline{2}$	$320\underline{2}$ $*7\underline{2}1\underline{2}$	$721\underline{2}$ $*3\underline{2}$	$3\underline{2}$	$121\underline{1}$ $1\underline{2}0\underline{1}$	$1\underline{2}10,1$ $1\underline{2}00,\underline{1}$	$4\underline{2}01$
			$*121\underline{1}$	$*1\underline{2}10,1$	$*1\underline{2}0\underline{1}$ $*4\underline{2}01$	$*1\underline{2}00,\underline{1}$	$1\underline{2}1$	$*1\underline{2}1$ $8\underline{2}10,\underline{2}$	$*8\underline{2}10,\underline{2}$

$$Z^2\left(l_1 J_1 l_2 J_2;\ \frac{3}{2}\,2\right)$$

J_2	l_2 \ J_1	$^1/_2$		$^3/_2$				$^5/_2$	
	l_1	1	2	0	1	2	3	1	2
$^1/_2$	1				*10$\underline{1}$		*12$\underline{1}$	*12$\underline{1}$	
	2			1		1			*110$\underline{1}$
$^3/_2$	0		1			2			11
	1	*10$\underline{1}$			*60$\underline{2}$		22$\underline{2}$	*12$\underline{2}$1	
	2		1	2					*112$\underline{2}$
	3	*12$\underline{1}$			22$\underline{2}$		60$\underline{2}$	*12$\underline{2}\underline{1}$	
$^5/_2$	1	*12$\underline{1}$			*12$\underline{2}$1		*12$\underline{2}$1	*21$\underline{2}$1	
	2		*110$\underline{1}$	11		*11$\underline{2}$2			*212$\underline{3}$
	3	*21$\underline{1}$			81$\underline{2}\underline{1}$		*43$\underline{2}\underline{1}$	*14$\underline{2}\underline{1}$	
	4		*220$\underline{1}$			420$\underline{2}$			*140$\underline{3}$
$^7/_2$	2			3		500$\underline{2}$			440$\underline{3}$
	3				33$\underline{1}\underline{1}$		5$\underline{1}\underline{1}\underline{1}$	*421$\underline{1}$	
	4					321$\underline{2}$			*801$\underline{3}$
	5						3$\underline{1}$2$\underline{1}$		
$^9/_2$	3							*121$\underline{1}$	
	4								*102$\underline{2}$,1
	5								

Tabelle 30

		$^7/_2$				$^9/_2$		
3	4	2	3	4	5	3	4	5
$21\underline{1}$	$*220\underline{1}$							
$81\underline{2}\underline{1}$ $*43\underline{2}\underline{1}$	$420\underline{2}$	3 $500\underline{2}$	$33\underline{1}\underline{1}$ $5\underline{1}\underline{1}\underline{1}$	$321\underline{2}$	$3\underline{1}2\underline{1}$			
$*14\underline{2}\underline{1}$ $*01\underline{2}\underline{1},2$	$*140\underline{3}$ $*014\underline{3}$	$440\underline{3}$ $110\underline{3}$	$*42\underline{1}\underline{1}$ $1\underline{1}\underline{1}\underline{1},02$	$*801\underline{3}$ $113\underline{3}$	$*1\underline{1}2\underline{1}$	$*121\underline{1}$ $*0\underline{1}1\underline{1}$	$*102\underline{2},1$ $*012\underline{2},\underline{1}$	$*1\underline{1}3\underline{1}$
$1\underline{1}\underline{1}\underline{1},02$ $*1\underline{1}2\underline{1}$	$110\underline{3}$ $113\underline{3}$	$512\underline{3}$ $311\underline{3}$	$5\underline{3}2\underline{1}$ $3\underline{3}1\underline{1}$	$311\underline{3}$ $5\underline{1}0\underline{3},02$	$3\underline{3}1\underline{1}$ $5\underline{3}01$	$*1\underline{3}2\underline{1},1$ $*1\underline{3}1\underline{1},\underline{1}$	$112\underline{2}$ $*1\underline{1}1\underline{2},\underline{2}(71)^2$	$8\underline{3}2\underline{1},\underline{1}$ $*4\underline{3}11,\underline{1}$
$*0\underline{1}1\underline{1}$ $*1\underline{1}3\underline{1}$	$*012\underline{2},\underline{1}$	$112\underline{2}$	$*1\underline{3}2\underline{1},1$ $8\underline{3}2\underline{1},\underline{1}$	$*1\underline{1}1\underline{2},\underline{2}(71)^2$	$*1311,1$ $*4\underline{3}11,\underline{1}$	$*0\underline{3}20,1$ $*1\underline{3}20,\underline{1}$	$*0\underline{1}42,\underline{3}$	$*\underline{1}\underline{3}20,\underline{1}$ $*2\underline{3}40,\underline{1}$

$$Z^2\left(l_1 J_1 l_2 J_2;\ \frac{3}{2}\,3\right)$$

J_2 \ J_1		$^1/_2$		$^3/_2$				$^5/_2$	
J_2	l_2 \ l_1	1	2	0	1	2	3	1	2
$^1/_2$	1								$\ast 110\underline{1}$
	2							$12\underline{1}$	
$^3/_2$	0						2		
	1					$\ast 22\underline{2}$			$\ast 81\underline{2}\underline{1}$
	2				$22\underline{2}$		$60\underline{2}$	$42\underline{2}$	
	3			$\ast 2$		$\ast 60\underline{2}$			$43\underline{2}\underline{1}$
$^5/_2$	1		$\ast 12\underline{1}$			$\ast 42\underline{2}$			$\ast 25\underline{2}\underline{1}$
	2	1001			$81\underline{2}\underline{1}$		$\ast 43\underline{2}\underline{1}$	$25\underline{2}\underline{1}$	
	3		$\ast 21\underline{1}$	$\ast 11$		$11\underline{2}$			$10\underline{2}\underline{1},002$
	4	$220\underline{1}$			$\ast 120\underline{1}$		$\ast 120\underline{1}$	$100\underline{1}$	
$^7/_2$	2	$220\underline{1}$			$331\underline{1}$		$5\underline{1}\underline{1}\underline{1}$	$23\underline{1}\underline{1}$	
	3		$2\underline{1}$	$\ast 3$		$5\underline{2}$			$2\underline{1}0\underline{1}$
	4	$201\underline{1}$			$\ast 7\underline{1}0\underline{1}$		$310\underline{1}$	$210\underline{1}$	
	5		$2\underline{1}1$			$\ast 3\underline{2}1$			$2\underline{1}1\underline{1}$
$^9/_2$	3			$\ast 101$		$\ast 1\underline{2}1$			$\ast 1\underline{1}1\underline{1},1$
	4				$\ast 1\underline{1}00,1$		$\ast 1100,\underline{1}$	11	
	5					$\ast 4\underline{2}1$			$8\underline{1}1\underline{1},\underline{1}$

Tabelle 31

		$^7/_2$				$^9/_2$		
3	4	2	3	4	5	3	4	5
$21\underline{1}$	$*220\underline{1}$	$*220\underline{1}$	$*2\underline{1}$	$*201\underline{1}$	$*2\underline{1}1$			
11 $*11\underline{2}$	$120\underline{1}$ $120\underline{1}$	$*33\underline{1}\underline{1}$ $*5\underline{1}\underline{1}\underline{1}$	3 $*5\underline{2}$	$7\underline{1}0\underline{1}$ $*310\underline{1}$	$3\underline{2}1$	101 $1\underline{2}1$	$1\underline{1}00,1$ $1100,\underline{1}$	$4\underline{2}1$
$*10\underline{2}\underline{1},002$ $030\underline{1}$	$*100\underline{1}$ $*030\underline{1}$	$*23\underline{1}\underline{1}$ $*32\underline{1}\underline{1}$	$*2\underline{1}0\underline{1}$ $*300\underline{1}$	$*210\underline{1}$ $*300\underline{1}$	$*2\underline{1}1\underline{1}$ $*301\underline{1}$	$1\underline{1}1\underline{1},1$ $001\underline{1},\underline{1}$	$*11$ $0000,\underline{2}(23)^2$	$*8\underline{1}1\underline{1},\underline{1}$ $103\underline{1},\underline{1}$
$32\underline{1}\underline{1}$ $300\underline{1}$	$300\underline{1}$ $301\underline{1}$	$*5\underline{2}0\underline{1},1$ $*3\underline{2}1\underline{1},\underline{1}$	$5\underline{2}0\underline{1},1$ $*321\underline{1},\underline{1}$	$321\underline{1},\underline{1}$ $*520\underline{1},\underline{1}$	$3\underline{2}1\underline{1},\underline{1}$ $520\underline{1},\underline{1}$	$3\underline{2}1\underline{1},1$ $320\underline{1},\underline{1}$	$3210,\underline{2}$ $3200,\underline{2}$	$2\underline{2}3\underline{1},\underline{1}$ $240\underline{1},\underline{1}$
$*0000,\underline{2}(23)^2$	$*001\underline{1},\underline{1}$ $*103\underline{1},\underline{1}$	$*3\underline{2}1\underline{1},1$ $*2\underline{2}3\underline{1},\underline{1}$	$*3210,\underline{2}$	$*3201,1$ $*240\underline{1},\underline{1}$	$*3200,\underline{2}$	$0210,\underline{2}1$	$*0210,\underline{2}1$ $1610,\underline{2}1$	$*1610,\underline{2}\underline{1}$

$$Z^2\left(l_1 J_1 l_2 J_2;\ \frac{3}{2}\, 4\right)$$

J_2	J_1 → / l_2 ↓ l_1 →	$^1/_2$		$^3/_2$				$^5/_2$	
		1	2	0	1	2	3	1	2
$^1/_2$	1								
	2								
$^3/_2$	0								
	1								
	2								420$\underline{2}$
	3							*410$\underline{1}$	
$^5/_2$	1						*410$\underline{1}$		
	2					420$\underline{2}$			820$\underline{3}$
	3				*120$\underline{1}$		*120$\underline{1}$	*130$\underline{1}$	
	4			11		112$\underline{2}$			*132$\underline{3}$
$^7/_2$	2		*220$\underline{1}$			321$\underline{2}$			221$\underline{3}$,1
	3	*2$\underline{1}$			*7$\underline{1}$0$\underline{1}$		310$\underline{1}$	*200$\underline{1}$,1	
	4		220$\underline{1}$	3		*500$\underline{2}$			*220$\underline{3}$,$\underline{1}$002
	5	*2$\underline{1}$1			3$\underline{1}$$\underline{1}$1		51$\underline{1}$$\underline{1}$	*20$\underline{1}$1,$\underline{1}$	
$^9/_2$	3	*2$\underline{1}$1			*1$\underline{1}$00,1		*1100,$\underline{1}$	*100$\underline{1}$,1	
	4		*2010,$\underline{1}$	101		*1012,$\underline{2}$			*121$\underline{2}$,$\underline{2}$
	5	*1$\underline{1}$1			8$\underline{1}$00,$\underline{1}$		*4100,$\underline{1}$	*2001,$\underline{1}$	

Tabelle 32

		$^7/_2$				$^9/_2$		
3	4	2	3	4	5	3	4	5
		220$\underline{1}$	*2$\underline{1}$	201$\underline{1}$	*2$\underline{1}$1	*2$\underline{1}$1	*2010,$\underline{1}$	*1$\underline{1}$1
*120$\underline{1}$ *120$\underline{1}$	11 112$\underline{2}$	321$\underline{2}$	*7$\underline{1}$0$\underline{1}$ 310$\underline{1}$	3 *500$\underline{2}$	3$\underline{1}\underline{1}$1 51$\underline{1}\underline{1}$	*1$\underline{1}$00,1 *1100,$\underline{1}$	101 *1012,$\underline{2}$	8$\underline{1}$00,$\underline{1}$ *4100,$\underline{1}$
*130$\underline{1}$ 020$\underline{1}$	*132$\underline{3}$ *060$\underline{3}$	221$\underline{3}$,1 313$\underline{3}$,$\underline{1}$	*200$\underline{1}$,1 330$\underline{1}$,$\underline{1}$	*220$\underline{3}$,$\underline{1}$002 370$\underline{3}$,$\underline{1}$	*20$\underline{1}$1,$\underline{1}$ *35$\underline{1}\underline{1}$,$\underline{1}$	*100$\underline{1}$,1 *050$\underline{1}$,$\underline{1}$	*121$\underline{2}$,$\underline{2}$ *071$\underline{2}$,$\underline{2}$	*2001,$\underline{1}$ *130$\underline{1}$,$\underline{1}$
330$\underline{1}$,$\underline{1}$ *35$\underline{1}\underline{1}$,$\underline{1}$	313$\underline{3}$,$\underline{1}$ 370$\underline{3}$,$\underline{1}$	320$\underline{3}$,1 541$\underline{3}$,$\underline{1}$	*3001,1 501$\underline{1}$,$\underline{1}$	541$\underline{3}$,$\underline{1}$ 340$\underline{3}$,$\underline{1}$	501$\underline{1}$,$\underline{1}$ 3001,$\underline{1}$	*301$\underline{1}$,$\underline{1}$1 *302$\underline{1}$,$\underline{1}\underline{1}$	341$\underline{2}$,$\underline{2}$1 *3442,21	201$\underline{1}$,$\underline{1}\underline{1}$2 *2021,$\underline{1}\underline{1}$
*050$\underline{1}$,$\underline{1}$ *130$\underline{1}$,$\underline{1}$	*071$\underline{2}$,$\underline{2}$	341$\underline{2}$,$\underline{2}\underline{1}$	*301$\underline{1}$,$\underline{1}$1 201$\underline{1}$,$\underline{1}\underline{1}$2	*344$\underline{2}$,$\underline{2}\underline{1}$	*302$\underline{1}$,$\underline{1}\underline{1}$ *2021,$\underline{1}\underline{1}$	*0010,$\underline{1}$1 *1030,$\underline{1}\underline{1}$	*0412,$\underline{3}\underline{1}$	*1030,$\underline{1}\underline{1}$ *6010,$\underline{1}\underline{1}$

$$Z^2\left(l_1 J_1 l_2 J_2;\ \frac{3}{2}\ 5\right)$$

J_2	J_1 / l_2 \ l_1	1/2: 1	1/2: 2	3/2: 0	3/2: 1	3/2: 2	3/2: 3	5/2: 1	5/2: 2	5/2: 3
1/2	1									
	2									
3/2	0									
	1									
	2									
	3									
5/2	1									
	2									103$\underline{2}$
	3								*103$\underline{2}$	
	4							101		031$\underline{2}$
7/2	2						3$\underline{1}$2$\underline{1}$			122$\underline{2}$
	3					*3$\underline{2}$1			*8$\underline{1}$1$\underline{2}$	
	4				3$\underline{1}\underline{1}$1		51$\underline{1}\underline{1}$	41$\underline{1}$		*10$\underline{1}\underline{2}$,002
	5			*3		*5$\underline{2}$			$\underline{4}\underline{1}$	
9/2	3		*2$\underline{1}\underline{1}$			*4$\underline{2}$1			*1$\underline{1}$1$\underline{1}$,01	
	4	2010,$\underline{1}$			8$\underline{1}$00,$\underline{1}$		*4100,$\underline{1}$	1100,$\underline{1}$1		*0000,$\underline{1}\underline{1}$02
	5		*1$\underline{1}$1	*101		1$\underline{2}$1			2$\underline{1}$11,0$\underline{1}$	

Tabelle 33

	$^7/_2$				$^9/_2$		
4	2	3	4	5	3	4	5
					$2\underline{1}1$	*$2010,\underline{1}$	$1\underline{1}1$
	*$3\underline{1}2\underline{1}$	$3\underline{2}1$	*$3\underline{1}\underline{1}1$ *$51\underline{1}\underline{1}$	3 $5\underline{2}$	$4\underline{2}1$	*$8\underline{1}00,\underline{1}$ $4100,\underline{1}$	101 *$1\underline{2}1$
*101 *$031\underline{2}$	*$122\underline{2}$	$8\underline{1}1\underline{2}$ *$103\underline{2}$	*$41\underline{1}$ $10\underline{1}\underline{2},002$	*$4\underline{1}$ *1	$1\underline{1}1\underline{1},01$ $003\underline{1},0\underline{1}$	*$1100,\underline{1}1$ $0000,\underline{1}\underline{1}02$	*$2\underline{1}11,0\underline{1}$ $1011,0\underline{1}$
$103\underline{2}$ 1	*$3\underline{2}22,01$ *$5\underline{2}10,0\underline{1}$	$3\underline{2}2\underline{2},01$ *$521\underline{2},0\underline{1}$	*$521\underline{2},0\underline{1}$ *$3200,0\underline{1}$	$5\underline{2}10,0\underline{1}$ $3200,0\underline{1}$	$1\underline{2}1\underline{1},01$ $122\underline{1},0\underline{1}$	*$1\underline{2}10,\underline{1}\underline{1}$ $1220,\underline{1}\underline{1}$	$4211,0\underline{1}$
*$003\underline{1},0\underline{1}$ *$1011,0\underline{1}$	*$1\underline{2}1\underline{1},01$ *$4\underline{2}11,0\underline{1}$	$1210,\underline{1}\underline{1}$	*$1221,0\underline{1}$	*$1220,\underline{1}\underline{1}$	$0230,\underline{1}\underline{1}$	*$0230,\underline{1}\underline{1}$ $1410,\underline{1}\underline{1}$	*$1410,\underline{1}\underline{1}$

Tabelle 34

$$Z_\gamma^2\left(l_1 J_1 l_2 J_2;\ \frac{1}{2}\,0\right)$$

J_2	l_2 \ J_1 / l_1	$^1/_2$: 0	$^1/_2$: 1	$^3/_2$: 1	$^3/_2$: 2	$^5/_2$: 2	$^5/_2$: 3
$^1/_2$	0						
	1		*1				
$^3/_2$	1			2			
	2				2		
$^5/_2$	2					*11	
	3						*11

Tabelle 35

$$Z_\gamma^2\left(l_1 J_1 l_2 J_2;\ \frac{1}{2}\,1\right)$$

J_2	l_2 \ J_1 / l_1	$^1/_2$: 0	$^1/_2$: 1	$^3/_2$: 1	$^3/_2$: 2	$^5/_2$: 2	$^5/_2$: 3
$^1/_2$	0						
	1		*1	e	*01		
$^3/_2$	1		e	001	$01\underline{1}$	$03\underline{1}$	
	2		*01	$01\underline{1}$	021	$\ast 00\underline{1}$	$50\underline{1}$
$^5/_2$	2			$03\underline{1}$	$\ast 00\underline{1}$	$\ast 10\underline{1}1$	$\ast 40\underline{1}\underline{1}$
	3				$50\underline{1}$	$\ast 40\underline{1}\underline{1}$	$\ast 101\underline{1}$

Tabelle 36

$$Z_\gamma^2\left(l_1 J_1\, l_2 J_2;\ \frac{1}{2}\, 2\right)$$

J_2	l_2 \ J_1, l_1	$^1/_2$: 0	$^1/_2$: 1	$^3/_2$: 1	$^3/_2$: 2	$^5/_2$: 2	$^5/_2$: 3
$^1/_2$	0						
	1			e	*01	1	*2
$^3/_2$	1		e	e	01	0001	300$\underline{1}$
	2		*01	01	*e	010$\underline{1}$	310$\underline{1}$
$^5/_2$	2		1	0001	010$\underline{1}$	210$\underline{1}$	*110$\underline{1}$
	3		*2	300$\underline{1}$	310$\underline{1}$	*110$\underline{1}$	030$\underline{1}$

Tabelle 37

$$Z_\gamma^2\left(l_1 J_1\, l_2 J_2;\ \frac{1}{2}\, 3\right)$$

J_2	l_2 \ J_1, l_1	$^1/_2$: 0	$^1/_2$: 1	$^3/_2$: 1	$^3/_2$: 2	$^5/_2$: 2	$^5/_2$: 3
$^1/_2$	0						
	1					1	*2
$^3/_2$	1				21$\underline{1}$	30$\underline{1}$	001
	2			21$\underline{1}$	*40$\underline{1}$	31$\underline{1}$	*01$\underline{1}$
$^5/_2$	2		1	30$\underline{1}$	31$\underline{1}$	22$\underline{1}$	10$\underline{1}$
	3		*2	001	*01$\underline{1}$	10$\underline{1}$	001

Tabelle 38

$$Z^2\left(l_1 J_1 l_2 J_2;\ \frac{1}{2}\, 4\right)$$

J_2	l_2 \ l_1	$J_1 = {}^1/_2$: 0	${}^1/_2$: 1	${}^3/_2$: 1	${}^3/_2$: 2	${}^5/_2$: 2	${}^5/_2$: 3
${}^1/_2$	0						
	1						
${}^3/_2$	1						$030\underline{1}$
	2					$500\underline{1}$	$*002\underline{1}$
${}^5/_2$	2				$500\underline{1}$	$400\underline{1}$	$102\underline{1}$
	3			$030\underline{1}$	$*002\underline{1}$	$102\underline{1}$	$*000\underline{1}$

Tabelle 39

$$X^2\begin{pmatrix} a & b & {}^1/_2 \\ d & e & {}^1/_2 \\ 1 & 1 & 1 \end{pmatrix}$$

a	b	d	e	X^2	a	b	d	e	X^2
${}^1/_2$	1	${}^1/_2$	0	$\underline{1}\underline{3}$	${}^3/_2$	1	${}^5/_2$	2	$*\underline{4}\underline{2}\underline{1}$
${}^3/_2$	1	${}^1/_2$	0	$\underline{3}\underline{3}$	${}^3/_2$	2	${}^5/_2$	2	$\underline{4}\underline{3}$
${}^1/_2$	0	${}^1/_2$	1	$\underline{1}\underline{3}$	${}^5/_2$	3	${}^5/_2$	2	$\underline{1}\underline{2}\underline{1}\underline{1}$
${}^3/_2$	1	${}^1/_2$	1	$\underline{4}\underline{2}$	${}^7/_2$	3	${}^5/_2$	2	$\underline{3}\underline{3}0\underline{1}$
${}^3/_2$	2	${}^1/_2$	1	$*\underline{4}\underline{3}$	${}^3/_2$	2	${}^5/_2$	3	$\underline{3}\underline{3}\underline{1}$
${}^1/_2$	0	${}^3/_2$	1	$*\underline{3}\underline{3}$	${}^5/_2$	2	${}^5/_2$	3	$\underline{1}\underline{2}\underline{1}\underline{1}$
${}^1/_2$	1	${}^3/_2$	1	$\underline{4}\underline{2}$	${}^7/_2$	3	${}^5/_2$	3	$\underline{5}\underline{3}$
${}^3/_2$	2	${}^3/_2$	1	$\underline{1}\underline{3}\underline{1}$	${}^7/_2$	4	${}^5/_2$	3	$*5\underline{2}0\underline{1}$
${}^5/_2$	2	${}^3/_2$	1	$\underline{4}\underline{2}\underline{1}$	${}^5/_2$	2	${}^7/_2$	3	$*\underline{3}\underline{3}0\underline{1}$
${}^1/_2$	1	${}^3/_2$	2	$\underline{4}\underline{3}$	${}^5/_2$	3	${}^7/_2$	3	$\underline{5}\underline{3}$
${}^3/_2$	1	${}^3/_2$	2	$\underline{1}\underline{3}\underline{1}$	${}^7/_2$	4	${}^7/_2$	3	$\underline{1}\underline{4}0\underline{1}$
${}^5/_2$	2	${}^3/_2$	2	$\underline{4}\underline{3}$	${}^5/_2$	3	${}^7/_2$	4	$5\underline{2}0\underline{1}$
${}^5/_2$	3	${}^3/_2$	2	$*\underline{3}\underline{3}\underline{1}$	${}^7/_2$	3	${}^7/_2$	4	$\underline{1}\underline{4}0\underline{1}$

Tabelle 40

$$X^2\begin{pmatrix} a & b & 1/2 \\ d & e & 1/2 \\ 2 & 2 & 1 \end{pmatrix}$$

a	b	d	e	X^2	a	b	d	e	X^2
3/2	2	1/2	0	302	3/2	1	5/2	2	*4421
5/2	2	1/2	0	122	3/2	2	5/2	2	421
3/2	1	1/2	1	411	5/2	3	5/2	2	1121
3/2	2	1/2	1	*422	7/2	3	5/2	2	4121
5/2	2	1/2	1	242	7/2	4	5/2	2	4522
5/2	3	1/2	1	*141	1/2	1	5/2	3	141
1/2	1	3/2	1	411	3/2	1	5/2	3	3411
3/2	2	3/2	1	122	3/2	2	5/2	3	2221
5/2	2	3/2	1	4421	5/2	2	5/2	3	1121
5/2	3	3/2	1	3411	7/2	3	5/2	3	521
7/2	3	3/2	1	2211	7/2	4	5/2	3	*5511
1/2	0	3/2	2	302	3/2	1	7/2	3	*2211
1/2	1	3/2	2	422	3/2	2	7/2	3	3021
3/2	1	3/2	2	122	5/2	2	7/2	3	*4121
5/2	2	3/2	2	421	5/2	3	7/2	3	521
5/2	3	3/2	2	*2211	7/2	4	7/2	3	1311
7/2	3	3/2	2	3021	3/2	2	7/2	4	322
7/2	4	3/2	2	*322	5/2	2	7/2	4	4522
1/2	0	5/2	2	*122	5/2	3	7/2	4	5511
1/2	1	5/2	2	242	7/2	3	7/2	4	1311

Tabelle 41

$$X^2\begin{pmatrix} a & b & 1/2 \\ d & e & 1/2 \\ 3 & 3 & 1 \end{pmatrix}$$

a	b	d	e	X^2	a	b	d	e	X^2
5/2	3	1/2	0	0202	7/2	4	5/2	2	6501
7/2	3	1/2	0	4002	1/2	0	5/2	3	0202
5/2	2	1/2	1	0401	1/2	1	5/2	3	0402
5/2	3	1/2	1	*0402	3/2	1	5/2	3	5432
7/2	3	1/2	1	6222	3/2	2	5/2	3	5112
7/2	4	1/2	1	*6101	5/2	2	5/2	3	1112
3/2	2	3/2	1	1211	7/2	3	5/2	3	5201
5/2	2	3/2	1	3411	7/2	4	5/2	3	*5502,1
5/2	3	3/2	1	5432	1/2	0	7/2	3	*4002
7/2	3	3/2	1	5102	1/2	1	7/2	3	6222
7/2	4	3/2	1	5201	3/2	1	7/2	3	*5102
3/2	1	3/2	2	1211	3/2	2	7/2	3	5002
5/2	2	3/2	2	4201	5/2	2	7/2	3	*6202
5/2	3	3/2	2	*5112	5/2	3	7/2	3	5201
7/2	3	3/2	2	5002	7/2	4	7/2	3	1302
7/2	4	3/2	2	*5301	1/2	1	7/2	4	6101
1/2	1	5/2	2	0401	3/2	1	7/2	4	5201
3/2	1	5/2	2	*3411	3/2	2	7/2	4	5301
3/2	2	5/2	2	4201	5/2	2	7/2	4	6501
5/2	3	5/2	2	1112	5/2	3	7/2	4	5502,1
7/2	3	5/2	2	6202	7/2	3	7/2	4	1302

Tabelle 42

$$X^2\begin{pmatrix} a & b & 1/2 \\ d & e & 1/2 \\ 4 & 4 & 1 \end{pmatrix}$$

a	b	d	e	X^2	a	b	d	e	X^2
$7/2$	4	$1/2$	0	$\underline{45}1$	$5/2$	2	$5/2$	3	$\underline{1311}$
$7/2$	3	$1/2$	1	$\underline{64}1$	$7/2$	3	$5/2$	3	$\underline{54}$
$7/2$	4	$1/2$	1	$*\underline{64}$	$7/2$	4	$5/2$	3	$*\underline{5411}$
$5/2$	3	$3/2$	1	$\underline{53}1\underline{1}$	$1/2$	1	$7/2$	3	$\underline{64}1$
$7/2$	3	$3/2$	1	$\underline{54}0\underline{1}$	$3/2$	1	$7/2$	3	$*\underline{54}0\underline{1}$
$7/2$	4	$3/2$	1	$\underline{541}1$	$3/2$	2	$7/2$	3	$\underline{5}1\underline{21}$
$5/2$	2	$3/2$	2	$\underline{44}$	$5/2$	2	$7/2$	3	$*\underline{6421},1$
$5/2$	3	$3/2$	2	$*\underline{5411}$	$5/2$	3	$7/2$	3	$\underline{54}$
$7/2$	3	$3/2$	2	$*\underline{5}1\underline{21}$	$7/2$	4	$7/2$	3	$\underline{15}0\underline{1}$
$7/2$	4	$3/2$	2	$*\underline{552}0,1$	$1/2$	0	$7/2$	4	$\underline{45}1$
$3/2$	2	$5/2$	2	$\underline{44}$	$1/2$	1	$7/2$	4	$\underline{64}$
$5/2$	3	$5/2$	2	$\underline{1311}$	$3/2$	1	$7/2$	4	$\underline{541}1$
$7/2$	3	$5/2$	2	$\underline{6421},1$	$3/2$	2	$7/2$	4	$\underline{552}0,1$
$7/2$	4	$5/2$	2	$\underline{642}2$	$5/2$	2	$7/2$	4	$\underline{642}2$
$3/2$	1	$5/2$	3	$\underline{53}1\underline{1}$	$5/2$	3	$7/2$	4	$\underline{5411}$
$3/2$	2	$5/2$	3	$\underline{5411}$	$7/2$	3	$7/2$	4	$\underline{15}0\underline{1}$

Tabelle 43

$$X^2\begin{pmatrix} a & b & c \\ a & e & f \\ k & k & l \end{pmatrix}$$

a	b	c	a	e	f	X^2	
						$k=2$	$k=4$
1	1	1	1	1	2	*223	
1	2	1	1	2	2	2141	
$^3/_2$	1	$^1/_2$	$^3/_2$	1	$^3/_2$	612	
$^3/_2$	1	$^3/_2$	$^3/_2$	1	$^5/_2$	*612	
$^3/_2$	2	$^1/_2$	$^3/_2$	2	$^3/_2$	6031	
$^3/_2$	2	$^3/_2$	$^3/_2$	2	$^5/_2$	612	
2	1	1	2	1	2	2141	
2	2	1	2	2	2	2121	*1421
$^5/_2$	1	$^3/_2$	$^5/_2$	1	$^5/_2$	322	
$^5/_2$	2	$^1/_2$	$^5/_2$	2	$^3/_2$	3131	4301
$^5/_2$	2	$^3/_2$	$^5/_2$	2	$^5/_2$	0122	*5312
3	2	1	3	2	2	0242	2412,1

Tabelle 44

$$X^2\begin{pmatrix} a & b & c \\ a & e & c \\ k & k & 1 \end{pmatrix}$$

a	b	c	a	e	c	X^2	
						$k=2$	$k=4$
1	1	2	1	3	2	222	
$^3/_2$	1	$^3/_2$	$^3/_2$	3	$^3/_2$	322	
$^3/_2$	1	$^5/_2$	$^3/_2$	3	$^5/_2$	1321	
2	1	1	2	3	1	2311	3301
2	1	2	2	3	2	1221	*4411
$^5/_2$	1	$^3/_2$	$^5/_2$	3	$^3/_2$	2221	5301
$^5/_2$	1	$^5/_2$	$^5/_2$	3	$^5/_2$	1123	*2603
3	1	2	3	3	2	0222	4502,1

Tabelle 45

$[\Delta(abc)]^{-2}$; a, b, c — ganze Zahlen

a b	c = 0	1	2	3	4	5	6
1 1	01	31	111				
2 1		111	311	0111			
2 2	001	311	1211	5011	1211		
3 2		0111	5011	2311	4211	1111,1	
3 3	0001	4101	2311	5121	1221,1	4301,1	2101,11
4 2			1211	4211	2211,1	5210,1	0210,11
4 3		2201	4211	1221,1	5211,1	2211,11	4201,11
4 4	02	421	2211,1	5211,1	1221,11	4202,11	2212,11
5 3			1111,1	4301,1	2211,11	5111,11	0321,11
5 4		0210,1	5210,1	2211,11	4202,11	1222,11	7211,11
5 5	0000,1	3110,1	1310,11	5111,11	1222,11	6302,11	4112,111
6 3				2101,11	4201,11	0321,11	6021,11
6 4			0210,11	4201,11	2212,11	7211,11	2221,111
6 5		1100,11	3011,11	0321,11	7211,11	4112,111	6401,111
6 6	0000,01	3101,01	1211,11	6021,11	2221,111	6401,111	4202,1111
7 4				0211,11	7210,11	3211,111	5211,111
7 5			0111,11	5111,11	3211,111	7310,111	2311,1111
7 6		0111,01	6111,01	3111,111	5211,111	2311,1111	7311,1111
7 7	011	5111	3111,011	6211,011	2211,1111	5211,1111	3312,1111
8 4					1210,111	5210,111	3201,1111
8 5				3001,111	5210,111	1410,1111	6120,1111
8 6			2011,011	5301,011	3201,1111	6120,1111	1421,1111
8 7		3110,001	5211,001	2211,0111	6211,0111	3212,1111	5211,2111
8 8	0000,001	5200,001	3310,0011	6121,0011	2222,0111	5302,1111	3102,2111,1

Tabelle 46

$[\Delta(abc)]^{-2}$; a, b — halbzahlige Zahlen

a, b	$c = 0$	1	2	3	4	5	6
$^1/_2$ $^1/_2$	1	11					
$^3/_2$ $^1/_2$		21	201				
$^3/_2$ $^3/_2$	2	211	221	2011			
$^5/_2$ $^1/_2$			111	1101			
$^5/_2$ $^3/_2$		211	2111	3111	3201		
$^5/_2$ $^5/_2$	11	1111	4111	4211	2221	2201,1	
$^7/_2$ $^1/_2$				3001	32		
$^7/_2$ $^3/_2$			3011	3301	3211	3110,1	
$^7/_2$ $^5/_2$		3101	3211	3221	3211,1	3211,1	3200,11
$^7/_2$ $^7/_2$	3	3201	3311	3121,1	3221,1	3301,11	3102,11
$^9/_2$ $^1/_2$					121	1010,1	
$^9/_2$ $^3/_2$				3111	3210,1	2310,1	2010,11
$^9/_2$ $^5/_2$			2211	2211,1	4211,1	4210,11	1211,11
$^9/_2$ $^7/_2$		321	3111,1	3311,1	3211,11	3112,11	3311,11
$^9/_2$ $^9/_2$	101	1210,1	4310,1	4111,11	2212,11	2312,11	6112,11
$^{11}/_2$ $^1/_2$						2100,1	2100,01
$^{11}/_2$ $^3/_2$					2210,1	2110,11	2101,11
$^{11}/_2$ $^5/_2$				3201,1	3210,11	2211,11	2121,11
$^{11}/_2$ $^7/_2$			3210,1	3201,11	3202,11	3221,11	4221,11
$^{11}/_2$ $^9/_2$		2110,1	2210,11	3211,11	3212,11	5212,11	5211,111
$^{11}/_2$ $^{11}/_2$	21	2100,11	2111,11	2221,11	5221,11	5202,111	5302,111

	$c = 7$	8	9	10	11
$^7/_2$ $^7/_2$	3210,11				
$^9/_2$ $^5/_2$	1111,11				
$^9/_2$ $^7/_2$	4211,11	4010,111			
$^9/_2$ $^9/_2$	6210,111	2410,111	2010,1111		
$^{11}/_2$ $^3/_2$	2111,01				
$^{11}/_2$ $^5/_2$	4111,11	4101,011			
$^{11}/_2$ $^7/_2$	4111,111	4201,111	4200,0111		
$^{11}/_2$ $^9/_2$	4311,111	4210,1111	3210,1111	3111,0111	
$^{11}/_2$ $^{11}/_2$	5310,1111	3320,1111	3121,1111	3101,2111	3101,0111,1

Tabelle 47

$(l_1 0\, l_2 0 | L 0)^2$

$l_1\ l_2$	$L = 0$	2	4	6	8	10	12
0 0	e						
1 1	$*0\underline{1}$	$1\underline{1}$					
2 2	$00\underline{1}$	$*100\underline{1}$	$12\underline{1}\underline{1}$				
3 3	$*000\underline{1}$	$2\underline{1}0\underline{1}$	$*120\underline{1},\underline{1}$	$2\underline{1}2\underline{1},\underline{1}$			
4 4	$0\underline{2}$	$*2\underline{2}2\underline{1},\underline{1}$	$140\underline{1},\underline{1}\underline{1}$	$*2\underline{2}10,\underline{1}$	$1\underline{2}12,\underline{1}\underline{1}$		
5 5	$*0000,\underline{1}$	$1\underline{1}20,\underline{1}\underline{1}$	$*1200,\underline{1}\underline{1}$	$*4\underline{1}10,\underline{1}0\underline{1}$	$*1012,\underline{1}\underline{1}0\underline{1}$	$2402,\underline{1}\underline{1}\underline{1}\underline{1}$	
6 6	$0000,0\underline{1}$	$*1001,\underline{1}\underline{1}$	$2201,\underline{1}\underline{1}\underline{1}$	$*4020,\underline{1}0\underline{1}\underline{1}$	$1021,\underline{1}\underline{1}0\underline{1}$	$*2402,0\underline{1}\underline{1}1,\underline{1}$	$2201,\underline{2}1\underline{1}\underline{1},\underline{1}$
0 2		e					
0 4			e				
0 6				e			
1 3		$*010\underline{1}$	$200\underline{1}$				
1 5			$*0010,\underline{1}$	$1100,\underline{1}$			
2 4		$100\underline{1}$	$*201\underline{1},\underline{1}$	$0010,\underline{1}$			
2 6			$*0210,\underline{1}\underline{1}$	$*10\underline{1}1,\underline{1}$	$20\underline{1}1,0\underline{1}$		
3 5		$*1\underline{1}2\underline{1},\underline{1}$	$221\underline{1},\underline{1}\underline{1}$	$*0\underline{1}01,\underline{1}$	$3001,\underline{1}\underline{1}$		
4 6		$0020,\underline{1}\underline{1}$	$*2010,\underline{1}\underline{1}$	$2001,\underline{1}0\underline{1}$	$*3201,\underline{1}\underline{1}0\underline{1}$	$1112,0\underline{1}\underline{1}\underline{1}$	

$l_1\ l_2$	$L = 1$	3	5	7	9	11	
0 1	e						
0 3		e					
0 5			e				
1 2	$*10\underline{1}$	$01\underline{1}$					
1 4		$*2\underline{2}$	$0\underline{2}1$				
1 6			$*1100,0\underline{1}$	$0001,0\underline{1}$			
2 3	$02\underline{1}\underline{1}$	$*2\underline{1}\underline{1}$	$1\underline{1}1\underline{1}$				
2 5		$1\underline{1}10,\underline{1}$	$*1\underline{1}10,0\underline{1}$	$0201,\underline{1}\underline{1}$			
3 4	$*2\underline{1}0\underline{1}$	$1000,\underline{1}$	$*201\underline{1},0\underline{1}$	$0\underline{1}21,\underline{1}\underline{1}$			
3 6		$*2\underline{1}20,\underline{1}\underline{1}$	$0\underline{1}01,0\underline{1}$	$*3201,\underline{1}\underline{1}\underline{1}$	$2101,01\underline{1}$		
4 5	$0\underline{1}10,\underline{1}$	$*2010,\underline{1}\underline{1}$	$*1000,0\underline{1}$	$*3\underline{1}21,\underline{1}\underline{1}\underline{1}$	$1202,\underline{1}\underline{1}\underline{1}$		
5 6	$*1200,\underline{1}\underline{1}$	$0102,\underline{1}\underline{1}$	$*4\underline{1}10,0\underline{1}\underline{1}$	$2221,\underline{1}\underline{1}\underline{1}\underline{1}$	$*2111,\underline{1}\underline{1}\underline{1}$	$1201,1\underline{1}\underline{1}\underline{1}$	

Tabelle 48

$(l_1 - 1\, l_2\, 1 \,|\, L 0)^2$

$l_1\ l_2$	$L = 0$	1	2	3	4	5	6
1 1	$0\underline{1}$	$\ast\underline{1}$	$\underline{1}\underline{1}$				
2 2	$\ast 00\underline{1}$	$\underline{1}01$	$\underline{1}00\underline{1}$	$\ast 10\underline{1}$	$30\underline{1}\underline{1}$		
3 3	$000\underline{1}$	$\ast\underline{\underline{2}}00\underline{1}$	$\ast\underline{\underline{2}}10\underline{1}$	$\underline{1}\underline{1}$	$100\underline{1},\underline{1}$	$\ast\underline{\underline{2}}\underline{1}2\underline{1}$	$\underline{\underline{2}}12\underline{1},\underline{1}$
1 2		$\underline{1}1\underline{1}$	$\ast\underline{1}$	$00\underline{1}$			
1 3			$100\underline{1}$	$\ast\underline{1}$	$\underline{1}10\underline{1}$		
2 3		$\ast 30\underline{1}\underline{1}$	$000\underline{1}$	$\underline{1}\underline{1}\underline{1}$	$\ast\underline{1}01\underline{1}$	$0\underline{1}1\underline{1}$	

Tabelle 49

Faktoren

$1! = e$	$7! = 4211$	$13! = \bar{0}521{,}11$	$19! = \bar{6}832{,}1111$
$2! = 1$	$8! = 7211$	$14! = \bar{1}522{,}11$	$20! = \bar{8}842{,}1111$
$3! = 11$	$9! = 7411$	$15! = \bar{1}632{,}11$	$21! = \bar{8}943{,}1111$
$4! = 31$	$10! = 8421$	$16! = \bar{5}632{,}11$	$22! = \bar{9}943{,}2111$
$5! = 311$	$11! = 8421{,}1$	$17! = \bar{5}632{,}111$	$23! = \bar{9}943{,}2111{,}1$
$6! = 421$	$12! = \bar{0}521{,}1$	$18! = \bar{6}832{,}111$	$24! = \bar{\bar{2}}\bar{0}43{,}2111{,}1$

Tabelle 50

$$\left(j_1 m_1 \frac{1}{2} m_2 \middle| j m\right)$$

$j =$	$m_2 = \frac{1}{2}$	$m_2 = -\frac{1}{2}$
$j_1 + \frac{1}{2}$	$\sqrt{\frac{j_1 + m + \frac{1}{2}}{2j_1 + 1}}$	$\sqrt{\frac{j_1 - m + \frac{1}{2}}{2j_1 + 1}}$
$j_1 - \frac{1}{2}$	$-\sqrt{\frac{j_1 - m + \frac{1}{2}}{2j_1 + 1}}$	$\sqrt{\frac{j_1 + m + \frac{1}{2}}{2j_1 + 1}}$

Tabelle 51

$$(j_1 m_1 1 m_2 | j m)$$

$j =$	$m_2 = 1$	$m_2 = 0$	$m_2 = -1$
$j_1 + 1$	$\sqrt{\frac{(j_1 + m)(j_1 + m + 1)}{(2j_1 + 1)(2j_1 + 2)}}$	$\sqrt{\frac{(j_1 - m + 1)(j_1 + m + 1)}{(2j_1 + 1)(j_1 + 1)}}$	$\sqrt{\frac{(j_1 - m)(j_1 - m + 1)}{(2j_1 + 1)(2j_1 + 2)}}$
j_1	$-\sqrt{\frac{(j_1 + m)(j_1 - m + 1)}{2j_1(j_1 + 1)}}$	$\frac{m}{\sqrt{j_1(j_1 + 1)}}$	$\sqrt{\frac{(j_1 - m)(j_1 + m + 1)}{2j_1(j_1 + 1)}}$
$j_1 - 1$	$\sqrt{\frac{(j_1 - m)(j_1 - m + 1)}{2j_1(2j_1 + 1)}}$	$-\sqrt{\frac{(j_1 - m)(j_1 + m)}{j_1(2j_1 + 1)}}$	$\sqrt{\frac{(j_1 + m + 1)(j_1 + m)}{2j_1(2j_1 + 1)}}$

Tabelle 52

$$\left(j_1 m_1 \frac{3}{2} m_2 \middle| j m\right)$$

$j =$	$m_2 = \frac{3}{2}$	$m_2 = \frac{1}{2}$
$j_1 + \frac{3}{2}$	$\sqrt{\frac{\left(j_1+m-\frac{1}{2}\right)\left(j_1+m+\frac{1}{2}\right)\left(j_1+m+\frac{3}{2}\right)}{(2j_1+1)(2j_1+2)(2j_1+3)}}$	$\sqrt{\frac{3\left(j_1+m+\frac{1}{2}\right)\left(j_1+m+\frac{3}{2}\right)\left(j_1-m+\frac{3}{2}\right)}{(2j_1+1)(2j_1+2)(2j_1+3)}}$
$j_1 + \frac{1}{2}$	$-\sqrt{\frac{3\left(j_1+m-\frac{1}{2}\right)\left(j_1+m+\frac{1}{2}\right)\left(j_1-m+\frac{3}{2}\right)}{2j_1(2j_1+1)(2j_1+3)}}$	$-\left(j_1-3m+\frac{3}{2}\right)\sqrt{\frac{j_1+m+\frac{1}{2}}{2j_1(2j_1+1)(2j_1+3)}}$
$j_1 - \frac{1}{2}$	$\sqrt{\frac{3\left(j_1+m-\frac{1}{2}\right)\left(j_1-m+\frac{1}{2}\right)\left(j_1-m+\frac{3}{2}\right)}{(2j_1-1)(2j_1+1)(2j_1+2)}}$	$-\left(j_1+3m-\frac{1}{2}\right)\sqrt{\frac{j_1-m+\frac{1}{2}}{(2j_1-1)(2j_1+1)(2j_1+2)}}$
$j_1 - \frac{3}{2}$	$-\sqrt{\frac{\left(j_1-m-\frac{1}{2}\right)\left(j_1-m+\frac{1}{2}\right)\left(j_1-m+\frac{3}{2}\right)}{2j_1(2j_1-1)(2j_1+1)}}$	$\sqrt{\frac{3\left(j_1+m-\frac{1}{2}\right)\left(j_1-m-\frac{1}{2}\right)\left(j_1-m+\frac{1}{2}\right)}{2j_1(2j_1-1)(2j_1+1)}}$

$j =$	$m_2 = -\frac{1}{2}$	$m_2 = -\frac{3}{2}$
$j_1 + \frac{3}{2}$	$\sqrt{\frac{3\left(j_1 + m + \frac{3}{2}\right)\left(j_1 - m + \frac{1}{2}\right)\left(j_1 - m + \frac{3}{2}\right)}{(2j_1 + 1)(2j_1 + 2)(2j_1 + 3)}}$	$\sqrt{\frac{\left(j_1 - m - \frac{1}{2}\right)\left(j_1 - m + \frac{1}{2}\right)\left(j_1 - m + \frac{3}{2}\right)}{(2j_1 + 1)(2j_1 + 2)(2j_1 + 3)}}$
$j_1 + \frac{1}{2}$	$\left(j_1 + 3m + \frac{3}{2}\right)\sqrt{\frac{j_1 - m + \frac{1}{2}}{2j_1(2j_1 + 1)(2j_1 + 3)}}$	$\sqrt{\frac{3\left(j_1 + m + \frac{3}{2}\right)\left(j_1 - m - \frac{1}{2}\right)\left(j_1 - m + \frac{1}{2}\right)}{2j_1(2j_1 + 1)(2j_1 + 3)}}$
$j_1 - \frac{1}{2}$	$-\left(j_1 - 3m - \frac{1}{2}\right)\sqrt{\frac{j_1 + m + \frac{1}{2}}{(2j_1 - 1)(2j_1 + 1)(2j_1 + 2)}}$	$\sqrt{\frac{3\left(j_1 + m + \frac{1}{2}\right)\left(j_1 + m + \frac{3}{2}\right)\left(j_1 - m - \frac{1}{2}\right)}{(2j_1 - 1)(2j_1 + 1)(2j_1 + 2)}}$
$j_1 - \frac{3}{2}$	$-\sqrt{\frac{3\left(j_1 + m - \frac{1}{2}\right)\left(j_1 + m + \frac{1}{2}\right)\left(j_1 - m - \frac{1}{2}\right)}{2j_1(2j_1 - 1)(2j_1 + 1)}}$	$\sqrt{\frac{\left(j_1 + m - \frac{1}{2}\right)\left(j_1 + m + \frac{1}{2}\right)\left(j_1 + m + \frac{3}{2}\right)}{2j_1(2j_1 - 1)(2j_1 + 1)}}$

Tabelle 53

$(j_1 m_1 2 m_2 | j m)$

$j =$	$m_2 = 2$	$m_2 = 1$	$m_2 = 0$
$j_1 + 2$	$\sqrt{\frac{(j_1+m-1)(j_1+m)(j_1+m+1) \times (j_1+m+2)}{(2j_1+1)(2j_1+2)(2j_1+3)(2j_1+4)}}$	$\sqrt{\frac{(j_1-m+2)(j_1+m+2) \times (j_1+m+1)(j_1+m)}{(2j_1+1)(j_1+1)(2j_1+3)(j_1+2)}}$	$\sqrt{\frac{3(j_1-m+2)(j_1-m+1)}{(2j_1+1)(2j_1+2)(2j_1+3)(j_1+2)}} \times \sqrt{(j_1+m+2)(j_1+m+1)}$
$j_1 + 1$	$-\sqrt{\frac{(j_1+m-1)(j_1+m)(j_1+m+1) \times (j_1-m+2)}{2j_1(j_1+1)(j_1+2)(2j_1+1)}}$	$-(j_1-2m+2) \times \sqrt{\frac{(j_1+m+1)(j_1+m)}{2j_1(2j_1+1)(j_1+1)(j_1+2)}}$	$m\sqrt{\frac{3(j_1-m+1)(j_1+m+1)}{j_1(2j_1+1)(j_1+1)(j_1+2)}}$
j_1	$\sqrt{\frac{3(j_1+m-1)(j_1+m)(j_1-m+1) \times (j_1-m+2)}{(2j_1-1)2j_1(j_1+1)(2j_1+3)}}$	$(1-2m) \times \sqrt{\frac{3(j_1-m+1)(j_1+m)}{(2j_1-1)j_1(2j_1+2)(2j_1+3)}}$	$\frac{3m^2 - j_1(j_1+1)}{\sqrt{(2j_1-1)j_1(j_1+1)(2j_1+3)}}$
$j_1 - 1$	$\sqrt{\frac{(j_1+m-1)(j_1-m)(j_1-m+1) \times (j_1-m+2)}{2(j_1-1)j_1(j_1+1)(2j_1+1)}}$	$(j_1+2m-1) \times \sqrt{\frac{(j_1-m+1)(j_1-m)}{(j_1-1)j_1(2j_1+1)(2j_1+2)}}$	$-m\sqrt{\frac{3(j_1-m)(j_1+m)}{(j_1-1)j_1(2j_1+1)(j_1+1)}}$
$j_1 - 2$	$\sqrt{\frac{(j_1-m-1)(j_1-m)(j_1-m+1) \times (j_1-m+2)}{(2j_1-2)(2j_1-1)2j_1(2j_1+1)}}$	$-\sqrt{\frac{(j_1-m+1)(j_1-m)(j_1-m-1) \times (j_1+m-1)}{(j_1-1)(2j_1-1)j_1(2j_1+1)}}$	$\sqrt{\frac{3(j_1-m)(j_1-m-1)(j_1+m) \times (j_1+m-1)}{(2j_1-2)(2j_1-1)j_1(2j_1+1)}}$

$j =$	$m_2 = -1$	$m_2 = -2$
$j_1 + 2$	$\sqrt{\frac{(j_1 - m + 2)(j_1 - m + 1)(j_1 - m)(j_1 + m + 2)}{(2j_1 + 1)(j_1 + 1)(2j_1 + 3)(j_1 + 2)}}$	$\sqrt{\frac{(j_1 - m - 1)(j_1 - m)(j_1 - m + 1)(j_1 - m + 2)}{(2j_1 + 1)(2j_1 + 2)(2j_1 + 3)(2j_1 + 4)}}$
$j_1 + 1$	$(j_1 + 2m + 2)\sqrt{\frac{(j_1 - m + 1)(j_1 - m)}{j_1(2j_1 + 1)(2j_1 + 2)(j_1 + 2)}}$	$\sqrt{\frac{(j_1 - m - 1)(j_1 - m)(j_1 - m + 1)(j_1 + m + 2)}{j_1(2j_1 + 1)(j_1 + 1)(2j_1 + 4)}}$
j_1	$(2m + 1)\sqrt{\frac{3(j_1 - m)(j_1 + m + 1)}{(2j_1 - 1)j_1(2j_1 + 2)(2j_1 + 3)}}$	$\sqrt{\frac{3(j_1 - m - 1)(j_1 - m)(j_1 + m + 1)(j_1 + m + 2)}{(2j_1 - 1)j_1(2j_1 + 2)(2j_1 + 3)}}$
$j_1 - 1$	$-(j_1 - 2m - 1)\sqrt{\frac{(j_1 + m + 1)(j_1 + m)}{(j_1 - 1)j_1(2j_1 + 1)(2j_1 + 2)}}$	$\sqrt{\frac{(j_1 - m - 1)(j_1 + m)(j_1 + m + 1)(j_1 + m + 2)}{(j_1 - 1)j_1(2j_1 + 1)(2j_1 + 2)}}$
$j_1 - 2$	$-\sqrt{\frac{(j_1 - m - 1)(j_1 + m + 1)(j_1 + m)(j_1 + m - 1)}{(j_1 - 1)(2j_1 - 1)j_1(2j_1 + 1)}}$	$\sqrt{\frac{(j_1 + m - 1)(j_1 + m)(j_1 + m + 1)(j_1 + m + 2)}{(2j_1 - 2)(2j_1 - 1)2j_1(2j_1 + 1)}}$

Tabelle 54

$$W\left(l_1 J_1 l_2 J_2; \frac{1}{2}; L\right)$$

	$l_1 = J_1 + \frac{1}{2}$	$l_1 = J_1 - \frac{1}{2}$
$l_2 = J_2 + \frac{1}{2}$	$(-1)^{J_1+J_2-L}\left[\frac{(J_1+J_2+L+2)(J_1+J_2-L+1)}{(2J_1+1)(2J_1+2)(2J_2+1)(2J_2+2)}\right]^{1/2}$	$(-1)^{J_1+J_2-L}\left[\frac{(L-J_1+J_2+1)(L+J_1-J_2)}{(2J_1)(2J_1+1)(2J_2+1)(2J_2+2)}\right]^{1/2}$
$l_2 = J_2 - \frac{1}{2}$	$(-1)^{J_1+J_2-L}\left[\frac{(L+J_1-J_2+1)(L-J_1+J_2)}{(2J_1+1)(2J_1+2)(2J_2)(2J_2+1)}\right]^{1/2}$	$(-1)^{J_1+J_2-L-1}\left[\frac{(J_1+J_2+L+1)(J_1+J_2-L)}{(2J_1)(2J_1+1)(2J_2)(2J_2+1)}\right]^{1/2}$

Tabelle 55

$$W(l_1 J_1 l_2 J_2; 1, L)$$

	$l_2 = J_2 + 1$
$l_1 = J_1 + 1$	$(-1)^{J_1+J_2-L}\left[\frac{(L+J_1+J_2+3)(L+J_1+J_2+2)(-L+J_1+J_2+2)(-L+J_1+J_2+1)}{4(2J_1+3)(J_1+1)(2J_1+1)(2J_2+3)(J_2+1)(2J_2+1)}\right]^{1/2}$
$l_1 = J_1$	$(-1)^{J_1+J_2-L}\left[\frac{(L+J_1+J_2+2)(-L+J_1+J_2+1)(L-J_1+J_2+1)(L+J_1-J_2)}{4J_1(2J_1+1)(J_1+1)(2J_2+1)(J_2+1)(2J_2+3)}\right]^{1/2}$

$l_1 = J_1 - 1$	$(-1)^{J_1+J_2-L}\left[\frac{(L+J_1-J_2)(L+J_1-J_2-1)(L-J_1+J_2+2)(L-J_1+J_2+1)}{4(2J_1+1)(2J_1-1)(J_1)(J_2+1)(2J_2+1)(2J_2+3)}\right]^{1/2}$
$l_2 = J_2$	
$l_1 = J_1 + 1$	$(-1)^{J_1+J_2-L}\left[\frac{(L+J_1+J_2+2)(L+J_1-J_2+1)(J_1+J_2-L+1)(L-J_1+J_2)}{4(2J_1+1)(J_1+1)(2J_1+3)(J_2)(J_2+1)(2J_2+1)}\right]^{1/2}$
$l_1 = J_1$	$(-1)^{J_1+J_2-L-1}\left[\frac{J_1(J_1+1)+J_2(J_2+1)-L(L+1)}{[4J_1(J_1+1)(2J_1+1)(J_2)(J_2+1)(2J_2+1)]^{1/2}}\right]$
$l_1 = J_1 - 1$	$(-1)^{J_1+J_2-L-1}\left[\frac{(L+J_1+J_2+1)(-L+J_1+J_2)(L+J_1-J_2)(L-J_1+J_2+1)}{4(2J_1+1)(J_1)(2J_1-1)(J_2)(2J_2+1)(J_2+1)}\right]^{1/2}$
$l_2 = J_2 - 1$	
$l_1 = J_1 + 1$	$(-1)^{J_1+J_2-L}\left[\frac{(L-J_1+J_2)(L-J_1+J_2-1)(L+J_1-J_2+2)(L+J_1-J_2+1)}{4(2J_1+1)(J_1+1)(2J_1+3)(2J_2-1)(J_2)(2J_2+1)}\right]^{1/2}$
$l_1 = J_1$	$(-1)^{J_1+J_2-L-1}\left[\frac{(L+J_1+J_2+1)(L+J_1-J_2+1)(L+J_2-J_1)(J_1+J_2-L)}{4J_1(2J_1+1)(J_1+1)(J_2)(2J_2+1)(2J_2-1)}\right]^{1/2}$
$l_1 = J_1 - 1$	$(-1)^{J_1+J_2-L}\left[\frac{(L+J_1+J_2+1)(L+J_1+J_2)(-L+J_1+J_2)(-L+J_1+J_2-1)}{4(2J_1+1)(J_1)(2J_1-1)(2J_2+1)(J_2)(2J_2-1)}\right]^{1/2}$

Tabelle 56

$$W\left(l_1 J_1 l_2 J_2; \tfrac{3}{2}\, L\right)$$

	$l_1 = J_1 + \frac{3}{2}$
$l_2 = J_2 + \frac{3}{2}$	$(-1)^{J_1+J_2-L}\left[\frac{(L+J_1+J_2+4)(L+J_1+J_2+3)(L+J_1+J_2+2)(-L+J_1+J_2+3)\times(-L+J_1+J_2+2)(-L+J_1+J_2+1)}{(2J_1+4)(2J_1+3)(2J_1+2)(2J_1+1)\cdot(2J_2+4)(2J_2+3)(2J_2+2)(2J_2+1)}\right]^{1/2}$
$l_2 = J_2 + \frac{1}{2}$	$(-1)^{J_1+J_2-L}\left[\frac{3(L+J_1+J_2+3)(L+J_1+J_2+2)(L+J_1-J_2+1)(L-J_1+J_2)(-L+J_1+J_2+2)\times(-L+J_1+J_2+1)}{(2J_1+4)(2J_1+3)(2J_1+2)(2J_1+1)\cdot(2J_2+3)(2J_2+2)(2J_2+1)(2J_2)}\right]^{1/2}$
$l_2 = J_2 - \frac{1}{2}$	$(-1)^{J_1+J_2-L}\left[\frac{3(L+J_1+J_2+2)(L+J_1-J_2+2)(L+J_1-J_2+1)(L-J_1+J_2)(L-J_1+J_2-1)\times(J_1+J_2-L+1)}{(2J_1+4)(2J_1+3)(2J_1+2)(2J_1+1)\cdot(2J_2+2)(2J_2+1)(2J_2)(2J_2-1)}\right]^{1/2}$
$l_2 = J_2 - \frac{3}{2}$	$(-1)^{J_1+J_2-L}\left[\frac{(L-J_1+J_2)(L-J_1+J_2-1)(L-J_1+J_2-2)(L+J_1-J_2+3)(L+J_1-J_2+2)\times(L+J_1-J_2+1)}{(2J_1+4)(2J_1+3)(2J_1+2)(2J_1+1)\cdot(2J_2+1)(2J_2)(2J_2-1)(2J_2-2)}\right]^{1/2}$

	$l_1 = J_1 + \frac{1}{2}$
$l_2 = J_2 + \frac{3}{2}$	$(-1)^{J_1+J_2-L} \left[\frac{3(L+J_1+J_2+3)(L+J_1+J_2+2)(-L+J_1+J_2+2)(-L+J_1+J_2+1) \times (L-J_1+J_2+1)(L+J_1-J_2)}{(2J_1+3)(2J_1+2)(2J_1+1)(2J_1)\cdot(2J_2+4)(2J_2+3)(2J_2+2)(2J_2+1)}\right]^{1/2}$
$l_2 = J_2 + \frac{1}{2}$	$(-1)^{J_1+J_2-L-1} \frac{[(L+J_1+J_2+2)(-L+J_1+J_2+1)]^{1/2}[(L+J_1+J_2+3)(-L+J_1+J_2) - 2(L-J_1+J_2)(L+J_1-J_2)]}{[(2J_1+3)(2J_1+2)(2J_1+1)(2J_1)\cdot(2J_2+3)(2J_2+2)(2J_2+1)(2J_2)]^{1/2}}$
$l_2 = J_2 - \frac{1}{2}$	$(-1)^{J_1+J_2-L-1} \frac{[(L+J_1-J_2+1)(L-J_1+J_2)]^{1/2}[2(L+J_1+J_2+2)(-L+J_1+J_2) - (L-J_1+J_2-1)(L+J_1-J_2)]}{[(2J_1+3)(2J_1+2)(2J_1+1)(2J_1)\cdot(2J_2+2)(2J_2+1)(2J_2)(2J_2-1)]^{1/2}}$
$l_2 = J_2 - \frac{3}{2}$	$(-1)^{J_1+J_2-L-1} \left[\frac{3(L+J_1+J_2+1)(L-J_1+J_2)(L-J_1+J_2-1)(L+J_1-J_2+2)(L+J_1-J_2+1) \times (-L+J_1+J_2)}{(2J_1+3)(2J_1+2)(2J_1+1)(2J_1)\cdot(2J_2+1)(2J_2)(2J_2-1)(2J_2-2)}\right]^{1/2}$

Tabelle 56 (Fortsetzung)

	$l_1 = J_1 - \frac{1}{2}$
$l_2 = J_2 + \frac{3}{2}$	$(-1)^{J_1+J_2-L}\left[\frac{3(L+J_1+J_2+2)(-L+J_1+J_2+1)(L-J_1+J_2+2)(L-J_1+J_2+1)(L+J_1-J_2) \times (L+J_1-J_2-1)}{(2J_1+2)(2J_1+1)(2J_1)(2J_1-1)\cdot(2J_2+4)(2J_2+3)(2J_2+2)(2J_2+1)}\right]^{1/2}$
$l_2 = J_2 + \frac{1}{2}$	$(-1)^{J_1+J_2-L}\frac{[(L-J_1+J_2+1)(L+J_1-J_2)]^{1/2}[(L-J_1+J_2)(L+J_1-J_2-1)-2(L+J_1+J_2+2) \times (-L+J_1+J_2)]}{[(2J_1+2)(2J_1+1)(2J_1)(2J_1-1)\cdot(2J_2+3)(2J_2+2)(2J_2+1)(2J_2)]^{1/2}}$
$l_2 = J_2 - \frac{1}{2}$	$(-1)^{J_1+J_2-L}\frac{[(L+J_1+J_2+1)(-L+J_1+J_2)]^{1/2}[(L+J_1+J_2+2)(-L+J_1+J_2-1)-2(L+J_1-J_2) \times (L-J_1+J_2)]}{[(2J_1+2)(2J_1+1)(2J_1)(2J_1-1)\cdot(2J_2+2)(2J_2+1)(2J_2)(2J_2-1)]^{1/2}}$
$l_2 = J_2 - \frac{3}{2}$	$(-1)^{J_1+J_2-L}\left[\frac{3(L+J_1+J_2+1)(L+J_1+J_2)(L-J_1+J_2)(L+J_1-J_2+1)(-L+J_1+J_2) \times (-L+J_1+J_2-1)}{(2J_1+2)(2J_1+1)(2J_1)(2J_1-1)\cdot(2J_2+1)(2J_2)(2J_2-1)(2J_2-2)}\right]^{1/2}$

	$l_1 = J_1 - \frac{3}{2}$
$l_2 = J_2 + \frac{3}{2}$	$(-1)^{J_1+J_2-L}\left[\frac{(L+J_1-J_2)(L+J_1-J_2-1)(L+J_1-J_2-2)(L-J_1+J_2+3)(L-J_1+J_2+2) \times (L-J_1+J_2+1)}{(2J_1+1)(2J_1)(2J_1-1)(2J_1-2)\cdot(2J_2+4)(2J_2+3)(2J_2+2)(2J_2+1)}\right]^{1/2}$
$l_2 = J_2 + \frac{1}{2}$	$(-1)^{J_1+{}_2J-L-1}\left[\frac{3(L+J_1+J_2+1)(-L+J_1+J_2)(L+J_1-J_2)(L+J_1-J_2-1)(L-J_1+J_2+2) \times (L-J_1+J_2+1)}{(2J_1+1)(2J_1)(2J_1-1)(2J_1-2)\cdot(2J_2+3)(2J_2+2)(2J_2+1)(2J_2)}\right]^{1/2}$
$l_2 = J_2 - \frac{1}{2}$	$(-1)^{J_1+J_2-L}\left[\frac{3(L+J_1+J_2+1)(L+J_1+J_2)(-L+J_1+J_2)(-L-J_1+J_2-1)(L+J_1-J_2) \times (L-J_1+J_2+1)}{(2J_1+1)(2J_1)(2J_1-1)(2J_1-2)\cdot(2J_2+2)(2J_2+1)(2J_2)(2J_2-1)}\right]^{1/2}$
$l_2 = J_2 - \frac{3}{2}$	$(-1)^{J_1+J_2-L-1}\left[\frac{(L+J_1+J_2+1)(L+J_1+J_2)(L+J_1+J_2-1)(-L+J_1+J_2)(-L+J_1+J_2-1) \times (-L+J_1+J_2-2)}{(2J_1+1)(2J_1)(2J_1-1)(2J_1-2)\cdot(2J_2+1)(2J_2)(2J_2-1)(2J_2-2)}\right]^{1/2}$

Tabelle 57

$W(l_1 J_1 l_2 J_2; 2L)$

	$l_1 = J_1 + 2$
$l_2 = J_2 + 2$	$(-1)^{L-J_1-J_2}\left[\frac{(L+J_1+J_2+5)(L+J_1+J_2+4)(L+J_1+J_2+3)(L+J_1+J_2+2)(-L+J_1+J_2+4) \times (-L+J_1+J_2+3)(-L+J_1+J_2+2)(-L+J_1+J_2+1)}{(2J_1+5)(2J_1+4)(2J_1+3)(2J_1+2)(2J_1+1)\cdot(2J_2+5)(2J_2+4)(2J_2+3)(2J_2+2)(2J_2+1)}\right]^{1/2}$
$l_2 = J_2 + 1$	$(-1)^{L-J_1-J_2}\left[\frac{4(L+J_1+J_2+4)(L+J_1+J_2+3)(L+J_1+J_2+2)(L+J_1-J_2+1)(-L+J_1+J_2+3) \times (-L+J_1+J_2+2)(-L+J_1+J_2+1)(L-J_1+J_2)}{(2J_1+5)(2J_1+4)(2J_1+3)(2J_1+2)(2J_1+1)\cdot(2J_2+4)(2J_2+3)(2J_2+2)(2J_2+1)(2J_2)}\right]^{1/2}$
$l_2 = J_2$	$(-1)^{L-J_1-J_2}\left[\frac{6(L+J_1+J_2+3)(L+J_1+J_2+2)(L+J_1-J_2+2)(L+J_1-J_2+1)(-L+J_1+J_2+2) \times (-L+J_1+J_2+1)(L-J_1+J_2)(L-J_1+J_2-1)}{(2J_1+5)(2J_1+4)(2J_1+3)(2J_1+2)(2J_1+1)\cdot(2J_2+3)(2J_2+2)(2J_2+1)(2J_2)(2J_2-1)}\right]^{1/2}$
$l_2 = J_2 - 1$	$(-1)^{L-J_1-J_2}\left[\frac{4(L+J_1+J_2+2)(L-J_1+J_2)(L-J_1+J_2-1)(L-J_1+J_2-2)(L+J_1-J_2+3) \times (L+J_1-J_2+2)(L+J_1-J_2+1)(-L+J_1+J_2+1)}{(2J_1+5)(2J_1+4)(2J_1+3)(2J_1+2)(2J_1+1)\cdot(2J_2+2)(2J_2+1)(2J_2)(2J_2-1)(2J_2-2)}\right]^{1/2}$
$l_2 = J_2 - 2$	$(-1)^{L-J_1-J_2}\left[\frac{(L-J_1+J_2)(L-J_1+J_2-1)(L-J_1+J_2-2)(L-J_1+J_2-3)(L+J_1-J_2+4) \times (L+J_1-J_2+3)(L+J_1-J_2+2)(L+J_1-J_2+1)}{(2J_1+5)(2J_1+4)(2J_1+3)(2J_1+2)(2J_1+1)\cdot(2J_2+1)(2J_2)(2J_2-1)(2J_2-2)(2J_2-3)}\right]^{1/2}$

	$l_1 = J_1 + 1$
$l_2 = J_2 + 2$	$(-1)^{L-J_1-J_2}\left[\frac{4(L+J_1+J_2+4)(L+J_1+J_2+3)(L+J_1+J_2+2)(L-J_1+J_2+1)(L+J_1-J_2) \times(-L+J_1+J_2+3)(-L+J_1+J_2+2)(-L+J_1+J_2+1)}{(2J_1+4)(2J_1+3)(2J_1+2)(2J_1+1)(2J_1)\cdot(2J_2+5)(2J_2+4)(2J_2+3)(2J_2+2)(2J_2+1)}\right]^{1/2}$
$l_2 = J_2 + 1$	$(-1)^{L-J_1-J_2-1}\left[\frac{(L+J_1+J_2+3)(L+J_1+J_2+2)(-L+J_1+J_2+2)(-L+J_1+J_2+1)}{(2J_1+4)(2J_1+3)(2J_1+2)(2J_1+1)(2J_1)\cdot(2J_2+4)(2J_2+3)(2J_2+2)(2J_2+1)(2J_2)}\right]^{1/2}$ $\times 4[(J_1+1)(J_1-J_2) - L(L+1) + J_2(J_2+2)]$
$l_2 = J_2$	$(-1)^{L-J_1-J_2-1}\left[\frac{6(L+J_1+J_2+2)(L-J_1+J_2)(L+J_1-J_2+1)(-L+J_1+J_2+1)}{(2J_1+4)(2J_1+3)(2J_1+2)(2J_1+1)(2J_1)\cdot(2J_2+3)(2J_2+2)(2J_2+1)(2J_2)(2J_2-1)}\right]^{1/2}$ $\times 2[J_1(J_1+2) + J_2(J_2+1) - L(L+1)]$
$l_2 = J_2 - 1$	$(-1)^{L-J_1-J_2-1}\left[\frac{(L-J_1+J_2)(L-J_1+J_2-1)(L+J_1-J_2+2)(L+J_1-J_2+1)}{(2J_1+4)(2J_1+3)(2J_1+2)(2J_1+1)(2J_1)\cdot(2J_2+2)(2J_2+1)(2J_2)(2J_2-1)(2J_2-2)}\right]^{1/2}$ $\times 4[J_1(J_1+2) + J_2(J_2+1) + J_1J_2 - L(L+1)]$
$l_2 = J_2 - 2$	$(-1)^{L-J_2-J_1-1}\left[\frac{4(L+J_1+J_2+1)(-L+J_1+J_2)(L-J_1+J_2)(L-J_1+J_2-1)(L-J_1+J_2-2) \times(L+J_1-J_2+3)(L+J_1-J_2+2)(L+J_1-J_2+1)}{(2J_1+4)(2J_1+3)(2J_1+2)(2J_1+1)(2J_1)\cdot(2J_2+1)(2J_2)(2J_2-1)(2J_2-2)(2J_2-3)}\right]^{1/2}$

Tabelle 57 (Fortsetzung)

	$l_1 = J_1$
$l_2 = J_2 + 2$	$(-1)^{L-J_1-J_2}\left[\frac{6(L+J_1+J_2+3)(L+J_1+J_2+2)(L+2-J_1+J_2)(L+1-J_1+J_2)(L+J_1-J_2) \times (L+J_1-J_2-1)(-L+J_1+J_2+2)(-L+J_1+J_2+1)}{(2J_1+3)(2J_1+2)(2J_1+1)(2J_1)(2J_1-1)\cdot(2J_2+5)(2J_2+4)(2J_2+3)(2J_2+2)(2J_2+1)}\right]^{1/2}$
$l_2 = J_2 + 1$	$(-1)^{L-J_1-J_2-1}\left[\frac{6(L+J_1+J_2+2)(L+J_1-J_2)(L-J_1+J_2+1)(-L+J_1+J_2+1)}{(2J_1+3)(2J_1+2)(2J_1+1)(2J_1)(2J_1-1)\cdot(2J_2+4)(2J_2+3)(2J_2+2)(2J_2+1)(2J_2)}\right]^{1/2} \times 2[J_1(J_1+1)+J_2(J_2+2)-L(L+1)]$
$l_2 = J_2$	$(-1)^{L-J_1-J_2}\left[\frac{1}{(2J_1+3)(2J_1+2)(2J_1+1)(2J_1)(2J_1-1)\cdot(2J_2+3)(2J_2+2)(2J_2+1)(2J_2)(2J_2-1)}\right]^{1/2} \times 6\left[A(A+1)-\frac{4}{3}J_1(J_1+1)J_2(J_2+1)\right]$, wo $A \equiv L(L+1)-J_1(J_1+1)-J_2(J_2+1)$
$l_2 = J_2 - 1$	$(-1)^{L-J_1-J_2}\left[\frac{6(L+J_1+J_2+1)(L-J_1+J_2)(L+J_1-J_2+1)(-L+J_1+J_2)}{(2J_1+3)(2J_1+2)(2J_1+1)(2J_1)(2J_1-1)\cdot(2J_2+2)(2J_2+1)(2J_2)(2J_2-1)(2J_2-2)}\right]^{1/2} \times 2[J_1(J_1+1)-L(L+1)+J_2^2-1]$
$l_2 = J_2 - 2$	$(-1)^{L-J_1-J_2}\left[\frac{6(L+J_1+J_2+1)(L+J_1+J_2)(L-J_1+J_2)(L-J_1+J_2-1)(-L+J_1+J_2) \times (-L+J_1+J_2-1)(L+J_1-J_2+2)(L+J_1-J_2+1)}{(2J_1+3)(2J_1+2)(2J_1+1)(2J_1)(2J_1-1)\cdot(2J_2+1)(2J_2)(2J_2-1)(2J_2-2)(2J_2-3)}\right]^{1/2}$

	$l_1 = J_1 - 1$
$l_2 = J_2 + 2$	$(-1)^{L-J_1-J_2}\left[\frac{4(L+J_1+J_2+2)(-L+J_1+J_2+1)(L-J_1+J_2+3)(L-J_1+J_2+2)(L-J_1+J_2+1) \times (L+J_1-J_2)(L+J_1-J_2-1)(L+J_1-J_2-2)}{(2J_1-2)(2J_1-1)(2J_1)(2J_1+1)(2J_1+2)\cdot(2J_2-1)(2J_2+2)(2J_2+3)(2J_2+4)(2J_2+5)}\right]^{1/2}$
$l_2 = J_2 + 1$	$(-1)^{L-J_1-J_2-1}\left[\frac{(L-J_1+J_2+2)(L-J_1+J_2+1)(L+J_1-J_2)(L+J_1-J_2-1)}{(2J_1-2)(2J_1-1)(2J_1)(2J_1+1)(2J_1+2)\cdot(2J_2)(2J_2+1)(2J_2+2)(2J_2+3)(2J_2+4)}\right]^{1/2}$ $\times 4[(J_1-1)(J_1+J_2+2)-(L+J_2+2)(L-J_2-1)]$
$l_2 = J_2$	$(-1)^{L-J_1-J_2}\left[\frac{6(L+J_1+J_2+1)(L+J_1-J_2)(-L+J_1+J_2)(L-J_1+J_2+1)}{(2J_1-2)(2J_1-1)(2J_1)(2J_1+1)(2J_1+2)\cdot(2J_2-1)(2J_2)(2J_2+1)(2J_2+2)(2J_2+3)}\right]^{1/2}$ $\times 2[J_1^2-1-(L+J_2+1)(L-J_2)]$
$l_2 = J_2 - 1$	$(-1)^{L-J_1-J_2-1}\left[\frac{(L+J_1+J_2+1)(L+J_1+J_2)(-L+J_1+J_2)(-L+J_1+J_2-1)}{(2J_1-2)(2J_1-1)(2J_1)(2J_1+1)(2J_1+2)\cdot(2J_2-2)(2J_2-1)(2J_2)(2J_2+1)(2J_2+2)}\right]^{1/2}$ $\times 4[(J_1-1)(J_1-J_2+1)-(L+J_2)(L-J_2+1)]$
$l_2 = J_2 - 2$	$(-1)^{L-J_1-J_2-1}\left[\frac{4(L+J_1+J_2+1)(L+J_1+J_2)(L+J_1+J_2-1)(L+J_1-J_2+1)(-L+J_1+J_2) \times (-L+J_1+J_2-1)(-L+J_1+J_2-2)(L-J_1+J_2)}{(2J_1-2)(2J_1-1)(2J_1)(2J_1+1)(2J_1+2)\cdot(2J_2-3)(2J_2-2)(2J_2-1)(2J_2)(2J_2+1)}\right]^{1/2}$

Tabelle 57 (Fortsetzung)

	$l_1 = J_1 - 2$
$l_2 = J_2 + 2$	$(-1)^{L-J_1-J_2}\left[\frac{(L+4-J_1+J_2)(L+3-J_1+J_2)(L+2-J_1+J_2)(L+1-J_1+J_2)(L+J_1-J_2) \times (L+J_1-J_2-1)(L+J_1-J_2-2)(L+J_1-J_2-3)}{(2J_1-3)(2J_1-2)(2J_1-1)(2J_1)(2J_1+1)\cdot(2J_1+5)(2J_2+4)(2J_2+3)(2J_2+2)(2J_2+1)}\right]^{1/2}$
$l_2 = J_2 + 1$	$(-1)^{L-J_1-J_2-1}\left[\frac{4(L+1+J_1+J_2)(L+3-J_1+J_2)(L+2-J_1+J_2)(L+1-J_1+J_2) \times (L+J_1-J_2)(L+J_1-J_2-1)(L+J_1-J_2-2)(-L+J_1+J_2)}{(2J_1-3)(2J_1-2)(2J_1-1)(2J_1)(2J_1+1)\cdot(2J_2+4)(2J_2+3)(2J_2+2)(2J_2+1)(2J_2)}\right]^{1/2}$
$l_2 = J_2$	$(-1)^{L-J_1-J_2}\left[\frac{6(L+1+J_1+J_2)(L+J_1+J_2)(L+2-J_1+J_2)(L+1-J_1+J_2)(L+J_1-J_2) \times (L+J_1-J_2-1)(-L+J_1+J_2)(-L+J_1+J_2-1)}{(2J_1-3)(2J_1-2)(2J_1-1)(2J_1)(2J_1+1)\cdot(2J_2+3)(2J_2+2)(2J_2+1)(2J_2)(2J_2-1)}\right]^{1/2}$
$l_2 = J_2 - 1$	$(-1)^{L-J_1-J_2}\left[\frac{4(L+1+J_1+J_2)(L+J_1+J_2)(L+J_1+J_2-1)(L+1-J_1+J_2)(L+J_1-J_2) \times (-L+J_1+J_2)(-L+J_1+J_2-1)(-L+J_1+J_2-2)}{(2J_1-3)(2J_1-2)(2J_1-1)(2J_1)(2J_1+1)\cdot(2J_2+2)(2J_2+1)(2J_2)(2J_2-1)(2J_2-2)}\right]^{1/2}$
$l_2 = J_2 - 2$	$(-1)^{L-J_1-J_2}\left[\frac{(L+1+J_1+J_2)(L+J_1+J_2)(L+J_1+J_2-1)(L+J_1+J_2-2)(-L+J_1+J_2) \times (-L+J_1+J_2-1)(-L+J_1+J_2-2)(-L+J_1+J_2-3)}{(2J_1-3)(2J_1-2)(2J_1-1)(2J_1)(2J_1+1)\cdot(2J_2+1)(2J_2)(2J_2-1)(2J_2-2)(2J_2-3)}\right]^{1/2}$

LITERATUR

Teil I

[1] LANDAU, L. D., LIFSCHIZ, E. M., Mechanika, Moskau 1958. Deutsche Übersetzung: Lehrbuch der Theoretischen Physik, Bd. I, Mechanik. Akademie-Verlag, Berlin 1962.

[2] LANDAU, L. D., LIFSCHIZ, E. M., Teorija polja, Moskau 1962. Deutsche Übersetzung: Lehrbuch der Theoretischen Physik, Bd. II, Feldtheorie. Akademie-Verlag, Berlin 1963.

[3] FOK, W. A., Teorija prostranstva, vremeni i tjagotenija, Moskau 1955. Deutsche Übersetzung: Theorie von Raum, Zeit und Gravitation. Akademie-Verlag, Berlin 1960.

[4] BLATON, J., Det. Kgl. Videnskab.-Selskab. Mat-fys. Medd. **24**, Nr. 20 (1950).

[5] BRADT, H., KAPLON, M., PETERS, B., Helv. Phys. Acta **23** (1950) 26.

[6] ARMENTEROS, R., BARKER, K. H., BUTLER, C. C., CAHON, A., Phil. Mag. **42** (1951) 1113.

[7] BUTLER, C. G., Progress in Cosmic Ray Phycies. North Holland Publishing Co. 1952, p. 65. Usp. fiz. nauk **48** (1952) 389.

[8] ROSENTAL, I. L., Usp. fiz. nauk **54** (1954) 405.

[9] SKOBELZIN, D. W., Sbornik: „Pamjati S. I. Vavilova“ (Sammelband: „Zum Gedenken an S. I. Vavilov“). Moskau 1952, p. 292.

[10] CARLSON, A. G., HOOPER, J. E., KING, D. T., Phil Mag. **41** (1950) 701.

[11] KOPYLOW, G. I., Žur. eksp. teor. Fiz. **33** (1957) 430.

[12] COCCONI, G., SILVERMAN, A., Phys. Rev. **88** (1952) 1230.

[13] TJAPKIN, A. A., Žur. eksp. teor. Fiz. **30** (1956) 1150.

[14] ROSENFELD, A. H., Phys. Rev. **96** (1954) 139.

[15] PROKOŠIN, J. D., Žur. eksp. teor. Fiz. **31** (1956) 732.

[16] STERNHEIMER, R., Phys. Rev. **99** (1955) 277.

[17] FERMI, E., Elementary Particles. Vale University Press, New Haven Conn. 1952.

[18] FERMI, E., Progr. Theor. Phys. **5** (1950) 570.

[19] KOFOED-HANSEN, O., Phil. Mag. **42** (1951) 1411.

[20] PODGOREZKI, M. I., ROSENTAL, I. L., Žur. eksp. teor. Fiz. **27** (1954) 129.

[21] STERNHEIMER, R., Phys. Rev. **93** (1954) 642.

[22] BIRGER, N. G., GRIGOREV, N. L., GUSEVA, W. W., ŽDANOV, G. B., SLAVATINSKIJ, S. A., STAŠKOV, G. M., Žur. eksp. teor. Fiz. **31** (1956) 971.

[23] BELEN'KIJ, S. Z., MAKSIMENKO, W. M., NIKIŠOV, A. I., ROSENTAL, I. L., Usp. fiz. nauk. **62**, No. 2 (1957).

[24] LANDAU, L. D., Izv. akad. nauk. SSSR. Ser. Fiz. **17** (1953) 51.

[25] NIKIŠOV, A. I., Dissertation, Fiz. inst. akad. nauk SSSR, Moskau 1957.

[26] MAKSIMENKO, W. M., ROSENTAL, I. L., Žur. eksp. teor. Fiz. **32** (1957) 658.

[27] LEPORE, C. V., STUART, R. N., Phys. Rev. **94** (1954) 1724.

[28] ROSENTAL, I. L., Žur. eksp. teor. Fiz. **28** (1955) 118.

[29] GLASSER, R. G., SCHEIN, M., Phys. Rev. **90** (1953) 218.

[30] DILWORTH, C. C., GOLDSACK, S. J., HUANG, T. F., SCARA, L., Nuovo Cimento **10** (1953) 1261.

[31] CASTAGNOLI, C., CORTINI, G., FRANZINETTI, C., MANFREDINI, A., MORENO, D., Nuovo Cimento **10** (1953) 1539.

[32] NIKIŠOV, A. I., ROSENTAL, I. L., Žur. eksp. teor. Fiz. **35** (1958) 165.

[33] JAKOVLEV, L. G., Žur. eksp. teor. Fiz. **31** (1956) 142.

[34] MAKSIMENKO, M. W., Žur. eksp. teor. Fiz. **33** (1957) 212.

[35] BIRGER, N. G., SMORODIN, J. A., Žur. eksp. teor. Fiz. **36** (1959) 1159.

Zusätzliche Literaturangaben der Autoren zur deutschen Ausgabe

[1] ATKINSON, J., WILLIS, B. H., High-Energy Particle Data. UCRL-2426, Vol. I (1956), Vol. II (1957).

[2a] BEASLEY, C. O., HOLLADAY, W. G., Elementary Particle Reactions. Nuovo Cimento Suppl. **7** (1958) 77.

[2b] MEYER, H. C., HOLLADAY, W. G., Elementary Particle Reactions II. Nuovo Cimento Suppl. **15** (1960) 387.

[3] BIRGER, N. G., SMORODIN, J. A., Ob odnoj vozmožnosti isledovanija struktury nukleonov i jader (Über eine Möglichkeit zur Erforschung der Struktur von Nukleonen und Kernen). Žur. eksp. teor. Fiz. **37** (1959) 1355.

[4] BIRGER, N. G., SLAVATINSKIJ, J. A., SMORODIN, J. A., Ob odnoj osobennosti vzaimodejstvija častic s energiej 200 BeV (Über eine Besonderheit der Wechselwirkung zwischen Teilchen mit einer Energie von 200 GeV). Arbeiten der Moskauer Konferenz über kosmische Strahlen, Moskau 1960, Bd. I, 154.

[5] CIOK, P., COGHEN, T., GIERULA, I., HOLIYNSKI, R., JURAK, A., MIESOWICZ, M., SANIEWSKA, T., PERNEGR, I., Nuclear Interactions in the Energy Region $10^{10}-10^{14}$ eV. Nuovo Cimento **10** (1958) 741.

[6] FARLI, F. D., Interpretacija jadernych vzaimodejstvij vysokoj energii (Interpretation der Kern-Wechselwirkungen bei hohen Energien). Arbeiten der Moskauer Konferenz über kosmische Strahlen, Moskau 1960, Bd. I, 260.

[7] NIU, K., Model' množestvennogo obrasovanija mezonov v NN-soudarenijach (Ein Modell der Vielfach-Erzeugung von Mesonen bei NN-Stößen). Arbeiten der Moskauer Konferenz über kosmische Strahlen, Moskau 1960, Bd. I, 240.

[8] KAPLON, M. F., JAMANOUCHI, T., A Survey of Relativistic Transformations. Nuovo Cimento **15** (1960) 519.

[9] MAJKOV, J. W., ČERNIKOV, N. A., Kinematika reljativistskich častic (tablicy) (Kinematik relativistischer Teilchen (Tabellenwerk)). Vereinigtes Kernphysikal. Institut Dubna, Laboratorium für theoretische Physik, R-415, 1959.

[10] SITTE, K., KATZ, L., Interpretacija „struj" kosmičeskich lučej, kak smešannych soudarenij (Die Interpretation von „jets" kosmischer Strahlen als gemischte Zusammenstöße). Arbeiten der Moskauer Konferenz über kosmische Strahlen, Moskau 1960, Bd. I, 252.

[11] SMORODINSKIJ, Ja. A., Kinematika jadernych reakcij i geometrija Lobačevskogo (Kinematik der Kernreaktionen und die LOBATSCHEWSKI-Geometrie). Atomaja energija, 1963, im Druck.

[12] DEDRICK, K. G., Kinematics of High-Energy Particles. Rev. Mod. Phys. **34** (1962) 429.

Teil II

[1] BLOCHINZEV, D. I., Osnovy kvantovoj mechaniki, Moskau 1949. Deutsche Übersetzung: Grundlagen der Quantenmechanik. Berlin 1957.

[2] LANDAU, L. D., LIFSCHIZ, E. M., Kvantovaja mechanika, Moskau 1948. Deutsche Übersetzung: Lehrbuch der Theoretischen Physik, Bd. III, Quantenmechanik. Akademie-Verlag, Berlin, in Vorbereitung.

[3] FOK, W. A., Načala kvantovoj mechaniki (Grundlagen der Quantenmechanik). Moskau.

[4] WIGNER, E., Göttinger Nachrichten **31** (1932) 546.

[5] WATANABE, S., Revs. Mod. Phys. **27** (1953) 26 und 40.

[6] BLATT, D., WEISSKOPF, W., Theoretical Nuclear Physics, New York und London 1952. Deutsche Übersetzung: Theoretische Kernphysik. Leipzig 1959.

[7] BOGOLJUBOV, N. N., ŠIRKOV, D. W., Vvedenie v kwantowuju teoriju volnovych polej (Einführung in die Quantentheorie der Wellenfelder). Moskau 1957.

[8] RYNDIN, R. M., Dissertation, Vereinigtes Kernphysikal. Institut Dubna, 1957.

[9] FERMI, E., Lectures on π-Mesons and Nucleons. Nuovo Cimento Suppl. **10** (1955) 17.

[10] BALDIN, A. M., PETRUN'KIN, W. A., Žur. eksp. teor. Fiz. **32** (1957) 1570.

[11] LANDAU, L. D., LIFSCHIZ, E. M., Teorija polja, Moskau 1962. Deutsche Übersetzung: Lehrbuch der Theoretischen Physik, Bd. II, Feldtheorie. Akademie-Verlag, Berlin 1963.

[12] WIGNER, E., Gruppentheorie und ihre Anwendung auf die Quantenmechanik der Atomspektren, 1931.
[13] RACAH, G., Phys. Rev. **61** (1942) 186; **62** (1942) 438; **63** (1943) 367.
[14] MORPURGO, G., RADICATI, L. A., TOUSCHEK, B. F., Nuovo Cimento **12** (1954) 675.
[15] BIEDENHARN, L., BLATT, J., ROSE, M., Revs. Mod. Phys. **24** (1952) 249.
[16] RACAH, G., FANO, V., nicht veröffentlicht.
[17] ARIMA, A., HORIE, H., TANABE, Y., Progr. Theor. Phys. **11** (1954) 143.
[18] SIMON, A., Phys. Rev. **92** (1953) 1050.
[19] BLATT, J., BIEDENHARN, L., Revs. Mod. Phys. **24** (1952) 258.
[20] ACHIEZER, A., BERESTEZKIJ, W. B., Kvantovaja elektrodinamika, Moskau 1952. Deutsche Übersetzung: Quantenelektrodynamik. Teubner-Verlag, Leipzig 1961.
[21] COESTER, F., Phys. Rev. **89** (1953) 619; HÜBY, R., Proc. Phys. Soc. **67** A (1954) 1103.
[22] TER-MARTIROSJAN, K. A., Žur. eksp. teor. Fiz. **21** (1950) 894.
[23] BALDIN, A. M., ŠIROKOV, M. I., Žur. eksp. teor. Fiz. **30** (1956) 784.
[24] ŠIROKOV, M. I., Žur. eksp. teor. Fiz. **32** (1957) 1022.
[25] SIMON, A., Phys. Rev. **93** (1954) 1435.
[26] MORITA, M., SUGIE, A., YOSHIDO, S., Progr. Theor. Phys. **12** (1954) 713.
[27] BIEDENHARN, L. C., ROSE, M. E., Revs. Mod. Phys. **25** (1953) 735.
[28] YANG, C. N., Phys. Rev. **74** (1948) 764.
[29] SIMON, A., WELTON, T., Phys. Rev. **90** (1953) 1037.
[30] BIEDENHARN, L. C., Oak Ridge National Laboratory Reports (1952) 1098; (1953) 1501; (1954) 1679.
[31] PESHKIN, M., SIEGERT, A. I. E., Phys. Rev. **87** (1952) 735.
[32] MINAMI, S., Progr. Theor. Phys. **11** (1954) 213;
HAYAKAWA, S., KAWAGUCHI, M., MINAMI, S., Progr. Theor. Phys. **11** (1954) 332.
[33] RYNDIN, R., SMORODINSKIJ, J., Dokl. akad. nauk SSSR **103** (1955) 69.
[34] WICK, G., Phys. Rev. **75** (1949) 1459;
LAPIDUS, L. I., Žur. eksp. teor. Fiz. **31** (1956) 1099.
[35] BETHE, H., ROHRLICH, F., Phys. Rev. **86** (1952) 10.
[36] MATSUNOBU, H., TAKEBE, H., Progr. Theor. Phys. **14** (1955) 589.
[37] SHARP, W. T., KENNEDY, J. M., SEARS, B. H., HOYLE, M. G., Chalk River Report, CRT-556 (1953);
KENNEDY, J. M., SEARS, B. J., SHARP, W. T., Chalk River Report CRT-569 (1954).
[38] OBI, S., ISHIDZU, T., HORIE, H., YANAGAWA, S., TANABE, V., SATO, M., Ann. Tokyo Astr. Observ. Second Series III (1953) 3; IV (1954) 1; IV (1955) 2.

Zusätzliche Literaturangaben der Autoren zur deutschen Ausgabe

[1] HAGEDORN, R., Reljativistskaja kinematika i precessija poljarisacii (lekcii) (Relativistische Kinematik und Präzession der Polarisation (Vorlesungen)). CERN, Mai 1962.
[2] ŠIROKOV, M. I., Reljativistskaja obščaja teorija reakcii tipa $a + b \rightarrow c + d + e + \ldots$ (Die relativistische allgemeine Theorie der Reaktionen vom Typ $a + b \rightarrow c + d + e + \ldots$). Žur. eksp. teor. Fiz. **40** (1961) 1387.
[3] ČEŠKOV, A. A., ŠIROKOV, J. M., Invariantnaja parametrisacija reljativistskoj matricy rassejanija (Invariante Parametrisierung der relativistischen Streumatrix). Žur. eksp. teor. Fiz. **42** (1962) 144.
[4] WOLFENSTEIN, L., ASHKIN, J., Invariance Conditions on the Scattering Amplitude for Spin $^1/_2$ Particles. Phys. Rev. **85** (1952) 947.
[5] YACOB, M., WICK, G. C., On the General Theory of Collisions for Particles with Spin. Ann. Phys. **7** (1959) 404.
[6] WICK, G. C., Angular Momentum States for Three Relativistic Particles. Ann. Phys. **18** (1962) 65.
[7] JOOS, H., Zur Darstellungstheorie der inhomogenen Lorentzgruppe als Grundlage quantenmechanischer Kinematik. Fortschr. Physik **10** (1962) 65.

SACHREGISTER

MIX
Papier | Fördert gute Waldnutzung
FSC® C083411

Zeitfracht Medien GmbH
Ferdinand-Jühlke-Straße 7
99095 Erfurt, Deutschland
produktsicherheit@kolibri360.de